纺织服装高等教育"十三五"部委级规划教材

张永革 主编

熊秋元 刘静 陈燕 副主编

TECH
WEFT
KNITTING
TECHNOLOGY

纬编工艺与技术

WEFT
KNITTING
TECHNOLOGY
WEFT
KNITTIN
TEC
WEF

东华大学出版社·上海

内容提要

本教材系统、全面地介绍了纬编生产基本知识与基础操作,包括纬编基本组织和花色组织结构、性能、用途及编织工艺,圆机、横机成型产品的结构、性能及编织工艺,选针机构工作原理及花纹设计,纬编面料分析及生产工艺参数的确定,针织技术的发展趋势等内容。本教材可供相关院校的纺织工程专业、针织技术与针织服装专业作为教材使用,同时也可供相关针织企业管理人员和专业技术人员参考阅读。

图书在版编目(CIP)数据

纬编工艺与技术/张永革主编. —上海:东华大学出版社,2016.4
ISBN 978-7-5669-1026-4

Ⅰ.纬… Ⅱ.张… Ⅲ.纬编工艺—高等学校—教材
Ⅳ. TS184.4

中国版本图书馆 CIP 数据核字(2016)第 055039 号

责任编辑　杜燕峰
封面设计　魏依东

纬编工艺与技术

WEIBIAN GONGYI YU JISHU

张永革　主　编

出版:东华大学出版社(上海市延安西路 1882 号,200051)
本社网址:http://www.dhupress.net
天猫旗舰店:http://dhdx.tmall.com
营销中心:021-62193056　62373056　62379558
印刷:句容市排印厂
开本:787mm×1092mm　1/16　印张:12.75　字数:319 千字
2016 年 4 月第 1 版　2022 年 9 月第 3 次印刷
ISBN 978-7-5669-1026-4
定价:49.00 元

前　言

《纬编工艺与技术》是纺织类及针织专业类的专业核心课程。本教材以教育部高教司《关于加强高职高专人才培养工作的若干意见》等文件及高职高专人才培养的要求为指导方针，按专业服从市场、课程服务于专业的原则设计。本教材按照"教、学、做一体化"的模式来进行内容设置，明确了学习目标是高技能的获取，主要体现理论简化、内容精练、技能训练目标明确，兼顾了理论性、实践性、拓展性和创新性，适应项目化教学的要求。同时，根据纺织企业对应用型技术人才的实际要求，按照由浅入深循序渐进的教育规律，教材内容注重学生职业核心能力的培养。

本教材摒弃了传统的章节模式，采用模块化任务驱动模式进行编写，将技能训练引入教材，打破了传统教材编写中理论和实训分开的情况，教材内容紧密联系实际，与时俱进，形象直观，重点突出，突出了灵活性、综合性和可操作性，力求做到"通俗性、知识性、实用性"于一体。全教材共分为"纬编生产的基本知识与基本操作"、"纬编基本组织与编织工艺"、"纬编花色组织与编织工艺"、"选针机构工作原理及花纹设计"、"圆机成形产品与编织工艺"、"横机成形编织工艺"、"纬编面料分析及生产工艺参数的确定"七个模块。

本教材由盐城工业职业技术学院、常州纺织服装职业技术学院和广东职业技术学院共同组织编写，盐城工业职业技术学院张永革和常州纺织服装职业技术学院熊秋元担任主编，广东职业技术学院刘静和盐城工业职业技术学院陈燕担任副主编。编写的具体分工如下：模块一、模块二由张永革编写，模块三由陈燕编写，模块四由熊秋元编写，模块五由刘勇编写，模块六由刘静编写，模块七由周彬编写。全书由张永革、陈燕整理统稿。

本教材在编写过程中得到了启新针织有限公司和射阳毛绒科技有限公司的大力支持，在此表示真挚的感谢。由于编写人员水平有限，书中难免存在不足和错误，热诚希望各位专家、读者批评指正。

编者
2016 年 1 月

目 录

模块一

纬编生产的基本知识与基本操作

知识目标

1. 了解针织工业的主要产品及发展概况；
2. 认识纬编针织物的结构，掌握纬编针织物的主要物理机械指标；
3. 认识纬编针织机的种类及机构；
4. 掌握纬编生产的工艺流程及准备工序。

技能目标

1. 会鉴别纬编针织物、了解纬编针织物的线圈结构；
2. 会辨别纬编针织物线圈的正反面及织物的单双面；
3. 会测量纬编生产的工艺参数；
4. 会进行纬编生产的基本操作。

任务一　针织工业的发展概况

将纱线转变为织物主要有三种方法：一是传统的机织方法；二是针织方法；三是非织造方法。

针织是利用织针将纱线弯曲成线圈并相互串套而形成针织物的一种方法。针织工业就是用针织的方法来形成产品的一种工业。

一、针织工业的主要产品

根据编织方法的不同，针织生产可分为纬编和经编两大类；针织机也相应地分为纬编针织机和经编针织机两大类。纬编针织机主要有各种圆纬机、横机、袜机等；经编针织机主要有各种高速经编机、贾卡经编机、花边机、双针床经编机等。

纬编：一根或数根纱线顺序地垫放在纬编针织机的工作织针上，由成圈机件将纱线弯曲成线圈并相互串套而形成针织物的一种方法，如图1-1-1所示。

经编：一组或几组平行排列的纱线经向喂入经编针织机的工作针上，由成圈机件将纱线弯曲成线圈并在横向相互连接而形成针织物的一种方法，如图1-1-2所示。

纬编和经编两者由于编织方法不同，因而在结构、形状和特性等方面也有一些差异。纬

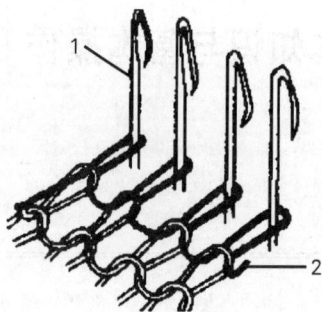

1-织针　2-纬纱
图1-1-1　纬编针织图

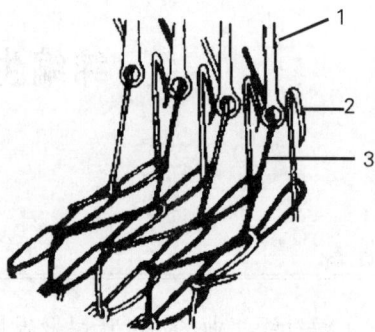

1-导纱针　2-织针　3-经纱
图1-1-2　经编针织图

编针织物手感柔软,弹性、延伸性好,但易于脱散,织物尺寸稳定性较差;经编针织物尺寸稳定性较好,不易脱散,但延伸性、弹性较小,手感较差。

针织物品种较多,其产品在服用、装饰和产业等领域中得到了广泛应用。按其用途可分为:

(一)服用针织物

在针织机上可采用各种不同粗细、不同原料的纱线编织各种厚薄不同的坯布,如各种单面、双面、印花、提花、彩横条坯布;棉针织品、毛针织品、真丝针织品,各种化纤纺绸、仿呢、仿毛产品;针织布、毛围巾、天鹅绒、人造毛皮。有的轻薄如蝉翼(如透明的长筒丝袜、镂孔花纹的花边等),而有的重如皮毛(如各种毛织物、防寒夹层织物、仿毛皮织物等)。用针织物制作的内衣(包括汗衫、背心、棉毛衫裤、绒衣绒裤、三角裤、睡衣、胸罩等)、外衣(包括便装、时装、套装等纯外衣产品和内衣外穿的文化衫、T恤衫、紧身衫等)、西服、大衣、工作服、运动服、羊毛衫、袜子、手套、帽子、头巾、围巾、披肩、领带等,琳琅满目。除此以外,还可利用其成形机构直接编织各种款式的羊毛衫、袜子、手套、围巾等成形产品。

(二)装饰织物

针织装饰织物品种多样,从精美的提花窗帘、台布、枕套、沙发巾、餐巾、床罩、座垫套、火车、飞机及汽车内部坐垫等装饰物和华贵的毛毯、地毯、软体玩具、优雅的蚊帐、铺地、贴墙织物到廉价的擦布,包装布、盖布都属于装饰织物。各种类型的经编机在装饰织物的织制上则占有更大的优势。目前,有越来越丰富多彩的各种各样的针织品充盈着这一领域,美化着人们的生活。

(三)产业用织物

这是一个广阔的领域,用于各种建筑材料(如路基、跑道、堤坝、隧道等工程用以排水、滤清、分离、加固用的铺地材料)各种网制品(如体育用品、银幕、建筑用网、渔网、伪装网及庄稼防护网、水源防护网、遮光网、防滑网、集装箱安全用网等)、各种袋类制品、各种工业用材料(滤布、防雨布、屋顶覆盖用织物、水龙带、输送带、排水通气管道、高透气性的运动鞋鞋面等)的针织物越来越多;利用其可塑性甚至可以制得更新的工业制品,例如用适当原料的纱线编织成布后进行特种树脂整理,从而制得不锈、不沉、不碎的汽车、汽船的外壳。此外,还可以制作玻璃钢板、玻璃槽钢、防弹服、防火服等产品。

用于医疗材料的如人造血管、人造心脏瓣膜、器脏修补、针织布片、胶布、绷带、护膝等。用特殊弹性尼龙袜取代外科用的特种橡胶长袜。近年来利用特殊后整理手段开发的防菌、保健、抗冻、治冻产品也在大力发展中。

二、针织工业的发展概况

(一)早期的针织

现代针织是由早期的手工编织演变而来的。早期的手工编织是用竹制的棒针或骨质棒针、钩针将纱线编结成一个个互相串套的线圈,最后形成针织物,如图1-1-3所示。早期手工针织品主要是简单的手巾、围巾、长筒袜、帽子、手套等,后来手工逐渐能编织出组织较复杂的毛衣等制品。

(二)针织机械的发明

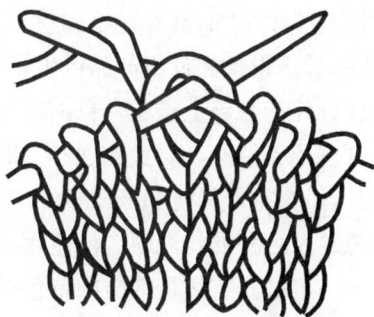

图1-1-3　针织物的手工编织

世界上第一台针织机是由英国的威廉·李(William Lea)于1589年发明的,这是一台8针/英寸粗钩针手摇袜机,可用毛纱织出粗劣的成形袜片;1598年他在该机的基础上又研制出了一台很细密的、结构更完美的袜机,机号为20针/英寸,此机速度为500线圈/min,其产量是当时最灵巧的女工手编产量的5倍。这台手摇袜机的动作原理为近代针织机的发展奠定了基础。到1727年,这种型号的袜机已高达8 000台,第一台袜机发明后100多年,又陆续发明了一些新型机种,1758年一个名叫Jedeiah Strutt的人在李氏袜机的基础上又加装了另一组织针而制成了罗纹机;1775年,一个叫Crame的人模仿李氏袜机制出了第一台使用钩针的Tricot型经编机;1849年英国人MelLor发明了台车,1847—1855年间,英国人又相继发明了舌针,并制造出了双针床舌针经编机;1863年,美国人W. Lamb发明了舌针式罗纹机;1908年,世界上出现了第一台棉毛机。

从1589年第一台手动式粗针距袜机发明以来,针织机械在近400年间,经历了从无到有、从简单到复杂、从单一机种到近代各种针织机种的雏型的缓慢发展过程。

(三)现代针织工业

针织工业是纺织行业中起步比较晚的行业。针织由家庭手工编织转入正式工业化生产是在近百年内实现的。由于针织生产工艺流程短、占地面积少、经济效益比较高加之原料适应性强、产品使用范围广、机器噪声小等优点,20世纪50年代以来,针织工业在世界范围内得到迅猛发展。针织工业的飞速发展表现在以下几个方面:

1. 针织设备的进步

20世纪50年代末,特别是60年代以后,随着化学纤维工业的飞速发展,针织产品由传统的内衣向外衣发展具备了原料方面的条件,因而迫切需要能编织化学纤维原料的新型针织设备,这一形势促进了针织机械的飞速发展。国际上出现了各种非常先进的新型圆纬机、经编机、横机和袜机。20世纪70年代以后,有各种针织设备上开始了引用近代科学技术的成就,如气流、光电和微电子技术。进入20世纪80年代,计算机、气流等现代科技成果在先进的针织设备上得到了迅速广泛的应用。

2. 新原料的使用

化学纤维工业的发展,各种新型纤维和新型花式纱线的涌现,为针织新产品的开发提供了多种多样的原料,也为针织工业的发展开辟了广阔的天地;在20世纪20年代以前,针织原料主要是棉,其次是毛和丝。随着20世纪30—40年代锦纶、涤纶、腈纶和氨纶的相继出现,针织设备和针织产品产生了飞跃的发展,20世纪70年代后各种特色纤维的研制成功更使针织产品锦上添花。目前针织原料包括所有的天然纤维,除了传统的棉、羊毛外,还大力开发了天然丝、麻、兔毛、驼毛和牦牛毛、绵羊绒、羊驼绒等新品种。化学纤维原料方面,涤纶长丝、涤纶低弹丝和涤纶短纤维、锦纶长丝和锦纶高弹丝、腈纶短纤维和膨体纱、丙纶、氨纶、氯纶及各种混纺原料广泛应用于针织外衣、紧身内衣、人造毛皮和各种装饰用布、产业用布中。各种具有优良性能的特色纤维织制的针织品也相继出现:各种改性天然纤维针织品,如轻薄保暖、防缩防蛀、可揉搓的细支羊毛针织内衣、仿羊绒超柔软棉针织品、仿凉爽麻棉针织品、牛奶丝针织内衣裤等极大地丰富了针织物的品种;远红外线纤维以其良好的保暖性和保健功能在针织产品中得到了广泛应用;防紫外线纤维可以生产高附加值的夏令服装;三叶形、三角形、异形中空长丝等异形纤维针织品具有蓬松、保暖性好、抗起毛起球等特点;异形复合纤维针织品具有滑爽、吸湿、棉质手感等性能;光泽、截面、取向度和收缩率均不同的异形混纺纤维可织制优良的仿乔其纱和仿呢绒产品;用超细纤维织制的人造麂皮、人造毛皮、仿丝绸产品达到了以假乱真的程度;以氨纶为芯外包聚酯或聚酰胺的高弹性包芯纱,是弹力针织品,如游泳衣、紧身衣、运动衣和弹力袜等的最好原料;各种具有特殊功能如阻燃、防水、防腐、高强、难熔、耐寒、隔热、保健等性能的特种纤维也扩展了针织品的应用领域。

3. 印染后整理新技术的应用

化学整理新助剂的问世,印染整理新技术的开发,如染色、印花新工艺、丝光、烧毛、定形、拉毛、割绒、磨绒、压花、轧纹、烂花、静电植绒、多色处理等新工艺及各种防缩、防皱、防污、防菌、防水、免烫、阻燃、抗静电和进行柔软、带香味处理以及改善吸湿、导湿性、透气性、保健性等高级整理手段的应用不但丰富了针织品的花色品种,美化了针织物外观,而且进一步改善了针织物的物理机械性能和服用性能,极大地提高了实物质量,赋予了针织物各种特异的功能。同一种坯布经不同的染色、印花、整理可生产千百种具有截然不同外观的织物。针织物的整理过程越完善,其性能就越好。

4. 针织物产量、品种的增加

针织工业的迅猛发展突出地表现在其产量、质量、花色品种等方面。

针织品产量迅猛提高,以针织服装为例,由于近20年针织外衣化发展,针织服装的产销量已与梭织服装并驾齐驱,而且越是经济发达的国家和地区,针织服装的消费也越多。目前在欧、美、日等发达国家,毛衣、绒衣、T恤、运动衫裤已成为日常生活的正常穿着,有的已成为上班和参加非正式活动及闲暇时间的主要穿着。从世界范围和贸易总量来看,今后针织服装仍将继续发展。

从品种方面看,现代的针织品不仅冲破了袜子、内衣、手套三类产品的老框框,也超越了衣饰用物的范畴,扩展到室内装饰、产业用品等各方面。近年来,仅从针织服装方面看,针织内衣既讲求保暖、舒适,更讲究装饰美观、花色款式多姿多彩,同时向外衣化、时装化、便装化、高档化、系列化方向发展。外衣的主要品种有T恤衫、毛衣、绒衣、运动服、时装、便装等。其花色款式新颖,风格独特,设计严谨,做工考究,规格齐全,内外衣、上下装、衣帽袜等系列配套。针织面料特有的服用舒适性,加上印、镶、拼、嵌、滚、绣和各种配件等多种装饰手段,使其深受消费者喜爱,得以蓬勃发展。

总之,针织工业有着广阔的发展前景,针织新技术、新产品将不断涌现,针织设备也将向更合理、更有效的方向发展。随着现代科技的进步,针织工业将产生新的飞跃。

技能训练

1. 给每人发放四块样布,要求每人通过观察鉴别出机织物、非织造布、针织物、纬编针织物、经编针织物。

2. 自己身上的服装哪些属于针织物,哪些属于机织物? 比较针织物与机织物的性能。

任务二   纬编针织物的基本结构及其主要物理机械指标

一、纬编针织物的基本结构

针织物的基本结构单元为线圈,是一条三度弯曲的空间曲线。其几何形状如图1-2-1所示。

图1-2-2所示是纬编织物中最简单的纬平针组织线圈结构图。

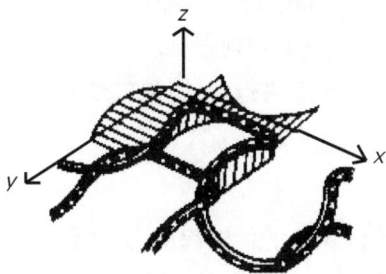

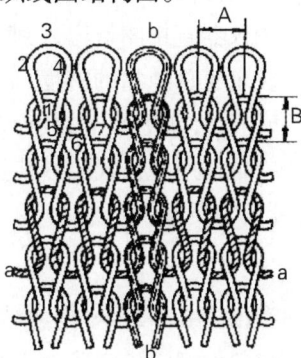

图1-2-1 线圈模型   图1-2-2 纬平针组织线圈结构图

纬编针织物的线圈由圈干 1—2—3—4—5 和延展线 5—6—7 组成。圈干的直线部段 1—2 与 4—5 称为圈柱,弧线部段 2—3—4 称为针编弧,延展线 5—6—7 又称为沉降弧,由它来连接两只相邻的线圈。

纬编针织物由线圈横列与线圈纵行组成。

线圈横列:线圈在横向的组合,图中的 a—a 横列,一般一个横列由一根或几根纱线组成。

线圈纵行:线圈在纵向的组合,如图中的 b—b 纵行,一般每一纵行由同一枚织针编织完成。

纬编针织物线圈大小用圈距和圈高表示。

线圈圈距:同一横列中相邻两线圈对应点之间的距离,以 A 表示。

线圈圈高:同一纵行相邻两线圈对应点之间的距离,以 B 表示。

纬编针织物线圈有两种串套方法,因此线圈有正面和反面之分。

正面线圈:线圈圈柱覆盖于线圈圈弧的线圈。

反面线圈:线圈圈弧覆盖于线圈圈柱的线圈。

纬编针织物有单面和双面之分。

单面:在纬编针织物的一个面上,只有正面线圈或反面线圈。

双面:在纬编针织物的一个面上,既有正面线圈又有反面线圈。

二、纬编针织物的主要物理机械指标

纬编针织物的主要物理机械指标一般具有下列各项:

(一)线圈长度

纬编针织物的线圈长度是指每一个线圈的纱线长度,它由线圈的圈干和延展线组成,一般用 L 表示,如图 1-2-2 中的 1—2—3—4—5—6—7 所示。线圈长度一般以毫米(mm)为单位。

线圈长度测量方法:

可以用拆散的方法测量其实际长度,或根据线圈在平面上的投影近似地进行计算,也常在编织过程中用仪器直接测量输入到每枚针上的纱线长度。

线圈长度决定了针织物的密度,而且对针织物的脱散性、延伸性、耐磨性、弹性、强力及抗起毛、起球和勾丝性等有影响,故为针织物的一项重要物理指标。

目前生产中常采用积极式给纱装置,以恒定的速度进行喂纱,使针织物的线圈长度保持恒定,以改善针织物质量。

(二)密度

针织物的密度,用以表示一定的纱支条件下针织物的稀密程度,是指针织物在规定长度内的线圈数。纬编中规定长度通常为5cm。根据纬编针织物的组成可分为横向密度和纵向密度。

1．横向密度（简称横密）

横向密度是指沿线圈横列方向在规定长度（50mm）内的线圈数（线圈纵行数），一般用 P_A 表示。通常用下式计算：

$$P_A = 50/A(线圈数/50mm)$$

式中：A 为线圈圈距（mm）。

2．纵向密度（简称纵密）

纵向密度是指沿线圈纵行方向在规定长度（50mm）内的线圈数（线圈横列数），一般用 P_B 表示。通常用下式计算：

$$P_B = 50/B(线圈数/50mm)$$

式中：B 为线圈圈高（mm）。

3．总密度

总密度是横密与纵密的乘积。

4．密度对比系数

密度对比系数是指横密与纵密的比值，通常用 C 表示。

密度对比系数反映了线圈的形态，C 值越大，线圈形态越是瘦高，反之线圈形态宽矮。

密度测量要求与方法：

横密主要用于控制织物门幅，因为针织机的针筒直径和机号确定后，总针数便确定了，织物的线圈纵行数是不会变更的。因此生产中主要测定的是织物的纵密，以便及时调整线圈长度，使织物达到规定的纵向密度。由于针织物在加工过程中容易产生变形，密度的测量分为机上密度、毛坯密度、光坯密度三种。其中光坯密度是成品质量考核指标，而机上密度、毛坯密度是生产过程中的控制参数。机上测量织物纵密时，其测量部位是在卷布架的撑档圆铁与卷布辊的中间部位。机下测量织物在自由状态下的密度，应在织物放置一段时间（一般为24h），待其充分回复趋于平衡稳定状态后再进行。测量部位在离布头150cm，离布边50cm处取一块样布，沿样布的纵向5cm长用照布镜数出线圈数即可。

（三）未充满系数

针织物的稀密程度受两个因素的影响：密度和纱线线密度。密度仅仅反映了一定面积范围内线圈数目多少对织物稀密的影响。为了反映出在相同密度条件下纱线线密度对织物稀密的影响，必须将线圈长度 L 和纱线直径联系起来，这就是未充满系数。未充满系数为线圈长度与纱线直径的比值。未充满系数值越大，针织物越稀松，反之针织物越紧密。

（四）面密度（单位面积的干燥重量）

纬编针织物单位面积的干燥重量是指每平方米干燥针织物的克重数（g/m^2）。

通常由理论计算得到或实际测量法测得。

1．理论计算法

如已知纬编针织物的线圈长度 L，纱线线密度 Tt（tex），横密 P_A 和纵密 P_B，则纬编针织物单位面积的重量 Q' 可用下式求得：

$$Q' = 0.0004 P_A P_B L \text{Tt}(1 - y)(g/m^2)$$

式中:y 为加工时的损耗。

如已知所用纱线的公定回潮率 W_K 时,则单位面积的干燥重量 Q 为:

$$Q = Q'/(1 + W_K)$$

由于理论计算法较为复杂,一般采用实际测量法。

2. 实际测量法

首先在纬编针织物上剪取 $10\text{cm} \times 10\text{cm}$ 的样布,然后在天平上称出样布的重量,这时的重量是自然重量,求得的是纬编针织物单位面积的重量;如烘干后在天平上称出样布的重量是干燥重量,求得的是纬编针织物单位面积的干燥重量。由于烘干比较麻烦,目前在针织企业里大多以纬编针织物单位面积的重量为考核标准,但是由于晴天和雨天空气中相对湿度不同,会使织物的重量有误差,所以要求误差在 $\pm 10\text{g/m}^2$ 以内就算合格。这是目前大多数企业采用的方法。

纬编针织物单位面积的干燥重量是国家考核针织物质量的重要物理、经济指标。该值越大,针织物越密实厚重,耗用原料越多,织物成本增加。

(五)厚度

针织物的厚度取决于它的组织结构、线圈长度和纱线线密度等因素,一般以厚度方向上有几根纱线直径来表示。

(六)脱散性

针织物的脱散性是指当针织物中的纱线断裂或线圈失去串套联系后,线圈与线圈分离的现象。

针织物的脱散与它的组织结构、纱线的摩擦系数、未充满系数和纱线的抗弯刚度等因素有关。

(七)卷边性

某些组织的针织物在自由状态下其布边会发生包卷,这种现象称为卷边性。这是由于线圈中弯曲线段所具有的内应力,力图使线段伸直而引起的。

卷边性与针织物的组织结构及纱线弹性、线密度、捻度和线圈长度等因素有关。

卷边性是针织物的一个缺点,它使裁剪和缝制发生困难,所以应尽量避免或减少这种现象。为了使要缝合的针织物衣坯不卷边,织物在裁剪前必须经过轧光和整烫处理。织物经轧光和整烫处理等工序后,其卷边性大大减少,有利于裁剪和缝制。

(八)延伸性

针织物的延伸性是指针织物在受到外力拉伸时,其尺寸伸长的特性。它与针织物的组织结构、线圈长度、纱线性质和线密度有关。针织物的延伸可分为单向延伸和双向延伸两种。

延伸性与针织物的组织结构、线圈长度、纱线性质有关。

(九)弹性

针织物的弹性是指当引起针织物变形的外力去除后,针织物形状回复的能力。

弹性是针织物的一种特殊性质,由于针织物具有弹性,所以穿着舒适,活动自由,符合人体各部位的体形。

针织物的弹性取决于针织物的组织结构、纱线的弹性、摩擦系数和针织物的未充满系数。

(十)断裂强力与断裂伸长率

针织物在连续增加的负荷作用下至断裂时所能承受的最大负荷称为断裂强力,用 kg 表示。布样断裂时的伸长量与原来长度之比称为针织物的断裂伸长率,用百分比表示。

针织物的强力一般用拉伸和顶破的试验方法来确定。它取决于针织物的组织结构、密度和纱线强力等因素。

(十一)缩率

针织物的收缩是指针织物在使用、加工过程中长度和宽度的变化。针织物的缩率有正值和负值,如在横向收缩而纵向伸长时,则横向缩率为正;纵向缩率为负。

针织物的缩率可分为下机缩率、染整缩率、水洗缩率以及在给定时间内的缩率等。

(十二)勾丝、起毛、起球性

勾丝:针织物在使用过程中碰到尖硬的物体,织物中纤维或纱线就会被勾出,在织物表面形成丝环,这种现象称之为勾丝。

起毛:织物在穿着、洗涤中不断经受摩擦,纱线表面的纤维端就会露出于织物表面,使织物表面形成毛茸,称为起毛。

起球:如果这些起毛的纤维端在以后的穿着中不能及时脱落,就相互纠缠在一起被揉成许多球形小颗粒,称之为起球。

勾丝、起毛、起球是针织物的一个缺点,主要在化纤产品中较突出。它与原料品种、纱线结构、针织物的组织结构、染整加工和成品的服用条件等因素有关。

技能训练

1. 用照布镜观察一块最简单的纬编针织物,了解线圈的结构组成;熟悉纬编针织物的线圈横列、纵行;分辨出线圈的正、反面和织物的单、双面。

2. 用照布镜、直尺、笔、天平等工具测量出一块最简单的纬编针织物的线圈长度、纵密和横密面密度。(为了减少误差,要求每个参数测量 10 次取其平均值)

任务三　认识纬编针织机

一、纬编针织机的分类

纬编针织机的类型很多,一般都以针床数量、针床形式、用针类别等来区分。按针床数量可以分为单针床针织机和双针床针织机,按针床形式可以分为圆机和平机(横机),按用针类别可以分为舌针机、钩针机和复合针机。

纬编针织机分类如表1-3-1所示。

表1-3-1   纬编针织机分类

			钩针	全成形平型针织机
纬编针织机	单针床(筒)	平型	舌针	手摇、机械式、电脑横机
		圆型	钩针	台车
			舌针	多三角机、毛圈机、提花机等
			复合针	复合针大圆机
	双针床(筒)	平型	钩针	双针床平型钩针机
			舌针	横机、双反面机、手套机
		圆型	舌针	罗纹机、棉毛机、双针床大圆机等

二、纬编针织机的机构

纬编针织机机构一般由主要机构、辅助机构和特殊机构组成。

(一)纬编针织机主要机构

纬编针织机主要机构有给纱机构、编织成圈机构、牵拉卷取机构、传动机构。

1. 给纱机构

给纱机构作用是把纱线从筒子上退解下来,输送到编织区域。纬编针织机的给纱机构有消极式和积极式两种类型。

对纬编针织机给纱机构的要求是:

(1)纱线必须连续、均匀、定量地送入编织区域;

(2)各编织系统之间的给纱比保持一致;

(3)送入各编织区域的纱线张力大小适宜,均匀一致;

(4)喂纱量能随着产品品种的改变而进行有效改变,且调整方便;

(5)纱架能安放足够数量的预备纱筒。

2. 编织(成圈)机构

成图机构的作用是将导纱器喂入的纱线顺序地弯曲成线圈,并使之与旧线圈相串套而形成针织物。成圈机构由织针等一系列成圈机件构成,它们相互配合完成成圈过程。成圈机构是针织机上最关键的机构,其质量好坏,直接决定着坯布质量的高低和成圈过程的顺利与否。

3. 牵拉卷取机构

牵拉卷取机构的作用是在编织过程中借助一对回转的牵拉辊夹持织物或其他方式将不断形成的针织物从成圈区域中牵引出来,并卷绕成一定形式的布卷,以使编织过程能顺利完成。

牵拉卷取量调节的好坏对成圈过程和产品质量影响很大,为了使织物密度均匀,门幅一致,要求牵拉和卷取能连续进行,且牵拉和卷取的张力稳定。卷取时还要求卷装成形良好。

4. 传动机构

传动机构的作用是将电动机的转动通过皮带带动针织机的主轴,再由主轴带动针织机的各个机构。要求传动机构传动平稳、动力消耗少、便于调节、操作安全方便。

(二)纬编针织机辅助机构

纬编针织机辅助机构是为了保证编织正常进行而设置的。纬编针织机的辅助装置通常有断纱等故障自停装置、制动装置、自动加油装置、清洁除尘装置、扩布器、开关装置等。

(三)纬编针织机特殊机构

纬编针织机特殊机构主要根据加工产品需要而特定设置的机构。比如提花纬编机则还有提花选针机构;横机则还有针床横移机构等。

三、针织机机号

(一)针织机的机号与表示方法

针织机的机号是反映针织机用针粗细、针距大小的一个概念,机号即针床上规定长度内所具有的针数,通常规定长度为25.4mm(1英寸)。

机号 E 与针距 T 的关系可用下式表示:

$$E = 25.4/T$$

由此可知,针织机的机号说明了针床上织针的稀密程度。针距越小,即织针越密,机号则越高,也就是针床上规定长度内的针数越多;反之,针距越大,用针越粗,则针床规定长度内的针数越少,机号越低。

针距和机号(针/25.4 mm)的对照关系如表1-3-2所示。

表1-3-2 针距和机号的对照关系

机号	14	16	18	20	22	24	26	28
针距	1.814	1.588	1.414	1.270	1.154	1.058	0.977	0.907

在单独表示机号时,应由符号 E 和相应数字组成,如E18、E22 等。

(二)针织机机号与加工纱线线密度的关系

机号不同,针织机可加工纱线的粗细也就不同。机号越高,则所用针越细,针与针之间的间距也越小,所能加工的纱线就越细,编织出的织物就越薄;机号越低,所用纱线则越粗,织物也就越厚。在各种不同机号的机器上,可以加工纱线的粗细是有一定范围的。

某种机号的针织机上可以加工的最粗纱线,决定于成圈过程中针与其他成圈机件之间间隙的大小,纱线的粗细应能保证该纱线在编织过程中能顺利通过该间隙(应考虑该间隙必须容纳的纱线根数、粗节和结头)。如果纱线过粗,成圈过程中纱线可能被成圈机件擦伤、轧断。由于织针各部位的厚薄不同,在成圈的各个阶段中,针与其他成圈机件间的间隙大小也是不同的。因此考虑所能加工的最粗纱线时，还应考虑成圈的特征，以成圈过程中机件间的最小间隙为依据。

从理论上可推导出某一机号所能加上的最粗纱线的线密度 Tt 与机号 E 之间的关系为：

$$Tt = K_1/E^2$$

式中 K_1 为类比系数。由于 K_1 值的计算较复杂，实际生产中很少使用。

某机号针织机所能加工的最细纱线，理论上不受限制，它取决于织物服用性能或者织物的末充满系数指标。

在某一机号的针织机上，由于各成圈机件尺寸的限制，可以加工的最短线圈长度是一定的（线圈长度过小，退圈、脱圈时就会发生困难）。这样，纱线越细，织物就越稀薄，使纱线无限地变细就会影响织物品质，甚至使其失去服用性能。故在实际生产中，一般由经验决定一定机号机器最适合加工的纱线线密度。

一定机号的针织机最适合加工的纱线线密度如表 1-3-3 所示。

表 1-3-3　一定机号的针织机上最适合的纱线线密度

机器类型	机号 E	加工原料	适合加工的纱线的线密度		
			特数 tex	英制支数	旦
棉毛机	16	棉纱	14×2,28	42/2,21	
棉毛机	18	棉纱	28,18	21,32	
棉毛机	21~22.5	棉纱	18,15,14	32,28,42	
台车	22	棉纱	2×28	21×2	
台车	28	棉纱	28	38,21	
台车	34	棉纱	18,9×2,10×2	32,64/2,80/2	
台车	36	棉纱	15,14,7.5×2	38,42,80/2	
台车	40	棉纱	13,7.5×2	46,80/2	
			7×2,6×2	84/2　100/2	
多三角机	14	棉纱	2×28*	21×2	
多三角机	16	棉纱	2×18,14×2	32×2　42/2	
多三角机	19~20	棉纱	28	21	
提花圆机	16	聚酯长丝	17~22		150~200
提花圆机	18	聚酯长丝	15~17		135~150
提花圆机	20	聚酯长丝	14~17		125~150
提花圆机	22	聚酯长丝	11~14		100~125
提花圆机	24~26	聚酯长丝	8~11		75~100

注　2×28tex 表示两根 28tex 单纱一起喂入编织。

技能训练

1. 通过纬编针织机实体认识各种纬编针织机的机构组成及作用；
2. 通过纬编针织机织针了解织针的种类、结构及作用；

3. 熟悉纬编针织机机号的计算方法以及根据机号如何选择纱线的线密度。

任务四　纬编生产工艺流程及准备工序——络纱

一、纬编生产工艺流程

纬编生产从原纱至毛坯布入库,要经过原纱检验、络纱、编织、密度检验、过磅打戳、毛坯布检验、修补、翻布装袋、入库等生产工序。这些工序的选用是随原料卷装形式、原料品种、成品染整加工及对产品质量要求等的不同而异。

(一)原纱检验

针织厂所用的原料主要是纱线和原丝。卷装形式一般为筒子纱和绞纱,针织厂通常使用筒子纱进行生产。运输中能否保证筒子纱的成形良好,对后续工序的生产影响很大。运输距离的长短、装卸和包装袋的结构及管理的好坏,对保证筒子纱的成形良好有直接的影响,从而也影响坯布的质量和设备运转效率。目前大部分工厂以筒子纱进厂,经原纱检验后,直接上机进行编织。但对高档汗布产品使用的18tex(32英支)、10tex × 2 (60 英支/2)、7.5tex × 2(80 英支/2)精梳纱及19.5tex (30 英支)腈棉混纺纱等则需经过络纱工序,以保证产品质量,同时编织产品的技术要求也相当高。提高原纱卷装的要求,可以减少下一工序生产的困难。如以绞纱进厂,必须选用络纱工序。

原纱检验是保证原纱质量必须进行的工序。除检验原纱的传统试验指标外,对筒子的硬度、成形和回潮率也应检验。筒子纱的硬度与成形好坏,将影响设备的运转效率和产品质量。回潮率用来核算进纱量,通常把进厂时原纱的回潮率折算成公定回潮率后再核算。

(二)络纱

纬编针织厂一般采用络纱工序。经过络纱工序的纱线,筒子成形良好,纱线上的杂质与残疵得到清除,筒子紧密,从而减少了针织机停台次数,提高了坯布的产量和质量。

另外,在编织生产中,小筒容易产生断头残疵,因此,在编织车间还需设置一定数量的络纱机来卷绕小筒管。管底的容纱量占满筒子的百分比一般为10% ~ 20%,可作为计算络纱机台数的依据。

(三)编织

编织工序是针织生产中的主要工序。使用的设备有主机与副机。主机随选用的坯布品种不同而异,副机是指生产下摆罗纹、领口罗纹和袖口罗纹使用的罗纹机。在确定产品品种时,应当考虑配备一定数量的罗纹机。

(四)密度检验

密度检验是指检查毛坯布的密度,它是控制产品品质标准的一种手段。通过检验可随时调整机上的工艺参数,使毛坯织物密度符合工艺要求,从而提高产品的正品率。目前生产中密度检验有两种方法。一种是采用线圈测长仪来控制织物密度,在针织机运转中进行测量,故又称动态测量法,该方法控制织物密度及时,可节省劳动力。另一种是在织物下机后,经过磅打戳,利用密度仪进行测量。如密度不符合工艺要求,则通知班组调整机上的工艺参数,该方法控制密度不够及时。

(五)过磅打戳

过磅打戳是指织物下机后称重,然后在布头上打戳,主要内容有织物的重量、幅宽、日期、挡车工的工号等,以便追查责任。此工序必不可少。

(六)检验与修补

检验与修补应是两个工序,由两个工人分别进行。检验是检查织物的品质,也是检验产品品质完成情况及挡车工品质指标完成情况的一种方法。检验时对应修补的部位在布匹上做一标记,以便修补。

(七)翻布

翻布工序是否需要或翻几次应根据产品及加工要求而定。如汗布修布只修小辫子残疵时,要求在正面修理,而染整时,要使反面朝外,当下机坯布正面朝外时,可在修补后翻布;当下机坯布反面朝外时,需要在修补前翻布一次,使正面朝外,以便修补,修补后再翻布一次,以便染整。双面织物修补两面,但染整时正面朝里,故可翻布一次。

二、针织用纱

针织物是用各种纱线或其他形式的纺织原料,经过针织机械编织而成。针织物的品质和性能取决于其原料、织物组织及规格、织物的后整理等因素。其中原料的性能对针织物的品质和性能有着重要的影响,而且在针织生产过程中,构成织物的纱线要反复受到拉伸、弯曲、摩擦等机械作用。因此,必须根据产品的用途要求和生产条件,对原料作出周密的选择,以充分利用原料的编织性能和提高它们的使用价值。

(一)针织原料的分类及特点

针织原料按纤维品种可分为天然纤维和化学纤维两大类,而化学纤维又可分为人造纤维和合成纤维两类。

针织用纱按纤维形状和加工方法,可分为短纤维纱线、长丝和变形纱三类。

短纤维纱线在针织用纱中占的比重很大、短纤维纱线又可分为纯纺纱和混纺纱两类。所谓纯纺纱是指由一种纤维纺制的纱,而混纺纱则由天然纤维和化学纤维或两种及两种以上不同的天然、化学纤维按一定的比例混纺而成。

针织用纱中的长丝有单丝和复丝两种,单丝仅由一根丝组成,主要是化纤单丝或天然纤维中的蚕丝;复丝是由数根或数十根单丝经适当的加捻,使单丝之间获得横向联系而组成,复丝在针织中应用较广。

变形纱是利用合成纤维的热塑性,通过机械、物理或化学方法加工而成,它具有较高的伸缩性和膨松性,由它织成的织物手感柔软,布面丰满,毛感、弹性和保暖性好,在针织中应用十分广泛。变形纱因加工方法不同,其外观形态、结构和性质差异很大。常用的变形纱有腈纶膨体纱、弹力锦纶丝、低弹涤纶丝等。其它还有一些利用新型纺纱工艺生产的特种形态和性能的纱线,例如花色纱线、竹节纱、结子纱、包芯纱等。另外,化纤异形纤维复合纤维特别是超细旦纤维的出现,为针织用纱开辟了新的途径。

(二) 针织用纱的品质要求

在针织物形成过程中,纱线要受到复杂的机械作用,编织成圈时要受到一定的载荷而产生拉伸弯曲和扭转变形,同时在线圈相互串套时还要受到很大的摩擦。因此对针织用纱的品质有一定的要求。

1. 纱线应具有一定的强力和延伸性

由于纱线在针织准备和织造过程中要经受一定的张力和反复负荷的作用,因此针织用纱必须具有较高的强力才能使编织顺利进行。纱线在拉伸力作用下要产生伸长,延伸性较好的纱线在加工过程中可以减少断头,而且可以增加针织品的延伸性,但编织时应严格控制纱线张力的均匀性,否则,会造成织物线圈的不匀。延伸性好的纱线,其织物手感柔软,也可以提高织物的服用性能,即耐磨、耐冲击、耐疲劳性能。

2. 纱线应具有良好的柔软性

针织用纱的柔软性比机织用纱要求高。因为柔软的纱线易于弯曲和扭转,并使针织物中的线圈结构均匀、外观清晰美观,同时可减少织造过程中纱线的断头以及对成圈机件的损伤。

3. 纱线应具有一定的捻度

针织用纱应当具有一定的捻度,且捻度要均匀。捻度一般较机织用纱为低。捻度不足,一般纱线会降低强力,造成断头,降低针织品的牢度;捻度过大,则纱线柔软性差,织造时不易被弯曲、扭转,且容易产生扭结,造成织疵,也易使织针受到损伤,同时编织的织物弹性也差。捻度的大小随纱线线密度而异。

4. 纱线应具有一定的条干均匀度和良好的光洁度

纱线线密度均匀性即纱线的条干均匀性,也是针织纱的一个重要品质要求。针织用纱的条干均匀度要求较高,应控制在一定的范围内,条干不匀将直接影响针织物的质量。机织物中由于其经纱和纬纱的直铺方式,不匀的纱条在布面上较为分散,而针织物由于其特殊的线圈排列、串套成布方式,过粗或过细的纱条在织物中分布较集中,会在织物表面形成明显的云斑,影响其外观和内在质量。条干不匀还会使纱线强力降低,编织时断头增加,过粗处还会损坏织针。

针织用纱还要有一定的光洁度,否则不但影响产品的内在、外观质量,还会造成大量坏针,使编织无法正常进行。如棉纱的棉结杂质、过大的结头;毛纱的枪毛、草屑、杂粒、油渍、表面纱疵;蚕丝中的丝胶等都会影响纱线的弯曲和线圈大小的均匀,甚至损坏成圈机件,在织物上造成破洞。

5. 纱线应具有良好的吸湿性

吸湿性和回潮率的大小不仅关系到服装的舒适性、卫生性,而且对纱线性能(柔软性、导电性、摩擦性等)的好坏、生产能否顺利进行会产生影响。回潮率过低,纱线脆硬,化纤纱还会产生明显的静电现象,使编织难以顺利进行;回潮率过高,则使纱线强力降低,编织中与机件间摩擦力增大,损伤纱线。为了减少纱线的摩擦因数,化纤丝表面要有一定含量的除静电剂和润滑剂,短纤纱要上蜡。

另外,根据针织物用途的不同对纱线还应有不同的要求。如汗布要求吸湿、坚牢、轻薄、滑爽、质地细密、纹路清晰,布面疵点如阴影、云斑、棉结杂质尽量少,因此要求原纱比较细.纱线的条干与捻度比较均匀。同时在纺纱过程中应采用精梳,以提高原棉中纤维的整齐度,减少短绒与棉结杂质,使纱线的条干均匀度和强力提高,在成纱过程中应适当提高捻度,使织物手感滑爽。冬季用棉毛衫裤要求柔软,保暖性和弹性好,而且棉毛布是双面针织物,故用纱要求在强力、条干均匀度等方面较汗布为低,一般用单纱,不采用精梳,适当降低捻度,使织物手感更柔软。而对绒衣、绒裤用纱则应选用长度较短、成熟度好、细度较粗的原棉,适当降低捻度,使其易于拉绒。对外衣则要求纱线坚牢耐磨.有一定弹性、蓬松性,条干均匀,有毛型感或丝绸感,易洗、快干、免烫。

三、纬编生产准备工序——络纱

(一)络纱的目的与要求

1. 络纱的目的

进入针织厂的纱线卷装形式一般有绞纱和筒子纱两种。绞纱不能直接应用在针织机上,必须将其络成筒。筒子纱有些可以直接应用,有些也要重新络成一定规格,使之符合针织用纱的要求,我们把这一工艺过程称为络纱。

在络纱过程中除了使纱线卷绕成一定形式和一定容量的卷装;同时还可进一步消除纱线上存在的杂质、棉结、大头、骨结、粗细节等疵点,使针织机生产效率提高,产品质量改善;络纱过程中还可以对纱线进行必要的辅助处理,如上蜡、给乳化液、给湿及消除静电等,以改善纱线的编织性能。

2. 络纱的要求

在络纱过程中,尽量保持纱线原有的物理机械性能,如弹性、延伸性、强力等。络纱张力要求均匀和适度,以保证恒定的卷绕条件和良好的筒子结构。

络纱的卷装形式应便于存储和运输,采用大卷装以减少针织生产中换筒次数,这样,既能减轻工人的劳动强度,又能提高机器的生产率。

(二)筒子的卷装形式

筒子的卷装形式很多,针织生产中常用的有圆柱形筒子和圆锥形筒子两种。

1. 圆柱形筒子

圆柱形筒子其形状如图1-4-1所示。这种筒子主要用于络倒涤纶低弹丝和锦纶低弹丝等化纤原料。这种筒子在退绕时张力波动较大,但其容纱量比一般筒子大。从化纤厂出来而直接用于

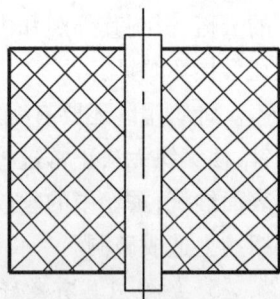

图1-4-1 圆柱形筒子

针织生产的一般都是圆柱形筒子。

2. 圆锥形筒子

圆锥形筒子其形状如图1-4-2所示。这种筒子是针织生产中广泛采用的一种卷装形式,它不但容纱量大,纱线退绕时张力较小,而且络纱生产率较高。在针织生产中常采用的圆锥形筒子有下列三种:

(1)等厚度圆锥形筒子:

这种筒子形状如图1-4-2(1)所示,它的锥顶角和筒管的锥顶角相同,纱层截面是长方形,上下纱层间没有位移。

(2)球面形筒子:

这种筒子形状如图1-4-2(2)所示,它的两端呈球面状,纱线在大端卷绕的纱圈数较多,同时纱层按一定规律向小端移动,于是大端呈凸球面,小端呈凹球面。筒子的锥顶角大于筒管的锥顶角。

(3)三截头圆锥形筒子:

这种筒子俗称菠萝形筒子,其形状如图1-4-2(3)所示。这种筒子上的纱层依次地从两端缩短。因此,除了筒子中段呈圆锥形外,两端也呈圆锥形。筒子中段的锥顶角等于筒管的锥顶角。这种筒子的退绕条件好,退绕张力波动较小,适用于各种长丝,如化纤长丝、真丝等。

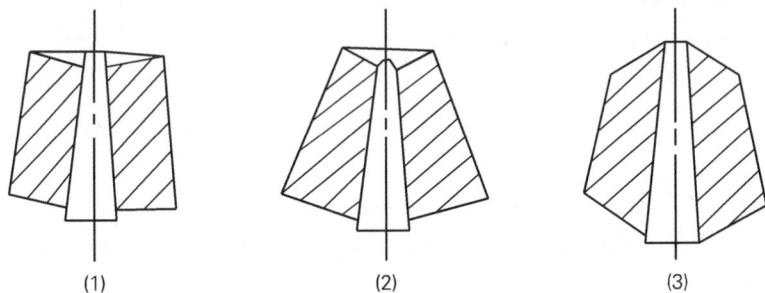

图1-4-2　圆锥形筒子

(三)络纱设备

络纱机种类较多,常用的有普通络纱机、菠萝锭络丝机、松式络筒机和自动络筒机等。

普通络纱机主要用于络取棉、毛及混纺等短纤维纱,菠萝锭络丝机用于络取长丝。菠萝锭络丝机的络丝速度及卷装容量都不如普通络纱机。松式络筒机可以将棉纱等纱线络成密度较松且均匀的筒子,以便进行筒子染色,用于生产色织产品。

络纱机的主要机构和作用如下:卷绕机构使筒子回转以卷绕纱线;导纱机构引导纱线有规律地分布于筒子表面;张力装置给纱线以一定张力;清纱装置检测纱线的粗细,清除附在纱线上的杂质疵点;防叠装置使纱层之间产生移位,防止纱线的重叠;辅助处理装置可以对纱线进行上蜡和上油等处理。

在上机络纱或络丝时,应根据原料的种类与性能、纱线的细度、筒子硬度等方面的要求来选择络纱机种类,并调整络纱速度、张力装置的张力大小、清纱装置的刀门间距、上蜡上油的蜡块或乳化油成分等工艺参数,并控制卷装容量,以生产质量符合要求的筒子。

(四)络纱生产指标

1. 络纱生产产量

络纱产量是以一定时间内所络出的纱线重量来确定的,也就是络纱机的生产率。在实际运用中,分为理论生产率和实际生产率,在计算理论生产率时,不考虑停车率。

2. 络纱生产质量

络纱质量主要是控制卷装的内在和外在质量。内在质量诸如纱线的卷绕密度、纱线张力以及针织用纱的特殊质量指标;外在质量即是卷装的成形质量。如果络筒工艺合适,由于清除了一部分弱节和杂质,单纱断裂强度会略有提高,纱线的光洁度也得到提高。若工艺设计不当,纱线会被过分拉伸和摩擦,纱变细,单纱强力会下降。此外在络纱过程中由于设备及操作规范等因素的原因,常产生一些疵点筒子,这既浪费了原材料,也会在很大程度上影响织造生产。

3. 络纱生产过程中的损耗

络纱损耗由下列因素组成:

(1)原料中水分挥发和棉籽、杂质、飞花等清除所造成的无形损耗;

(2)换纱管或绞纱的回丝以及断头打结产生的纱头损失;

(3)清除不良纱管产生的回丝。

注:络纱损耗常用络纱损耗率来表示。

技能训练

---

1. 在纬编实际编织过程中掌握生产工艺流程;

2. 在络纱机上通过络纱操作了解络纱机的机型、适用范围、筒子的卷装形式;熟悉络纱的方法与要求。

任务五　纬编生产的基本操作

合理而先进的操作方法是提高针织大圆机的编织效率、保证产品品质的重要前提。

一、操作规程

(一)运转前的检查

(1)看纱架上的纱筒是否摆正放稳,注意纱线不要被压住。

(2)走纱线路上各导纱器是否安装正确。

(3)检查纱线是否正确穿过走纱线路,不要被夹在任何部件的缝隙内,以免造成断纱。

(4)检查针筒运转附近是否有纱屑、布头或其他杂物,如有应立即清除,以免开车后造成损坏。

（5）以慢车速或点动机台,查看导纱器与织针之间距离是否得当,针舌是否能够全部打开,吃纱是否正常,有不正常的,立即纠正,以免造成坏织针。

（6）检查各停机部件及其动作是否正常,各探针位置是否正确。

（7）检查卷布装置部件旁边有无异物,以免造成卷布不顺利或机件损坏。

（二）启动、试运行

（1）启动:由电气专业人员接好设备上电气线路,启动设备,慢速运转5min。

（2）试运行:确认设备正常后,以低速(5r/min)运行10min,再确认油雾器供油等是否有效,然后进行设备试运行。在新设备试运行时,应以正常速度50%左右的运转速度进行7～10h,然后再提高设备速度,进行正常运转。

二、基本操作

基本操作是操作工所必须掌握的最基本的操作方法,它是衡量一个操作工技术水平的重要方面。每一个操作工要对技术精益求精,苦练过硬的基本功,真正做到:一准(换坏针准)、一牢(接纱牢)、四快(判断问题快、处理问题快、接纱线快、落布快)。

（一）接纱

接纱即接纱头。一般有两种情况:换纱筒子时接纱和断纱时接纱。

（1）当纱线断掉,设备会自动停机,要找到两个断头,把它们接在一起,按照穿纱路线将纱线穿好(注意要在储纱器上缠绕10～15圈),就可以开机。

（2）当一个纱筒上的纱线用完后,因张力消失,设备会自动停机(或者发现纱线即将用完,可以人工停机,取下旧纱筒把纱线拉断),将新纱筒插放在纱架上,注意要放稳,且不要压住纱线,两手各拉住新旧纱线头,将其打结,穿好纱,并使纱线张力恢复正常。每一次换纱线时,应检查纱线的批号,纱线线密度是否相同,以防不同规格的纱线混入,造成不必要的损失。

（3）接完纱线断头以后,应该先用慢车查看结头是否牢固,纱线是否纠结或被机件缠绕,待一切正常后,再进行正常生产。

（4）接纱要求:打套结,结头要小(纱尾不超过0.7cm)、牢(不脱结)、快(速度),备用纱对准导纱钩。一般每只纱筒直径在50mm以下就可以接备用纱,以保持纱尾清洁及纱筒间一定距离。接纱要合理安排时间,分批在巡回间隙时间里完成,以保证巡回检查工作。

接纱在设备正常运转中进行,也可以在停台时吹清纱架上堆积的飞花后开机接纱。接纱前先检查所接纱线是否和机上所用纱线线密度相同,防止搞错,同时还要检查纱筒头有否碰伤或发毛,纱筒有否油污等。发现有疵病的纱筒不能接上纱架,检查后将纱筒放在纱盘上找出纱头,摘去前端的脏纱,把新纱筒的纱头与旧纱筒的纱尾用套结的方法连结起来。打结后,摘去超长的纱尾,纱尾过短容易拉滑,造成断头。过长的纱头,在成圈过程中不容易脱圈,造成织疵。待设备上旧纱筒的纱线用完后,应该把空筒子取下。

（5）针织接纱头的具体方法:

a. 准备工作：接备用纱时，先挑好筒子纱，引导纱头，在被接筒底面掐好底头，注意掐好底头后所留小底不超过 15mm。

b. 接纱头方法：针织采用套扣接线法，即右手拿住纱线端头，左手中指，无名指，小指攥住纱线，大拇指向右把线挑住，食指压上线并挑起下线，右手将线在左手食指末上向右绕线成套，左手食指上挑，拇指退出线套插入食指套内，拇指与食指捏住被接筒子纱的底头，右手拉紧线扣并将余头掐断，使结头余线不得超过 0.7cm 接牢后将余线拉直。

c. 接备用纱时，每路纱筒不超过两只。

(二)穿纱

(1)把筒子纱装上纱架，找出纱头并穿过纱架上的导纱磁眼。

(2)将纱线穿过两个张力器装置后，下引并穿入输纱轮中。

(3)穿纱过中途自停器，并引入主机体喂纱口的磁眼中，将纱线头拉出导入针钩内。

(4)将纱线在输纱轮上绕上几圈，至此，完成一个喂纱口的穿纱工作。

(5)其它各喂纱口按以上步骤顺序完成。

(三)换针(装针)

织针是大圆机编织成布的主要机件之一，产品质量与织针好坏有着一定的关系。在设备运转过程中，织针经常受到阻力和磨损，会出现各种坏针(有些地方称作烂针)，在布的表面形成疵点，所以必须及时更换坏针。

更换坏针就要能够识别坏针类型。根据疵点的原因，找出坏针，能减少消耗。换下来的坏针，要统一放在规定的地方。

1. 坏针的类型

松销针：针舌销松动，容易出现"花针"。

开口针：又称硬舌针。针舌槽内有油污，针舌不能关闭，容易出现"花针"。

断舌针：针舌断裂或舌尖磨损，容易出现"花针""破洞"。

仰头针：针头销向上仰起，容易出现"稀路""花针"。

扑头针：针头向下弯，容易出"稀路"。

断裂针：针舌、针钩、针踵断裂。

坏针钩：针头钩子被拉开，针舌闭不住口，出现直条坏针。

针舌针头偏：容易出现"花针"。

2. 坏针识别方法

由于坏针所造成的疵点往往是直条形的，因此当布面上出现直条疵点(连续的或间断的)，就要停机，对织针进行检查，对于较明显的坏针可以直接进行换针，但有的坏针就不容易查出，此时在疵点的一条线圈纵行上，用针勾住作为记号，然后在筒口处临近疵点的任一纵行线圈及针槽上，用色笔做好记号后开机。待色笔记号开到台面下时停机，将勾在坯布上的针沿一条线圈纵行移至色笔记号处对数，看相邻几个线圈纵行，找出坏针，然后进行更换。

3. 上、下织针的坏针更换

在操作过程中换针在局部进行。换针操作如下：

（1）将备用针经挑选后擦洗干净，分类存放。准备好扳手、尖嘴钳等工具。

（2）发现坏针立即停车，确定坏针。如下针损坏，先将坏针转到针门位置，用钳子钳掉坏针的针头，向上推针使针尾离开镶板上平面，然后用钳子钳住针踵向下抽出。取一枚好针，把针舌打开，用钳子钳住针踵部位，把针头放在筒箍绳下部空针槽内，向上推送织针，织针升高，当针头越过筒口线且针尾越过镶板上平面时将钳口松开，织针就靠弹力进入针槽。然后将针头按下，使之与其他织针的针头平齐。换上针时，同样将坏针转到针门位置，打开针门，用一枚织针勾住坏针向外拉出，翘起针尾，把坏针从针槽中取出。注意不使坏针上的旧线圈脱掉。取一枚好针装入针槽，挂上旧线圈，拿掉坏针，合上针门。

（3）点动设备，使新织针吃到纱线，继续点动，观察新织针动作情况（针舌是否打开、动作是否灵活），确认无异常后，开机运转。

（4）换下的坏针不可乱丢，要放在废针盒内集中回收。

（5）换针时动作要稳、准，应最大限度地减少由于坏针而引起的疵点。

（四）套布

套布分为单面圆机套布和双面圆机套布。

1. 单面圆机套布

（1）准备工作：

a. 使积极送纱装置退出作用；

b. 打开所有闭合的针舌；

c. 清除所有松浮的纱头，使织针完全清爽；

d. 从设备上取下扩布架。

（2）套布方法及要求：

a. 经由每一个导纱器把纱线引入针钩，并拉到针筒中央；

b. 在每一根纱线都被穿入针钩后，把所有纱线集成一束，在感觉每一根纱线张力均匀的前提下，把纱线束打成结，并将接头穿过卷布机的卷取轴，绑紧在卷布辊上；

c. 用慢速（或手摇）点动设备，检查所有织针是否打开以及纱线喂入情况是否正常，必要时用毛刷协助吃纱；

d. 用低速把布织下，待织物足够长时，装上扩布架，并将织物均匀地穿过卷布机的卷布轴，以极快的速度下布；

e. 当设备运转（编织）正常后，使积极送纱装置参与供纱。

2. 双面圆机套布

由于双面机没有沉降片，它的编织脱圈全靠卷取装置的张力牵拉完成，因此双面机不能直接穿纱开布，而必须将一段已完成的布（以前编织的布或别的机台编织的布）挂在针钩上，然后再将布通过卷取、牵拉才能开布，称为套布工作法。

（1）准备工作：

a. 使积极送纱装置退出作用；

b. 打开所有织针的针舌；

c. 清除松浮的纱头,使织针完全清爽;

d. 找出一段与本机相似的布,要求组织略微松弛一些。

(2)套布方法及要求:

a. 将布穿套在扩大架外侧,由相对的两端开始套入。使布均匀地分布在针筒周围;

b. 用手轻握布头,由下针筒内侧向上送,另一只手持钩针,自上针盘和下针筒的缝隙中把布勾住拉出,并勾挂在下针筒的针钩上;

c. 将勾挂处多余的布,依反向折回下针筒内侧;

d. 利用毛刷使新纱线喂入针钩,注意此时的针舌必须是打开并且灵活的,不能有纱线粘附在织针的夹槽中而不能下布;

e. 用慢速(或手摇)点动大圆机,用上述方法使其它织针吃到纱线,如此循环,设备上原被挂住的布开始往下拉;

f. 继续这种操作,直到针筒上出现新线圈为止,检查每一导纱器吃线是否正常,并适当调整导纱器的位置;

g. 把原来用手向下拉的套布,穿入卷布机的卷取轴中,使卷布机自动卷取,注意此时的拉力不能太大,以免新线圈断裂;

h. 调整转速,使设备低速运转,注意查看所有织针是否打开;

i. 在设备正常编织时 调整卷布机的拉力,并在织针上加稍许针织油,这时可以加快速度运转;

j. 推上储纱器,使积极送纱装置参加工作。

在工厂里套布时,直接把三角座全部下掉,把准备的套布,从内侧在针盘和针筒之间的间隙中拉出,套在针筒的织针针钩上,然后再把针筒三角座装上去,穿好纱线,一边点动设备运转,一边用毛刷刷开针舌,套布很快就可以完成。

3. 套布时应注意的问题

(1)套布时应该根据机器规格尺寸,选择相适应的、较薄的套布;

(2)套在针筒针钩里的布要均匀,不宜过多,以防损坏针钩;

(3)随时检查有无套好的布滑出针钩。

(五)落布(下布)

当针织大圆机运转一段时间后,坯布达到要求的重量,设备会自动停机,操作工要进行落布工作。在落布前,要把编织结构上的飞花用气枪吹干净。落布时,不要把布放得过长或过短,一般为卷布机下 700mm 左右,用剪刀剪平齐(布头歪斜不超过 10mm)。然后检查剪断布两头的内外布面,看有否花针等疵病,防止疵病跨匹。落布时,要注意坯布不要被卷布机上的油污、地上的尘土沾污,以免造成油污等疵点。落布后把填好的坯布记录卡塞入布卷内。

落布的具体操作步骤为:

(1)转动卷布机左边卷布辊头上的插销,使离合器从卷布辊内脱出;

(2)两手紧握卷布辊两头,把卷布辊和布卷一起从安全门内拿出;

（3）把卷布辊从布卷内抽出，布卷妥善堆放，再把布卷辊放进卷布机，转动离合器，锁紧卷布辊；

（4）每一次落布后，都必须检查布面是否有瑕疵，以防长疵跨区。

（六）加油

为保证针织大圆机的正常运转，机器的各运转部件需要加一定润滑油，通常采用自动加油器加油（气压加油或脉冲加油），每天保全保养人员要注意油箱里的油是否够用，如不够用时，要把油箱里的油加到规定量。

（七）修补（钩残）

修补是将针织生产过程中产生的破洞、漏针等疵点进行修复保持布面完好的过程。

1. 准备工作

将残疵转到操作面，准备好修补针。

2. 修织方法

（1）锁头：

左手捏住断头向上拉，力量不得过大，以免拉断。拉成直线为好。左边的断头锁在上一路左邻弧的一根线上，右边的断头锁在上一路右邻弧的一根线上。

（2）修织顺序：

从左往右或从右往左，按纵行顺序钩编，左右两边钩编要均匀。

（3）修织方法：

锁好头后，按顺序开始修织。右手食指和中指末节托住钩针，把拇指搭在钩针把上。先将钩针从第一根线下插入针筒内钩住线套，手心偏上，小拇指搭在针瓦上，拇指随着食指伸缩旋转，钩针向上右旋针把（旋转90°左右），针舌打开后插入线下挑起，马上回转下拉，使针头退出原套，又马上上推左旋，这样连续动作全靠手指伸曲旋转。

3. 标准要求

钩好后的织物纹路清晰，无明显大纹，锁头无大眼、三角眼等。

技能训练

1. 通过接纱、穿纱训练，掌握接纱、穿纱的方法，提高接纱、穿纱的速度和质量。

2. 在静态圆机上训练装针。

3. 在静态圆机上训练修补。

模块二
纬编基本组织与编织工艺

知识目标

1. 了解纬编基本组织的特点及种类；
2. 掌握纬编针织物组织结构的表示方法；
3. 掌握纬编基本组织的结构、性能、用途；
4. 掌握纬编基本组织的编织工艺。

技能目标

1. 会表示纬编基本组织结构；
2. 会在相应的纬编针织机上编织纬编基本组织；
3. 会分析纬编基本组织的编织特点及要求。

组织：针织物结构单元的组合表现形式。由不同的结构单元和不同的组合形式形成了针织物多种多样的组织。本模块所讨论的纬编基本组织最显著的特点就是它们具有相同的结构单元——线圈，因组合不同形成了不同的组织。

根据线圈脱圈时的方向不同分为正面线圈和反面线圈；根据正反面线圈在针织物表面的不同分布，分为单面针织物和双面针织物；根据正反面线圈在针织物一面的不同配置可形成纬编基本组织。

纬编基本组织由原组织和变化组织组成；原组织有纬平针组织，罗纹组织和双反面组织；变化组织有变化罗纹组织（双罗纹组织）。

任务一   纬编针织物组织结构的表示方法

纬编针织物组织结构表示的方法有线圈结构图、意匠图、编织图、三角配置图。由于纬编针织物组织比较大，为了表示方便，一般只要求表示出一个完全组织，整块针织物就是由无数个完全组织循环重复而成。一个完全组织是指最小循环单元。

一、线圈结构图

线圈结构图是直接用图形表示纱线在织物内的配置状态，如图 2-1-1 所示。

线圈结构图特点：从线圈结构中可以清晰地看出线圈在织物内的组成形态，有利于研究与分析针织物的性质与编织方法,但绘制大型花纹的线圈结构图比较困难。

线圈结构图适用范围:这种表示方法仅适用于较为简单的纬编组织。

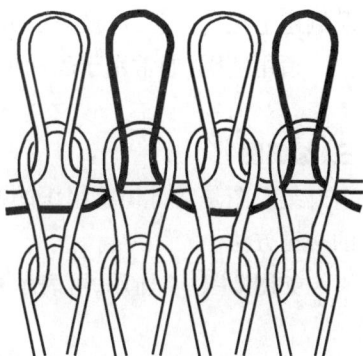

图2-1-1　线圈结构图

二、意匠图

意匠图是把织物内线圈组合的规律,用规定的符号画在小方格纸上表示的一种图形。方格纸上的每一方格代表一只线圈。方格在纵向的组合表示织物中线圈纵行,在横向的组合表示织物中线圈横列。根据表示对象的不同,又可分为结构意匠图和花型意匠图两种。

(一)结构意匠图

结构意匠图用于表示结构花纹。它是将成圈、集圈和浮线等结构单元用规定的符号在小方格纸上表示。

结构意匠图有不同的表示方法,如图2-1-2(1)所示的线圈图,可用图2-1-2(2)、(3)所示的两种结构意匠图表示,图2-1-2(2)中"⊠"表示成圈;"•"表示集圈;"□"表示浮线;图2-1-2(3)中"□"表示成圈,"•"表示集圈,"−"表示浮线。

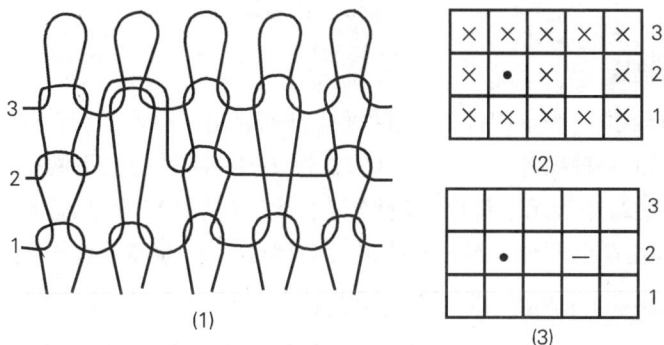

图2-1-2　线圈图和结构意匠图

(二)花型意匠图

花型意匠图是用来表示提花织物正面(提花一面)的花型与图案。图2-1-3表示由两种颜色色纱组成的提花组织的意匠图。图中符号"⊠"表示出一种色纱编织的线圈;符号"□"表示由另一种色纱编织的线圈。由图中可以看出,每一个线圈横列由两种色纱编织而成,且组成这一组织的最小循环单元为6个线圈纵行和6个线圈横列。

意匠图的特点:意匠图的表示方法简单方便,特别适用于提花组织的花纹设计与分析。在织物设计与分析以

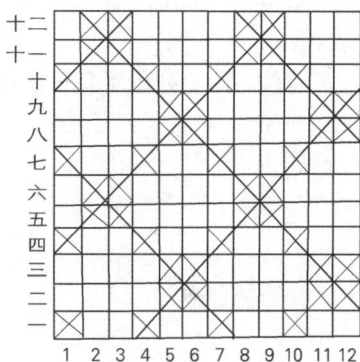

图2-1-3　花型意匠图

及制定上机工艺时,应注意区分上述两种意匠图所表示的不同含义。

适用范围:通常用于表示单面纬编组织,而双面织物一般用编织图表示。

三、编织图

编织图是将针织物组织的横断面形态,按成圈顺序和织针编织及配量情况,用图形表示的一种方法。

如图2-1-4所示,可表示纬平针组织、罗纹组织和双罗纹组织的编织图。

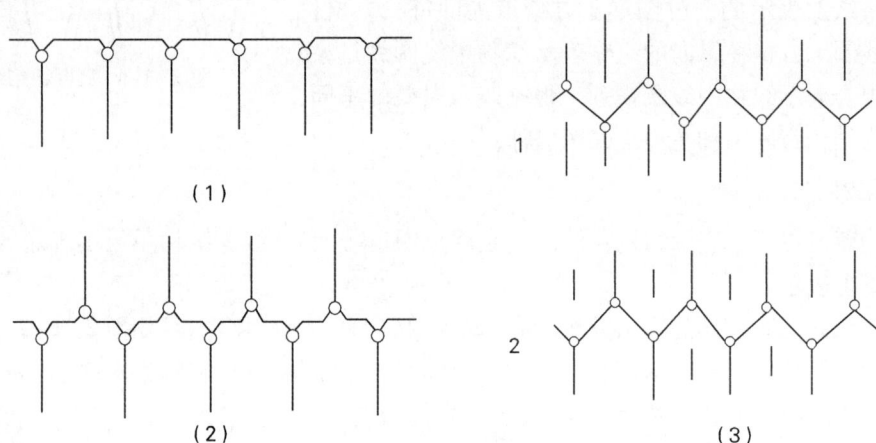

图2-1-4　编织图

(一)编织图使用的符号

编织图中用竖线"l"表示织针,竖线的横向排列表示了机器上织针的互相配置。图2-1-4(1)表示只使用了一种织针。图2-1-4(2)、图2-1-4(3)中上下两排竖线分别表示上下两种针,图2-1-4(2)中表示上针(针盘针)与下针(针筒针)1隔1,呈罗纹配置;图2-1-4(3)表示上下针均由高低两种针踵分别排成针头相对状态,呈双罗纹配置。

在织针头端画一个小圆圈,以"P"表示此针参加编织成圈;符号"Y"表示织针钩住喂入的纱线,但并没有成圈,纱线呈悬弧状,即为集圈;符号"l"表示在织针上没有垫入纱线,织针不参加编织,形成浮线。如果机器上有些针被从针筒或针盘上抽掉,抽针处用符号"0"表示。

表2-1-1列出了几种常用编织图符号的表示方法。

表 2-1-1　编织图符号表

编织方法	成圈	集圈	浮线	添纱	衬垫	抽针
针的状态位置	针筒针 针盘针 针筒针	针筒针 集圈	针盘针 不编织	每枚针上垫两根纱	针筒针或 针盘针	针盘针 抽针
线圈结构图	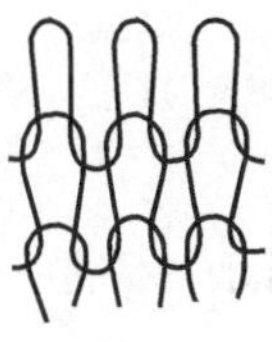	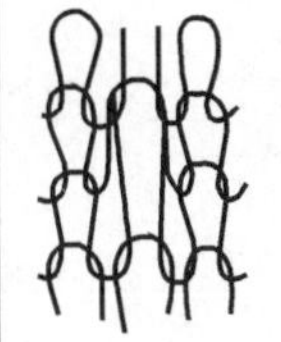	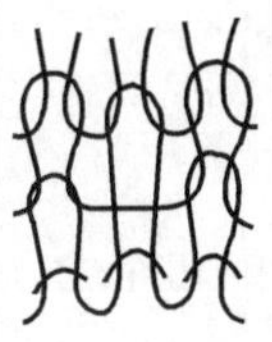		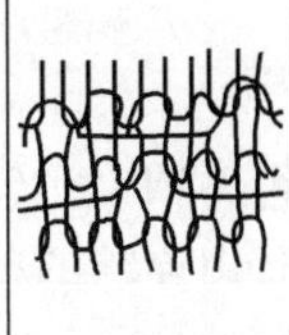	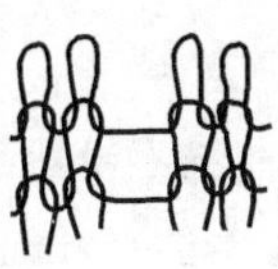
编织图符号	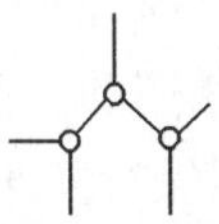	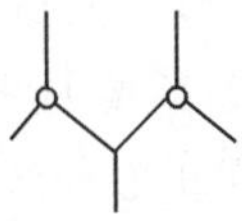	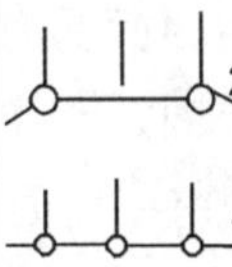			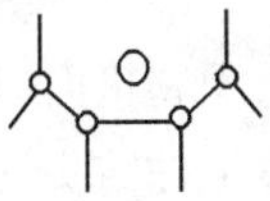

(二)编织图绘制

编织图在绘制时,需要既反映该组织的织针配置情况,又反映出一个完全组织织针编织情况,通常按照如下步骤:

(1)在纸上画出所要表示的组织织针配置情况。

纬编针织物织针配置主要有三种形式,即单面的平针式排列、双面的罗纹式和双罗纹式排列。

(2)一个完全组织由几个成圈系统编织就要画几排针的配置图,每一排针的数量至少要等于一个完全组织的纵行数。

(3)根据每一横列上织针的编织情况用规定的符号进行绘制。图 2-1-4(3)表示双罗纹织物的编织图,双罗纹织物的完全组织为两个纵行,一个横列。而每一横列由两个成圈系统编织而成,故画两排针的配置图,从图中可看出,第一成圈系统编织时,针盘和针筒的高踵针成圈,低踵针不成圈,第二成圈系统编织时,针盘和针筒的低踵针成圈,高踵针不成圈。

编织图特点:它能较为形象地将织物的编织动态表达出来。

适用范围:这种方法适用于大多数纬编织物,特别是表示双面纬编针织物时,有一定的优点。

四、三角配置图

有的花色组织是靠针的排列与三角配置的变换而形成的。在织物设计时需要绘制三角配置图,从而可在上机时按设计方案调节变换三角,实现顺利编织。

三角配置图的表示应该根据编织图来绘制。

技能训练

根据最简单的纬平针的线圈结构图用编织图、三角配置图表示出来。

任务二　纬平针组织与编织工艺

一、纬平针组织的结构

纬平针组织:由连续的单元线圈相互串套而成,如图2-2-1所示。它是一种最简单、最基本的单面纬编组织。

纬平针织物正反面特征:纬平针织物的两面具有明显不同的外观。图2-2-1(1)所示为织物正面,正面主要显露线圈的圈柱。成圈过程中,新线圈从旧线圈的反面穿向正面,纱线上的结头、棉质杂质等被旧线圈阻挡而停留在反面,因正面与线圈纵行同向排列的圈柱对光线有较好的反射性,故正面平整光洁。图2-2-1(2)所示为织物反面,反面主要显露与线圈横列同向配置的圈弧。由于圈弧比圈柱对光线有较大的漫反射,因而织物反面较为粗糙暗淡。

纬平针组织的工艺参数主要有线圈长度、密度、密度对比系数、未充满系数、单位面积重量等,它们都是针织物组织设计和质量控制的重要依据。

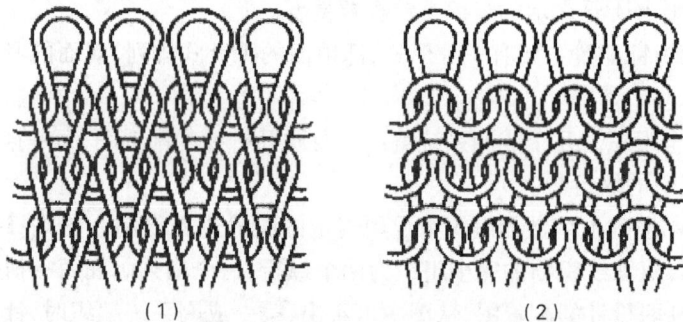

(1)　　　　　　　　　(2)

图2-2-1　纬平针组织的结构

二、纬平针织物的特性

(一)线圈的歪斜

纬平针织物在自由状态下,线圈会发生歪斜现象,这影响了针织物外观与使用。这种现象的发生一般是由纱线的捻度不稳定所引起的。线圈纵行的歪斜程度,取决于纱线的粗细、捻度的大小、捻度的稳定程度和织物的密度。当纱线较细时,线圈的歪斜较小;当捻度较小且捻度较稳定时,线圈歪斜较小;当针织物的结构比较紧密时,线圈歪斜遇到较大的阻力,则线圈的歪斜也较小。因而在针织生产中应采用低捻和捻度稳定的纱线。为提高纱线捻度的稳定性,在编织前可预先对纱线进行汽蒸处理。

(二)卷边性

纬平针织物在自由状态下,其边缘有明显的包卷现象,称为针织物的卷边性。

针织物的卷边性是由于弯曲纱线弹性变形的消失而形成的。纬平针织物横向和纵向的卷边方向不同,沿着线圈纵行的断面,其边缘线圈向织物反面卷曲,沿着线圈横列的断面,其边缘线圈向织物正面卷曲;而在纬平针织物的四个角,卷边作用力相互平衡而不发生卷边。因而纬平针织物的卷边形状如图2-2-2所示。

纬平针织物的卷边性随着纱线弹性的增大、纱线线密度的增大和线圈长度的减小而增加。卷边现象使针织物在后处理以及缝制加工时产生困难,故纬平针织物一般以筒状的坯布形式作后处理;在裁缝前一般要经过轧光或热定形处理。

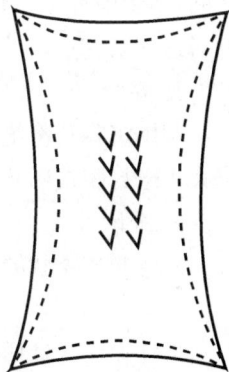

图2-2-2　针织物的卷边

(三)脱散性

在针织物中,当纱线断裂或线圈失去串套联系后,在外力作用下,线圈依次从被串套线圈中脱出的状态称为针织物的脱散性。

纬平针织物的脱散可能有两种情况:

(1)纱线没有断裂,线圈失去串套从整个横列中脱散出来。这种脱散只可在针织物边缘横列中进行,线圈逐个连续地脱散出来。

(2)纱线断裂,线圈沿着纵行,从断裂纱线处分解脱散。

针织物的脱散性与线圈长度成正比,与纱线的摩擦系数及抗弯刚度成反比。当针织物受到横向拉伸时,由于圈弧扩张也会加大针织物的脱散。

(四)延伸度

针织物的延伸度,是指针织物在外力拉伸作用下)产生伸长的程度。如果不考虑纱线本身的伸长,则针织物的拉伸变形是由于线圈结构的改变而发生的。

三、纬平针织物的用途

纬平针织物的用途较为广泛,它是纬编针织物的基础。由于它比较薄,通常用于汗衫、背心等,因此又称为"汗布"。

四、纬平针织物的编织

纬平针织物一般在采用钩针或舌针的单面纬编针织机上编织,也可在双面纬编针织机上利用一只针床(筒)编织。

(一)纬平针组织在钩针纬编机上的成圈过程(针织法)(图2-2-3)

1. 退圈

将针钩下的旧线圈移至针杆上,使线圈b同针槽c之间有足够的距离,以供垫放纱线。如图中针1所示。

2. 垫纱

将纱线 a 垫放在针杆上,位于旧线圈 b 和针槽 c 之间,如图中针 1 和针 2。地纱是借助导纱器与针的相对运动来完成。

3. 弯纱

利用沉降片将垫放在针杆上的纱线弯成具有一定大小未封闭线圈 d,如图中针 3 和针 4 所示。

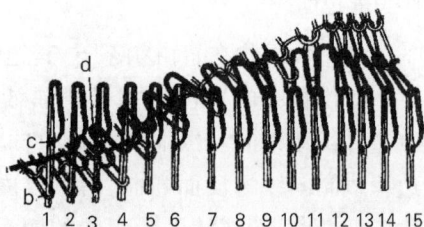

图 2-2-3　纬平针在钩针上的成圈过程

4. 带纱

使弯曲成圈状的线段沿针杆移动,并经针门进入针钩内,如图中针 5 所示。

5. 闭口

将针尖压入针槽,使针口封闭,以便旧线圈套在针钩上,如图中针 6。

6. 套圈

将旧线圈套上针钩后,针口即恢复开启状态。如图中针 6、7 示。

7. 连圈

旧线圈与未封闭新线圈接触,如图中针 8 所示。

8. 脱圈

旧线圈从针头上脱下,套在未封闭线圈上,使其封闭,如图中针 9、针 10 所示。

9. 成圈

形成所需大小的线圈。如图中针 12 所示。

10. 牵拉

给新形成的线圈一定的牵拉力,将其拉向针背,避免在下一成圈循环中进行退圈时,发生旧线圈重新套到针上的现象。

(二)纬平针组织在舌针纬编机上的成圈过程(编结法)(图 2-2-4)

1. 退圈

将针钩下的旧线圈移至针舌下的针杆上,如图中针 4 和针 5 所示。

2. 垫纱

将纱线 a 垫于针钩之下,开启的针舌尖之上,如图中针 5、针 6 所示。

3. 带纱

将垫上的纱线引入针钩下,如图中针 7、针 8 所示。

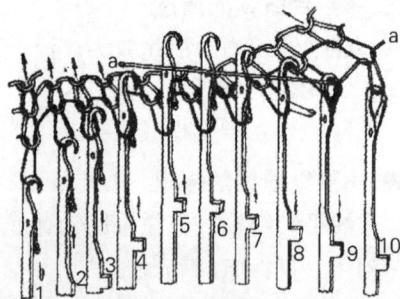

图 2-2-4　纬平针在舌针上的成圈过程

4. 闭口

由旧线圈推动针舌将针口关闭,使旧线圈与新垫的纱线分隔于针舌的内外,如图中针 8、针 9 所示。

5. 套圈

将旧线圈套于针舌上,如图中针 8、针 9 所示。套圈与闭口同时进行。

6. 连圈

针继续下降,使旧线圈和被针钩带下的新纱线相接触,如图中针 9 所示。

7. 弯纱

针继续下降,使新纱线逐渐弯曲,如图中针 9,弯纱与以后的成圈一起进行,一直延续到线圈形成。

8. 脱圈

旧线圈从针头上脱下并套在新线圈上。

9. 成圈

针下降到最低位置而最终形成线圈,如图中针 10 所示。

10. 牵拉

将新形成的线圈拉向针背,以免针上升时旧线圈重套于针钩上。如图中针 1、针 2、针 3 所示。

(三)纬平针织物的编织方法

纬平针织物的编织方法比较简单,所有纱线相同,设备是单针床圆机或横机。

技能训练

1. 通过编织纬平针组织训练排、穿纱线。
2. 通过编织纬平针组织训练装针、修补。
3. 在纬平针组织编织过程中观察钩针、舌针的运动情况及其成圈过程的区别。

任务三　罗纹组织与编织工艺

罗纹组织:将正面线圈纵行与反而线圈纵行以一定的组合规律配置的纬编组织。它是双面纬编针织物的基本组织。

一、罗纹组织的结构

图 2-3-1 为一种最基本的 1+1 罗纹组织的结构。

它由一个正面线圈纵行和一个反面线圈纵行相间配置组成。图 2-3-1 中(1)是自由状态时的结构,图 2-3-1(2)是在横向拉神时的结构,图 2-3-1(3)是在机上时的线圈配置。

罗纹组织的种类很多,取决于一个完全组织的正、反面线圈纵行数的配置,通常用数字表示,如 1+1,2+2,5+3 罗纹等,第一个数字表示一个完全组织的正面线圈纵行的个数,第二个数字表示一个完全组织的反面线圈纵行的个数。

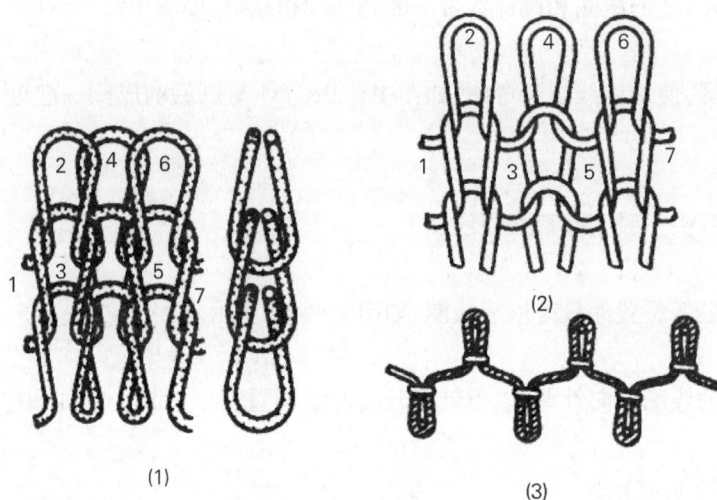

(1)

(2)

(3)

图 2-3-1 1+1罗纹组织

二、罗纹组织的特性

(一)弹性和延伸性

罗纹组织的纵向延伸性类似于纬平针组织。1+1罗纹组织在纵向拉伸时的线圈结构形态如图2-3-2(1)所示。

罗纹组织的最大特点是具有较大的横向延伸性和弹性。在罗纹织物中,由于组织结构的关系,在每个正、反面线圈纵行交界处,都隐潜有反面线圈纵行。当受到横向拉伸时,首先是隐潜在正面线圈后面的反面线圈被拉出,这就产生了较大的横向增量,如图2-3-2(2)所示,在此基础上继续拉伸,则发生线段的转移,1+1罗纹组织在横向拉伸时的线圈结构形态如图2-3-2(2)所示。当外力去除后,织物又恢复了原状。因而罗纹组织具有优良的横向延伸性和弹性。罗纹组织的弹性和延伸性与其正、反面线圈纵行的不同配置有关。一般是1+1罗纹组织延伸性和弹性比2+1,2+2等罗纹为好,罗纹织物的完全组织越大,则横向相对延伸性就越小,弹性也就越小。罗纹组织的弹性还与纱线的弹性、摩擦力及针织物的密度有关。纱线的弹性越好,织物拉伸后恢复原状的弹性也就越好;纱线间的摩擦力取决于纱线间的压力和纱线间的摩擦系数,当纱线间的摩擦力大时,则阻抗针织物回复其原有尺寸的阻力也越大,这将直接影响针织物的弹性。在一定范围内结构越紧密的罗纹针织物其纱线弯曲也越大,因而弹性就越好。

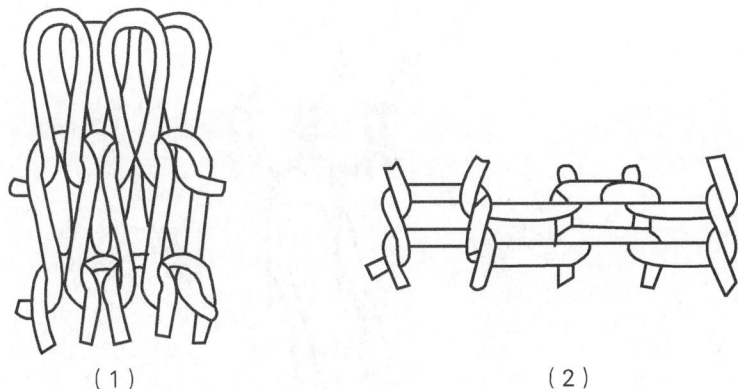

图2-3-2　罗纹纵横向拉伸时的结构

(二)脱散性

1+1罗纹组织只能沿逆编织方向脱散,其他形式的罗纹组织中,如2+2、5+3等,它们具有同纬平针组织相似的彼此连在一起的正面或反面线圈纵行,故线圈纵行除可沿逆编织方向脱散外,还能顺编织方向脱散。

(三)卷边性

不同组合的罗纹织物,在边缘自由端的线圈也有卷边的趋势。在正、反面线圈纵行数相同的罗纹组织中,由于卷边力的彼此平衡,基本不卷边;在正、反面线圈纵行数不同的罗纹组织中,卷边现象存在。例如在2+1、2+3等罗纹组织中,在同类纵行中产生卷曲的现象,即正面纵行向反面纵行卷曲,因而布面上会形成彼此重叠的圆柱体形的结构。

三、罗纹组织的用途

由于罗纹组织有非常好的横向延伸性和弹性,卷边性小,而顺编织方向不会脱散,它常被用于要求横向延伸性和弹性大、不卷边、不会顺编织方向脱散的地方,如袖口、裤口、领口、袜口、衣服的下摆以及羊毛衫的边带等,也可作为弹力衫、裤的面料。

四、罗纹组织的编织

(1)罗纹组织的一个横列由一根纱线形成。

(2)编织罗纹组织的圆机必须是双针床。罗纹组织的每一横列均由正面线圈与反面线圈相互配置而成。因此在编织时,就需要有两种针分别排在两个针床(或针筒)上。一般两个针床的配置应成一定的角度,使两个针床上的针在脱圈时的方向正好相反。这样可由一个针床上的针形成正面线圈,而另一个针床上的针形成反面线圈。如图2-3-1所示,圆机上两针床呈90°配置,编织罗纹组织编织织针排列与罗纹组织的种类有关,比如1+1罗纹织针就是1隔1排列,2+2就是2隔2排列等。

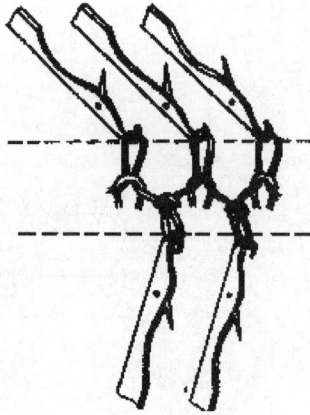

图 2-3-3   编织罗纹组织

(3)罗纹组织编织两针床织针必须错开,同时注意织针(三角)对位。

织针(三角)对位:上针与下针压针最低点的相对位置,又称为成圈相对位置。凡是具有针盘与针筒的双面纬编机都需要确定这个位置。它对产品质量和坯布物理指标影响很大,是重要的上机参数。不同机器、不同产品、不同组织,对位有不同的要求。

罗纹机的对位方式有三种:滞后成圈、同步成圈、超前成圈,如图2-3-4所示。图2-3-4(1)表示滞后成圈。滞后成圈是指下针先被压至弯纱最低点 A 完成成圈,上针比下针迟约1-6针(图中距离L),被压至弯纱最里点 B 进行成圈,即上针滞后于下针成圈,这种成圈方式,在下针先弯纱成圈时,弯成的线圈长度一般为所要求的两倍。然后下针略微回升,放松线圈,分一部分纱线供上针弯纱成圈。这种弯纱方式属于分纱式弯纱。其优点是由于同时参加弯纱的针数较少,弯纱张力较小,而因为分纱,弯纱的不均匀性可由上下线圈分担,有利于提高线圈的均匀性,所以这种弯纱方式应用得较多。滞后成圈可以编织较为紧密的织物,但弹性较差。

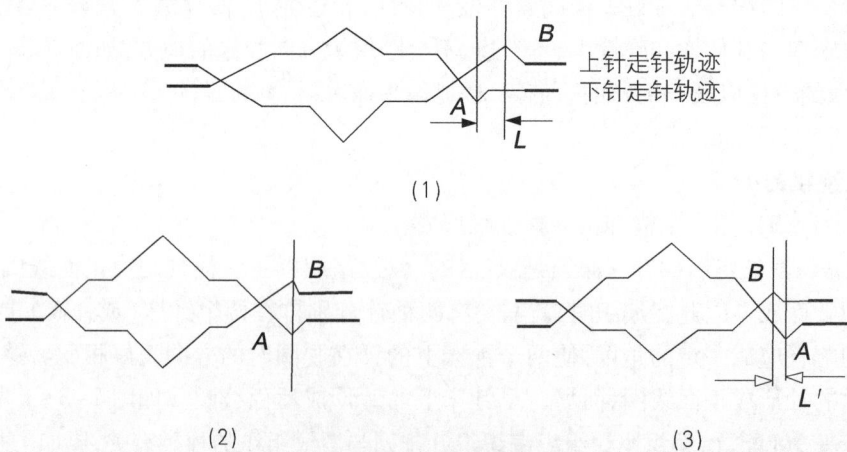

(1)

(2)   (3)

图2-3-4   三角对位图

图2-3-4(2)表示同步成圈。同步成圈是指上下针同时到达弯纱最里点和最低点形成新线圈。同步成圈用于上下织针不是有现则顺序地编织成圈,例如生产不完全罗纹和提花织物。因为在这种情况下,要依靠下针分纱给上针成圈有困难、同步成圈时上、下织针所需要的纱线都要直接从导纱器中得到,所以织出的织物较松软,延伸性好,但因弯纱张力较大,故对纱线的强度要求较高。

图2-3-4(3)表示超前成圈。超前成圈是指上针先于下针(距离 L')弯纱成圈,这种方式较少采用,一般用于在针盘上编织集圈或密度较大的凹凸织物,也可编织较为紧密的织物。

上下织针的成圈是由上下弯纱三角控制的,因此上下针的成圈配合实际上是由上下三角的对位决定的。生产时应根据所编织的产品特点,检验与调整罗纹机上下三角的对位,即上针最里点与下针最低点的相对位置。

技能训练

1. 通过编织罗纹组织训练排、穿纱线。
2. 通过编织罗纹组织训练排针、装针。
3. 在罗纹组织编织过程中注意观察织针(三角)对位情况。
4. 在圆机上训练织针(三角)对位。

任务四　双反面组织与编织工艺

双反面组织:由正面线圈横列和反面线圈横列相互交替配置而成的。

一、双反面组织的结构

图2-4-1是由一个正面线圈横列和一个反面线圈横列相互交替配置而成的双反面组织。半圆形针编弧和沉降弧由正、反面线圈相互串套,凸出在织物的表面,呈一环套一环的结构,类似珍珠状。

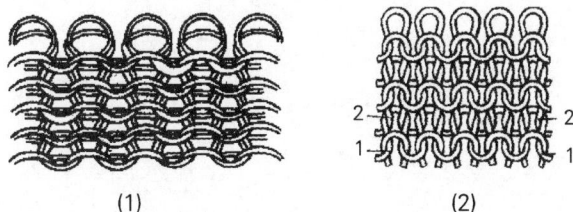

(1)　　　　　　　　(2)

图2-4-1　双反面组织的线圈结构

图(1)是自由状态,图(2)是纵向拉伸状态,这是典型的1+1双反面组织。双反面组织由于弯曲纱线弹性力关系,使线圈横列2-2的针编弧向前倾斜,而线圈横列1-1的针编弧向后倾斜。由于线圈的倾斜面致使织物两面都由线圈的圈弧突出在表面,而圈柱凹陷在内,因而在织物的正、反面看起来都像纬平针组织的反面,故称为双反面组织。

二、双反面组织的特性

(一)弹性和延伸性

双反面组织由于线圈的倾斜,织物的纵向长度缩短,因而增加了织物的厚度及纵向密度。织物纵向拉伸时具有很大的弹性和延伸度,从而使双反面组织具有纵、横向延伸性相近的特点。双反面组织中线圈的倾斜程度与纱线的弹性、纱线线密度和织物密度有关。

(二)卷边性

双反面组织的卷边性随正面线圈横列与反面线圈横列的组合不同而不同,如1+1、2+2这种由相同数目正、反面线圈横列组合而成的双反面组织,因卷边力相互抵消,故不会卷边。2+1、2+3等双反面组织中由正、反面线圈横列所形成的凹陷与浮凸横条效应更为明显。如将正、反面线圈横列以不同的组合配置就可以得到各种不同的凹凸花纹,其凹凸程度与纱线弹性、线密度及织物密度等因素有关。

(三)脱散性

双反面组织具有和纬平针组织相同的脱散性。

三、双反面组织的用途

双反面组织及由双反面组织形成的花色组织被广泛地用于羊毛衫、围巾和袜品生产中。

四、双反面组织的编织

双反面组织采用双头舌针编织,其形状如图2-4-2所示。双头舌针与普通舌针不同的是在针杆两端都具有针头。双头舌针配置在针槽内,因其本身没有针踵,需要由导针片带动完成成圈动作。

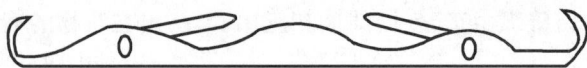

图2-4-2　双头舌针

任务五　双罗纹组织与编织工艺

双罗纹组织由两个罗纹彼此复合而成,即在一个罗纹组织的线圈纵行之间,配置另一个罗纹组织的线圈纵行,它是罗纹组织的一种变化双面组织。

一、双罗纹组织的结构

(一)双罗纹组织又称为双正面组织

图2-5-1为双罗纹组织的线圈结构图。

由图可见,一个罗纹组织的反面线圈纵行被另一个罗纹组织的正面线圈纵行所遮盖,两面的纵行是彼此相对被牵制住,不会因拉伸而显露反面线圈纵行,在织物的两表面只能看到正面线圈,所以称为双正面组织。

(二)双罗纹组织一个线圈横列由两个成圈系统形成

双罗纹组织由相邻两个成圈系统形成一个线圈横列,即在一个成圈系统中,下针筒的奇数针1、3、5…与上针盘的偶数针2′、4′、6′…相配合形成一个1+1罗纹组织。而在另一个成圈系统中,下针筒的偶数针2、4、6与上针盘的奇数针1′、3′、5′…相配合形成另一个1+1罗纹组织,这样两个1+1罗纹组织相互联结而形成了一个1+1双罗纹组织,如图2-5-2所示。

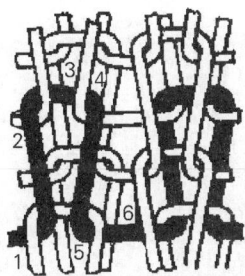

图2-5-1　双罗纹线圈结构

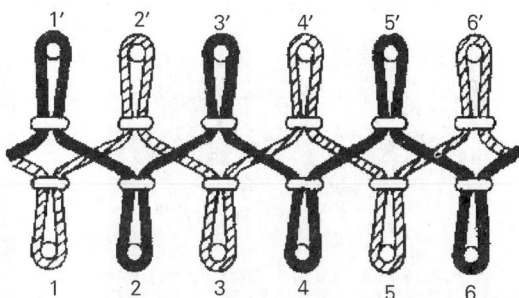

图2-5-2　双罗纹在机上配置

(三)双罗纹组织种类

双罗纹组织种类取决于罗纹组织的种类,最简单的1+1双罗纹组织是由2个1+1罗纹组织复合而成,双罗纹组织还可由其它的罗纹组织复合而成,如2+2双罗纹组织是由2个2+2罗纹组织复合而成等。

二、双罗纹组织的特性

(一)双罗纹组织的宽度

由于双罗纹组织同一横列的相邻线圈不是配置在同一高度的,而是沿纵向相差半个圈高,因而线圈的圈距比圈高小,这使得布面更致密,宽度较窄。

(二)双罗纹组织脱散性

双罗纹组织脱散性较罗纹组织小。

(三)双罗纹组织不会卷边

(四)双罗纹组织可以形成多种花色效应

根据双罗纹组织的双正面特点,采用不同色线的进线方式、不同排针上机可以得到多种花色效应。

1. 横条纹效应

由于双罗纹组织一个线圈横列由两个成圈系统形成,因此同一横列的两个成圈系统纱线颜色相同即可形成横条纹。横条纹高度取决于横列数目,横列数越多横条纹高度越高。

2. 纵条纹效应

由于双罗纹组织又称为双正面组织,因此在织物的一面只能看到正面,看不到反面,利用这个特点,采用奇数成圈系统纱线颜色相同,偶数成圈系统纱线颜色相同即可形成纵条纹。纵条纹宽度取决于双罗纹组织的种类,如 1 + 1 双罗纹组织纵条纹宽度为一个线圈纵行,2 + 2 双罗纹组织纵条纹宽度为两个线圈纵行,以此类推。如图 2-5-3 所示。

3. 方格效应

采用一定的横列和纵行组合可形成方格效应。如图 2-5-4 所示。

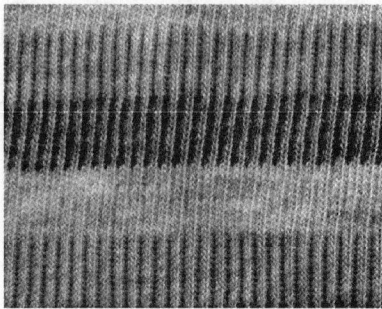

图 2-5-3 纵条纹效应   图 2-5-4 方格效应

4. 凹凸效应

由于双罗纹组织由两个罗纹彼此复合而成,所以采用抽针方法可形成凹凸效应。

三、双罗纹组织的用途

双罗纹组织传统上多用于加工生产棉毛衫裤、运动衫、T恤等,因此双罗纹组织又俗称为"棉毛布"。

四、双罗纹组织的编织

通常在棉毛机上编织。

(一)排纱

双罗纹组织一个线圈横列由两个成圈系统形成,因此编织双罗纹组织的成圈系统必须是偶数。

(二)织针种类及配置

双罗纹组织由两个罗纹彼此复合而成,因此编织双罗纹组织的织针有四种,即针筒高踵针、低踵针和针盘高踵针、低踵针。

四种织针配置及其 1+1 双罗纹组织的形成方法如图 2-5-5 所示。两个针床的织针针头呈相对配置。针 1、2、3、4 表示针筒上的织针。1′、2′、3′、4′表示针盘上的织针。针筒和针盘上都排有高踵针和低踵针。针筒上的高踵针 1、3 与针盘上的高踵针 2′、4′是一组针,在一组高档三角的作用下,形成 1+1 罗纹组织。针筒的低踵针 2、4 与针盘的低踵针 1′、3′是另一组针,在一组低档三角的作用下形成另一个 1+1 罗纹组织。两组罗纹组织由沉降弧连在一起,形成 1+1 双罗纹组织。

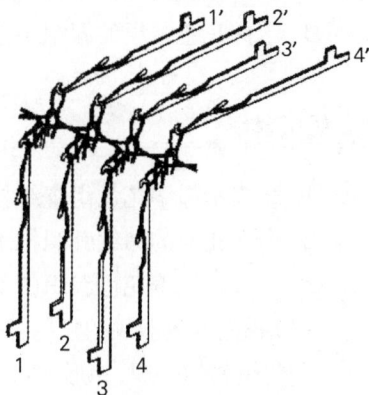

图 2-5-5　编织双罗纹

(三)双罗纹组织织针(三角)对位

双罗纹组织织针(三角)对位与罗纹组织相类似。

技能训练

1. 练习双罗纹组织形成横、纵条纹、方格效应排纱线的方法。
2. 在圆机上练习弯纱深度的调试方法。

模块三
纬编花色组织与编织工艺

知识目标

___

1. 了解花色组织的种类及其形成的目的;
2. 掌握花色组织的结构、性能、用途;
3. 掌握花色组织的编织工艺。

技能目标

___

1. 会表示纬编花色组织结构;
2. 会在相应的纬编针织机上编织纬编花色组织;
3. 会分析纬编花色组织的上机工艺。

(1)花色组织形成的目的:

美化织物的外观,如形成各种各样的花纹色彩效应的织物;改善或提高织物的性能,如增强织物的保暖性、透气性、延伸性等功能性纬编织物。

(2)花色组织种类:

a. 采取变换或取消成圈过程中的个别阶段而形成的花色组织,如提花组织、集圈组织。

b. 采用编入附加纱线的方法而形成的花色组织,如添纱组织、衬垫组织、毛圈组织、长毛绒组织、衬经衬纬组织。

c. 采用改变线圈形态的方法而形成的花色组织,如菠萝组织、纱罗组织、波纹组织。

d. 采用复合方法形成的花色组织,如提花组织与集圈组织复合组织、罗纹空气层组织等。

任务一　提花组织与编织工艺

一、提花组织的基本知识

(1)概念:提花组织是将纱线按花纹要求垫放在所选择的某些针上进行编织成圈而形成的一种组织。在那些不垫放新纱线的针上,旧线圈不进行脱圈,这样新纱线就呈水平浮线状处于该不参加编织的织针之后,以连接相邻针上刚形成的线圈。该不参加编织的织针待编织系统选择进行成圈时,才将旧线圈脱圈在新形成的线圈上。
图3-1-1所示为一种两色提花组织。

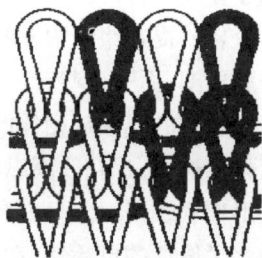

图3-1-1　提花组织线圈结构

（2）特点:提花组织是在原组织和变化组织的基础上形成的,提花组织的每个提花线圈横列由两个或两个以上的成圈系统编织而成。

（3）结构单元:线圈和浮线。

（4）用途:提花组织可以形成多种色彩和结构花纹效应的织物。

（5）分类:单面和双面提花组织。

二、单面提花组织

单面提花组织在单面的原组织和变化组织的基础上形成。

单面提花组织根据形成一个完全组织中各正面线圈纵行间线圈数相等与否及线圈大小的状态可分为结构均匀提花组织和不均匀提花组织两种。

(一)结构均匀提花组织

结构均匀提花组织指在一个完全组织中正面各线圈纵行的线圈数相等。所有的线圈大小基本上都相同。

编织结构均匀的提花组织时,在给定的喂纱循环周期内,每枚织针必须且只能吃一次纱线而编织成圈。例如:在编织两色均匀提花组织时,每两个成圈系统分别穿有不同性质或色彩的纱线组成一个喂纱循环周期,织针在通过这两路时,每枚织针只能吃某一路的纱线编织成圈;在另一路不吃纱形成浮线。这样、编织成的每一线圈横列就由两种不同性质或色彩的纱线组成。三色

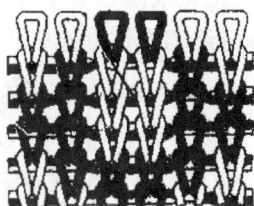

图3-1-2　结构均匀的两色单面提花组织

提花组织则由三种不同性质或色彩的纱线形成一个线圈横列。图3-1-2为两色结构均匀的提花组织。将各种不同性质或色彩的纱线所形成的线圈进行适当的配置,就可在织物表面形成各种不同图案的花纹。

(二)结构不均匀的提花组织

结构不均匀的提花组织是指在一个完全组织中各正面线圈纵行间的线圈数不等,因此线圈大小也不完全相同。

在编织结构不均匀的提花组织时,每个喂纱循环周期内织针吃纱情况不受限制,每枚织针可以形成1个线圈、2个线圈、3个线圈,或者在此循环周期内不形成线圈。如图3-1-3所示,图(1)表示奇数织针对所有的纱线都进行编织,形成平针纵行1和3,偶数织针在每一循环周期内只吃一次纱线,形成有选择性编织而得到提花纵行2和4、形成平针的织针与形成提花线圈的织针,可以按1:1、1:2或1:3间隔排列。由于在提花线圈纵行之间有平针线圈纵行,就可使浮线变短,否则,织物反面浮线太长,容易勾丝,影响织物的服用性能,从而限

制了花纹设计的灵活性。从图中还可看出:在这种组织中,提花线圈的高度比平针线圈近乎大一倍。提花组织中,线圈形态与大小变化的主要原因之一,是由于在编织过程中,某些针编织成圈,而另一些针不进行编织、这样在牵拉力作用下,两种针上的线圈张力发生差异。张力较大的线圈从相邻的线圈中抽引纱线而变长,即引起了线圈间纱线的转移,线圈发生了变化。这样,提花线圈纵行拉长变大凸出在织物表面,而平针线圈纵行则凹陷在内,在外观上形似罗纹组织。呈现在织物表面的提花纵行所形成的花纹清晰度就不会受到太大影响,增大了设计的灵活性,在一定程度上克服了单面均匀提花组织的缺点。线圈形态和大小的变化程度与提花线圈不脱圈的次数有关,可用"线圈指数"来表示。"线圈指数"是指某一线圈在编织过程中没有进行脱圈的次数。花色组织中线圈大小的差异有时可用线圈指数表征。线圈指数大说明该线圈在编织过程中没有进行脱圈的次数多、线圈被拉长的程度显著。例如图3-1-3(1)中,提花线圈的线圈指数为1,而平针线圈的线圈指数为0,这样提花线圈就比平针线圈大。"线圈指数"可以反映出线圈间大小的差异,但不成一定的比例关系。因为具有相同"线圈指数"的线圈,还会受到其他各种因素的影响,其大小还会有不同的变化,这种情况在分析和设计花色组织时应予考虑。例如图3-1-3(2)所示的组织是结构不均匀的两色提花组织。其中平针线圈1、3、4等的线圈指数为0,提花线圈2的线圈指数为4。提花线圈被拉长时,与其相联的平针线圈3、4被抽紧变小。从线圈3、4转移过来的纱线有一定限度,当转移发生困难时,线圈2便将上一横列的、与之相联的线圈5向上拉紧并使之变长,而从提花线圈2中穿套出来的新线圈6,也比相邻纵行上的线圈1为长,且位置较低。线圈5、6的线圈指数也为0,但比线圈1、3、4为大。

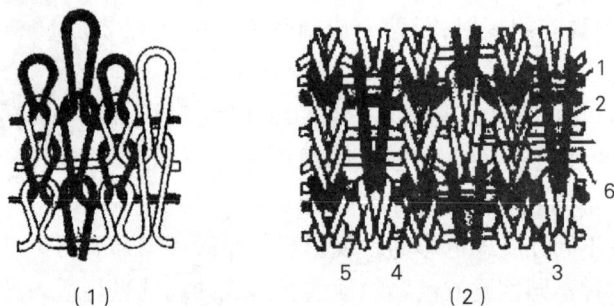

（1）　　　　　　　　　　（2）

图3-1-3　结构不均匀的两色单面提花组织

合理地使用线圈指数所反映的特征,将扩大花纹设计的灵活性。

如将"线圈指数"较高的提花线圈按花纹要求与平针线圈有机地组合起来,就能得到广泛的具有凹凸效应的提花花纹。如图3-1-4所示,有的提花线圈连续三次、四次不脱圈,线圈指数为3和4,其背后分别有三根、四根浮线。这样的提花线圈,实际上不可能被拉长到四个或五个平针线圈横列的高度,因此,提花线圈必将抽紧相邻的平针线圈,并使平针线圈凸出在织物的

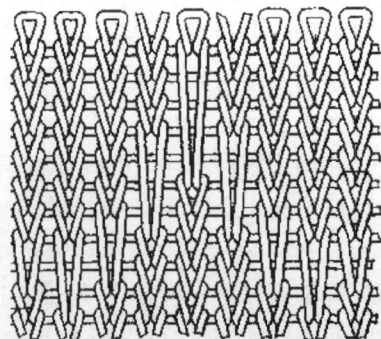

图3-1-4　结构不均匀的单面提花组织

表面,从而得到凹凸的外观效应。纱线弹性愈好,织物密度愈大,则凹凸效应就愈显著。这种结构特征在单面提花织物中具有广泛的应用。

(三)提花组织花纹设计注意事项

(1)花纹设计浮线不宜过长,否则织物反面浮线太长,容易勾丝,影响织物的服用性能。

(2)花纹设计连续不脱圈的次数不宜过多,否则影响织物的脱散性。

三、双面提花组织

双面提花组织是在双面的原组织和变化组织的基础上形成的。

双面提花组织的花纹可在织物的一面形成.也可同时在织物的两面形成。在实际生产中,大多数采用一面提花,形成花纹效应面;不提花的一面作为织物的反面。

双面提花组织是在双面提花圆型纬编机上织成的。针筒针经过选针机构选针后织成正面花纹。针盘针织成反面组织。

(一)双面提花组织分类

(1)同单面纬编提花组织一样,花纹效应面有均匀提花和不均匀提花两种编织类型。

(2)根据针盘针编织情况的不同,其反面组织可分为完全提花组织和不完全提花组织。

a.完全提花组织:织针通过每一成圈系统时,所有的上针都参加编织成圈,所形成的组织。

b.不完全提花组织:如果上针呈高、低踵一隔一配置,编织时,相邻成圈系统分别由两种针轮流交替编织成圈所形成的组织。如图3-1-5所示。

图3-1-6为两色结构均匀的完全提花组织,其正面是由两根不同的色纱形成一个提花线圈横列.完全组织中各正面线圈大小基本相等。反面是由一种色纱形成一个线圈横列,也就是说,在每一成圈系统中,上针全部参加编织成圈。反面组织的意匠图,如图3-1-6(2)所示。图中符号"⊠"、"□"分别代表不同的色纱编织的线圈。反面呈现出横条纹色彩效应。从图(1)

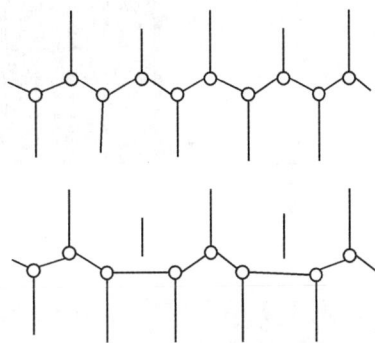

图3-1-5　完全、不完全组织编织图

中可看出正面线圈纵向密度:反面线圈纵向密度 =1:2,同理,如为三色结构均匀的完全提花组织.则正、反面线圈纵向密度之比为1:3。因此,采用的色纱数愈多,正、反面线圈纵向密度的差异愈大,正面线圈被拉长也就愈厉害。此时,正面和反面线圈的牵拉条件不同会使局部的成圈过程遭到破坏,同时从拉长的正面线圈中可看到反面线圈的浮线,这又将影响织物正面花纹的清晰度。因此,完全组织在花纹设计上受到了一定的限制,通常只采用两色和三色的完全提花组织。

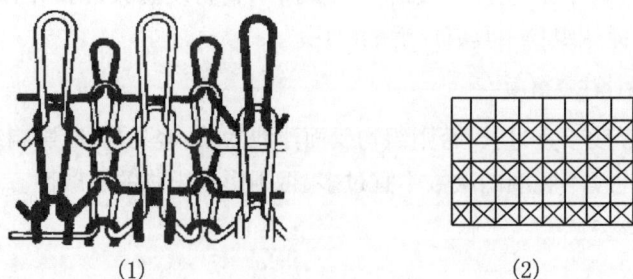

(1)　　　　　　　　　　　(2)

图3-1-6　结构均匀的两色双面完全提花组织

图3-1-7是一种结构均匀的两色不完全提花组织。正面是由两种不同的色纱形成一个提花线圈横列，这是通过选针机构按要求选择织针实现的；反面由两种色纱形成一个线圈横列。两种线圈在纵向上呈一隔一排列。它是通过针盘三角的配置来实现的，即在相邻两个色纱循环中，通过三角的配置使高低踵织针交替吃不同色纱而得到如图3-1-7(2)的"小芝麻点"效应。从图中可看到，这种两色不完全提花组织正反面线圈纵向密度之比为1:1，密度较为均匀。

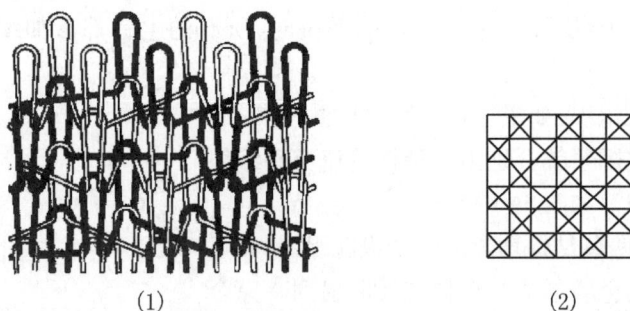

(1)　　　　　　　　　　　(2)

图3-1-7　结构均匀的两色双面不完全提花组织

图3-1-8为结构均匀的三色不完全提花组织，正面是由三种不同色纱形成一个提花线圈横列，反面是由三种色纱进行两两组合形成一个线圈横列，纵向呈三色一隔一配置，如图3-1-8(2)所示。这种组织的正反面线圈密度之比为2:3。

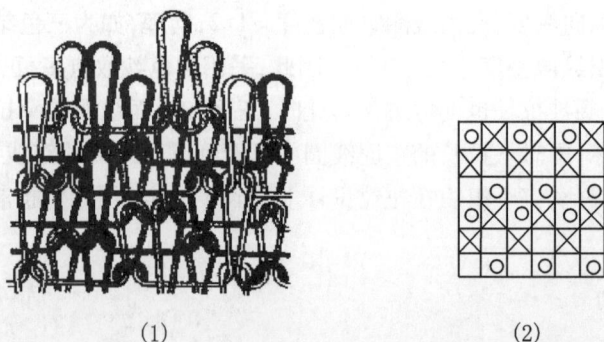

(1)　　　　　　　　　　　(2)

图3-1-8　结构均匀的三色双面不完全提花组织

从这里可以看到,不完全提花组织中正反面线圈高度差异较小,可以具有较大的纵密和横密,织物的重量和厚度都较同条件下织出来的完全提花组织来得大。由于正反面密度差异较小,且反面色纱组织点分布均匀,花纹"露底"现象就较少,所以,生产中广泛应用不完全提花组织。

在结构均匀的提花组织中,正面线圈的大小,也因编织顺序的不同而有差异。而且这种差异随着花纹中色纱数的增加而增加。在多色均匀提花组织中,凡排列在色纱循环前一路的色纱,其线圈比后几路的大,这称为"先吃为大"。合理利用此原理,会为产品设计带来很多灵活性。例如,在设计两色提花织物时,如果希望一种色纱为底色,而另一种色纱为配色,要使配色纱在织物表面形成醒目突出的花纹,就需要将配色放在色纱循环的前一路。上面所述的都属于线圈结构均匀的提花组织。线圈结构不均匀的双面提花组织,它的正面线圈高度差异较大,因而在织物表面可形成凹凸效应。

四、提花组织的特性

(1)提花组织的横向延伸性小,这与提花组织中存在浮线有关。浮线愈长,延伸性愈小,在具有拉长提花线圈的提花组织中,其纵向延伸性也较小。

(2)提花组织的厚度相对较厚,单位面积重量较大。这是因为提花组织的 一个横列是由几根纱线编织组合而成。织物的浮线较多,使织物的厚度增加。而且浮线的弹性和线圈转移现象有使线圈纵行互相靠拢的趋势,使布幅变狭。

(3)提花组织的脱散性较小。主要是由于提花组织的线圈纵行和横列是由几根纱线形成的,当其中的某根纱线断裂时,另外几根纱线将承担外力的负荷,阻止线圈脱散。此外,由于纱线与纱线之间接触而增加,也可使织物的脱散性减小。

五、提花组织的编织

在提花组织的成圈过程中,每一路纱线是根据花纹需要只在某些所选择的针上垫纱成圈,未被选择的织针,此时不垫入新纱线,其上的旧线圈也不从针上脱下,这样完成一次提花编织。而刚才没有吃纱成圈的织针会在下一路或以后成圈系统吃纱形成线圈,直到每一枚针都至少形成一个线圈,因此,编织一个提花横列需要由几个成圈系统来完成。

在采用舌针的提花针织机上,舌针是否参加工作,是由提花选针机构和编织三角来决定的。

提花组织的成圈过程可分为单面和双面两种情况来加以说明。

(一)单面提花组织的编织

获得提花线圈的条件是在针钩里不垫入新纱线,且旧线圈不从针上脱掉。图3-1-9为在单面提花大圆机上编织提花组织的过程。图3-1-9(1)表示织针1和3受提花选针机构的选择进入工作,从而进行正常的成圈运动、它们沿挺针三角上升,进行退圈,并垫上新纱线a;针2没被选针机构选上,则退出工作,不能沿挺针三角上升,既不吃新纱线,旧线圈也还留在针钩内。图3-1-9(2)表示针1和3沿压针三角下降,完成成圈过程,新纱线编织成新线圈。而针 2 上的旧线圈仍挂在针钩内,由于牵拉力的作用而被拉长,一直到下一路针 2 参加成圈时才从针上脱下,此时新纱线 a 在拉长的提花线圈背后形成浮线。

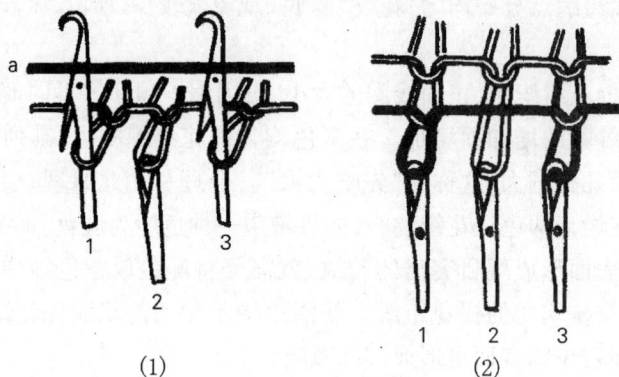

图 3-1-9　单面大圆机上编织提花组织

(二)双面提花组织的编织

双面提花组织是在双面提花大圆机上编织而成的。

图 3-1-10 为一个双面提花组织的成圈过程。图 3-1-10(1)表示下针 2 由选针机构选择在这一路参加成圈,上针 1、3、5 则在针盘三角的作用下,也在这一路参加成圈,它们先退圈,然后垫上新纱线 b,而此时下针 4 没有被选上,它不参加工作,既不退圈,也不垫纱。

图 3-1-10(2)表示下针 2、6 和上针 1、3、5 完成成圈过程形成了新线圈。而针 4 对应的旧线圈背后则形成了浮线。

图 3-1-10(3)表示织针在经过穿有纱线 a 的下一成圈系统时,下针 4 和上针 1、3、5 参加成圈,即吃上新纱线 a 形成线圈。而下针 2、6 在这一路则不参加成圈,即不退圈,不垫纱,在其背面也分别形成了浮线。

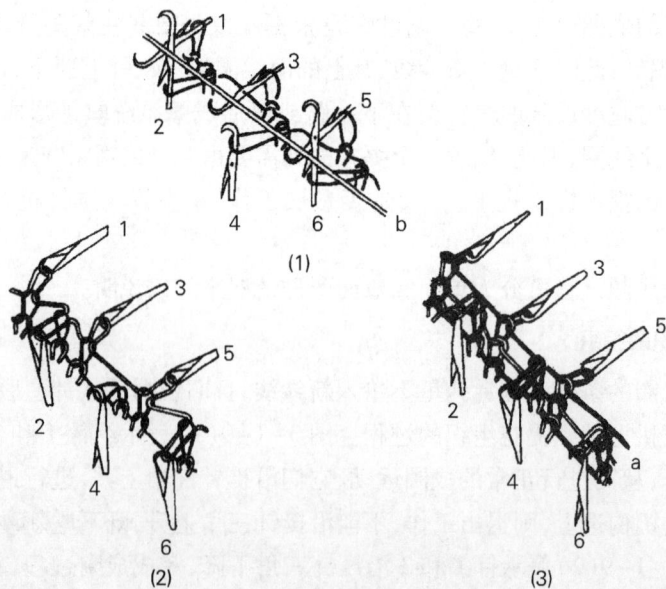

图 3-1-10　双面圆机提花组织的编织

可以看到,在这相邻的两路中,下针由每路的提花机构控制轮流参加工作,编织成一个正面提花线圈横列;而上针则在每路中都参加编织成圈、由纱线 b 和 a 形成了两个反面线圈横列。这里形成的就是两色完全提花组织。如果上针 1 隔 1 成圈,则形成两色不完全提花组织。

(三)织针的走针轨迹

在提花组织的成图过程中,织针有两种走针轨迹,如图 3-1-11 所示。图 3-1-11(1)中轨迹 1,表示织针在选针装置作用下,上升到退圈高度位置,旧线圈移至针舌之下,如图 3-1-11(2)所示。当纱线喂入针钩后.织针在压针三角的作用下下降,形成新的线圈。图(1)中轨迹 2 表示织针在选针装置作用下退出工作,在原位置上作适当的上升,如图 3-1-11(3)。然后,在压针三角作用下下降至成圈位置,这可使线圈趋于均匀。这样,织针轨迹 1 正常成圈,轨迹 2 形成提花线圈。

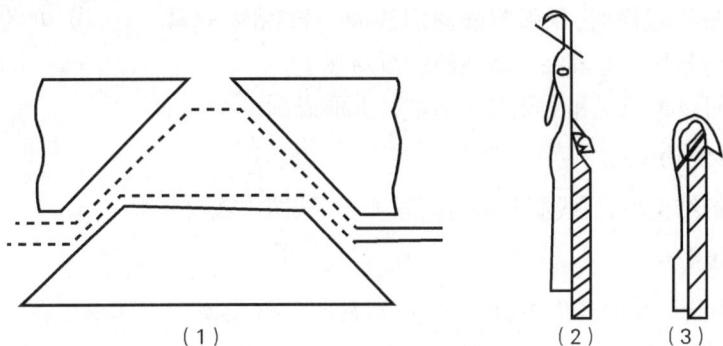

图3-1-11　轨迹图

技 能 训 练

1. 鉴别单面、双面,结构均匀、不均匀,完全、不完全的提花组织;
2. 在圆机上训练提花组织的编织方法。

任务二　集圈组织与编织工艺

一、集圈组织的基本知识

(一)概念

集圈组织是指在针织物的某些线圈上除套有一个封闭的旧线圈外,还有一个或几个未封闭的悬弧、这种组织称为集圈组织。如图3-2-1所示,编织时当某些针得到新纱线后,并不立即进行脱圈,这时新纱线呈悬弧状与旧线圈一起留在针上,以后当这些针进行脱圈时,悬弧就随同旧线圈一起脱圈,这样集圈旧线圈就与悬弧一起套在了新线圈的沉降弧上。

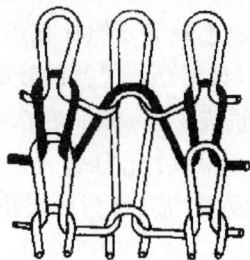

集圈组织可在原组织和变化组织的基础上形成。

图3-2-1　集圈组织的线圈结构

(二)集圈组织的结构单元

集圈组织的结构单元:线圈和未封闭悬弧。(从图中观察)

(三)集圈组织分类

(1)根据集圈针数的多少可分为单针、双针与三针集圈等。如果仅在一枚针上形成集圈,则称单针集圈,如图3-2-2(1)所示;如果同时在两枚相邻针上形成集圈,则称双针集圈,如图3-2-2(2)所示,其余依次类推。

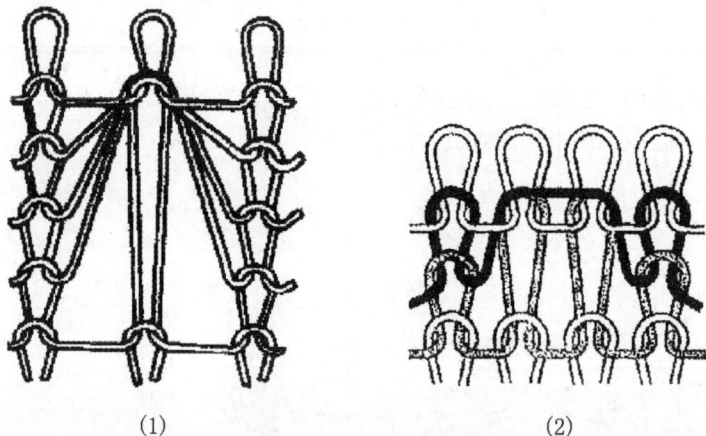

(1)　　　　　　　　　　　　　(2)

图3-2-2　集圈组织的线圈结构

(2)根据集圈组织中线圈不脱圈的次数,又可分为单列、双列及三列集圈等。图3-2-3中线圈 a 连续3次不脱圈,故称为三列集圈,而线圈 b 为双列集圈,线圈 c 为单列集圈。

(3)集圈组织也可分为单面集圈组织和双面集圈组织。

单面集圈组织是指在单面的基本组织基础上形成的集圈组织。双面集圈组织是指在双面的基本组织基础上形成的集圈组织。

(四) 集圈组织设计注意事项

一般在一枚针上,最多可连续集圈4~5次,否则,旧线圈张力过大,将会造成纱线断裂或针钩损坏。

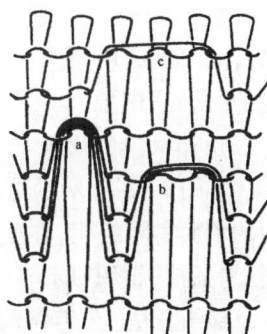

图3-2-3 集圈组织的线圈结构

二、集圈组织形成的花纹

(一) 单面集圈组织形成的花纹

在纬编针织物中,利用集圈的特点、排列及使用不同色彩的纱线,可使织物表面具有多种花色效应,如图案、闪色、网眼及凹凸效应等。

1. 形成花纹图案效应

如图3-2-4所示表示单针单列集圈按菱形排列,在织物表面就形成菱形花纹。图中方格"□"表示平针线圈,符号"·"表示集圈。

2. 形成纵条纹效应

集圈线圈纱线颜色确定依据:在集圈线圈中,由于有线圈和未封闭悬弧,从线圈结构图中观察得出,未封闭悬弧只显露在织物的反面,在织物正面将看到被拉长的旧线圈颜色。根据这个特征,当采用不同色纱进行适当编织时,就可得到纵条纹效应。

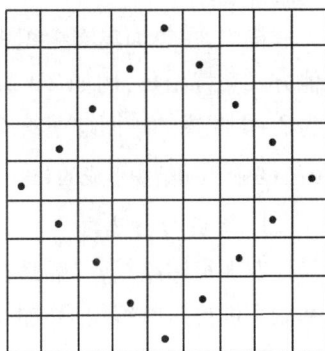

图3-2-4 单针单列集圈形成的菱形花纹意匠图

如图3-2-5所示是一种集圈组织形成纵条纹的方法。

图3-2-5(1)为其意匠图,从图中可以看出它是双针单列集圈。

排纱要求:白、黑两种色纱呈一隔一配置,即单数路穿白纱,偶数路穿黑纱。

纵条纹形成过程:就第一横列来说,在平针编织的地方垫上白纱呈现白色。在第3、4纵行位置白纱编的是悬弧,旧线圈颜色是黑色,因此第一横列3、4纵行位置将是黑色;同理,第二横列1、2、5、6纵行呈白色效应,这就形成了如图3-2-5(2)黑白相间的纵条花纹。

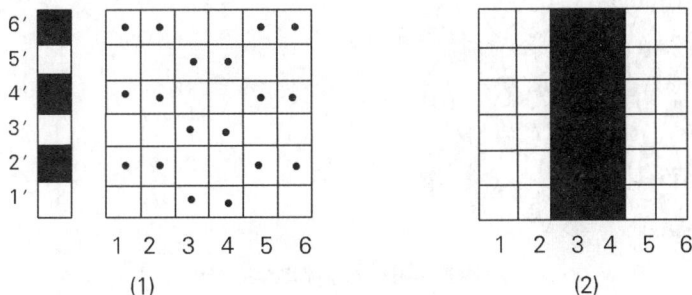

(1)

(2)

图 3-2-5 两色集圈形成的纵条纹

存在问题：以这种方法形成的织物，由于拉长集圈线圈的抽拉作用，悬弧又力图将相邻纵行向两边推开，使不同色泽的悬弧会从缝隙中显露出来，导致花纹界限不清，产生一定程度的"露底"现象。

3. 形成网眼效应

如图3-2-6所示是单面畦编组织，它是一种结构均匀的单面集圈组织，在生产中应用较广泛。国际上称作"拉考斯持"组织（Lacoste stitch）。

编织方法：在相邻两路中，每枚针只成圈1次，每一个线圈横列由两根纱a和b形成。

网眼效应形成过程：纱线a形成线圈1和悬弧2，纱线b形成线圈3和悬弧4。横列中线圈1和3有垂直位移，相错半个圈高。因此在织物反面形成类似蜂巢状的网眼外观。

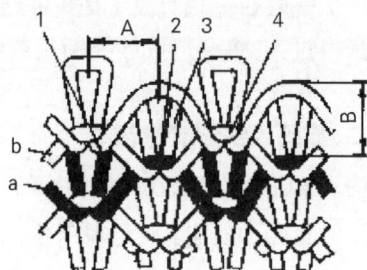

图3-2-6　单面畦编组织

推广：在单面集圈组织中线圈和悬弧也可以采用其他方式交替循环，例如2+2、3+3、3+1等。图3-2-7为3+1配置的单面畦编组织结构。

（二）双面集圈组织形成的花纹

1. 形成凹凸效应

双面集圈组织，一般是在罗纹组织和双罗纹组织的基础上进行集圈编织形成的。

图3-2-7　3+1配置单面畦编组织

双面集圈组织中，最常见的有半畦编组织和畦编组织。在此以罗纹型半畦编组织为例说明形成凹凸效应的过程。

（1）概念：罗纹型畦编组织和半畦编组织都在罗纹组织的基础上进行集圈编织形成。

罗纹型半畦编组织：由两个横列组成一个完全组织。第一横列织罗纹，第二横列针盘针集圈，针筒针正常编织。如图3-2-8所示。

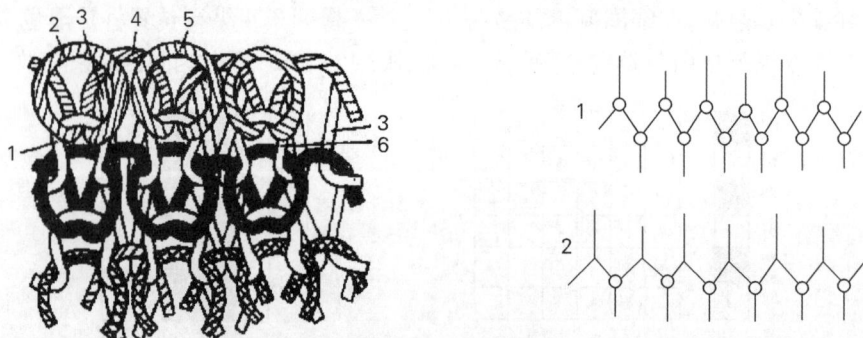

图3-2-8　双面半畦编组织

罗纹型畦编组织：由两个横列组成一个完全组织，第一横列针盘针集圈，针筒针正常编织;第二横列针筒针集圈,针盘针正常编织。如图3-2-9所示。

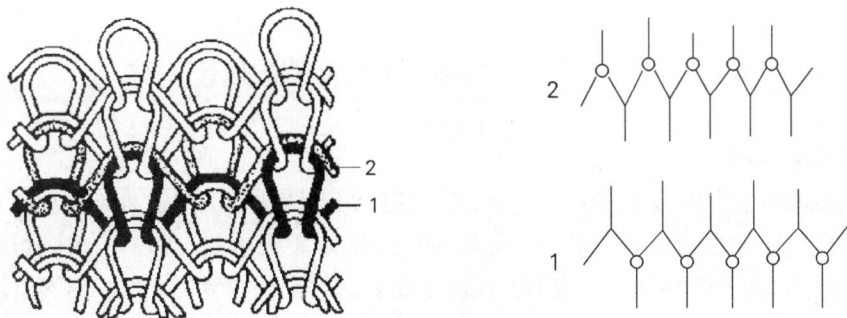

图3-2-9　双面畦编组织

（2）凹凸效应形成过程

从图3-2-8中看出,由于线圈指数的差异,各线圈在编织过程中所受的作用力不同,所以线圈的形态结构不同。悬弧4由于与集圈线圈处在一起,所受张力较小,加上纱线弹性的作用,便力求伸直,并将纱线转移给与之相邻的线圈2、5,使线圈2、5变大变圆。集圈线圈3被拉长,拉长所需的部分纱线从相邻的线圈1、6中转移过来,于是线圈1、6变小。因此,在织物的一面,线圈1、6等被变大变圆的线圈2、5等所遮盖。在织物的另一面.看到的主要是拉长的集圈线圈。针织物表面出现由圆形线圈2、5等织成的凸起横条。

2. 形成闪光效应

由于集圈线圈的圈高较普遍线圈为大,因此,它的弯曲率就较普通线圈为小。当光线照射到这些集圈线圈上时,就有比较明亮的感觉,尤其当采用光泽较强的人造丝等纱线进行编织时,在针织物表面适当配置集圈线圈后,就可得到具有闪光效应的花纹。

3. 形成"泡泡纱"效应

如图3-2-10所示,在织物中将集圈适当的交错散布于平针组织中,由于集圈线圈的伸长有一定限度,并处于张紧的状态,使集圈线圈表现出较强酌弹性收缩力,这样被集圈线圈所包围的普通线圈部分,在周围的收缩作用下.有阴影线的平针组织部分就会凸出在织物表面、而形成"泡泡纱"效应。

图3-2-10　"泡泡纱"效应的集圈组织

三、集圈组织的特性

（1）由于集圈线圈上有未封闭的悬弧,故织物的厚度较平针组织、罗纹组织为厚。

（2）集圈组织的脱散性较平针组织为小,这是由于集圈组织中、与线圈串套的除了旧线圈外,还有悬弧,即使断裂一个线圈也会由其他线圈支持,而且在逆编织方向脱散线圈时,会受到悬弧的挤压阻挡,不易脱掉。

（3）集圈组织的横向延伸性较小,这是因为悬弧较接近伸直状态,横向拉伸时,纱线转移较小。

（4）集圈组织中线圈大小不均，表面高低不平，故其强力较平针和罗纹组织为小，易勾丝、起毛、起球。

（5）集圈组织的织物与平针织物、罗纹织物相比，宽度增加，长度缩短。

四、集圈组织的编织

在织物编织过程中，要形成集圈线圈，其方法随织针结构和编织过程不同而不同。一般情况下，是借助于改变或取消正常成圈周期中的个别阶段来达到。集圈组织既可在钩针纬编机上编织也可在舌针纬编机上编织。在此主要介绍在舌针纬编机上编织集圈组织。

（一）在舌针纬编机上编织集圈组织

在舌针纬编机上常采用不退圈或不脱圈的方法来编织集圈组织。

1. 不退圈的编织方法

如图3-2-11所示，针1和针3上升到退圈高度，旧线圈退到针杆上，而针2退圈不足，旧线圈仍挂在针舌上，此时，垫上新纱线H，当针1、2、3下降成圈时，针1、针3上的旧线圈脱圈形成新线圈，而针2的旧线圈不脱掉，新纱线就没有串套成圈而形成悬弧，与拉长的旧线圈一起组成集圈单元，如图所示。

2. 不脱圈的编织方法

如图3-2-12所示，针1和针3上的旧线圈从针头脱下，与新线圈5、6串套成圈，而针2在完成了脱圈前各阶段后处于不完全下降的状态。旧线圈4在关闭针舌后就停止了运动，这样新纱线7便以悬弧状留在针2的针口内，没有与旧线圈串套，在下一成圈过程中，针2退圈而使新纱线退到针杆与旧线圈4在一起，以后，当脱圈时，这个新纱线悬弧便和旧线圈4一起脱圈到再次喂入的新纱线线圈上而形成集圈。

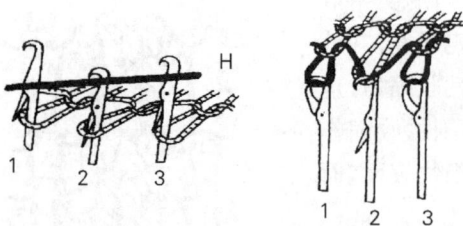

图3-2-11　不退圈形成的集圈组织　　　　图3-2-12　不脱圈形成的集圈组织

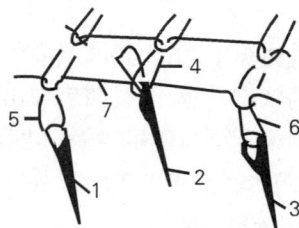

（二）织针的走针轨迹

图3-2-13为不退圈法编织集圈时舌针的走针轨迹。此方法应用较为广泛。图3-2-13（1）中针踵的轨迹1为编织正常线圈时的轨迹线，其最高点为挺针退圈最高点，此时旧线圈退到针杆上，如图3-2-13（2）；轨迹线2为织针退圈不足，使旧线圈仍挂在针舌上，如图3-2-13（3）所示，此时，旧线圈和新纱线同处于针口内，而形成集圈。

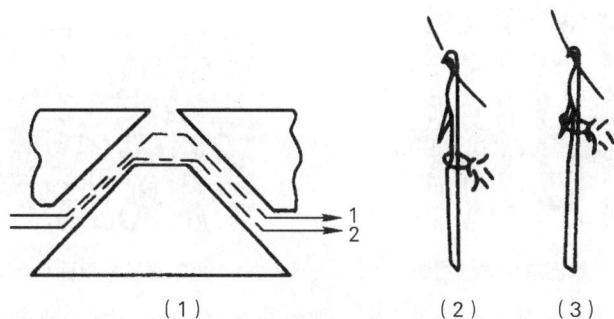

图 3-2-13　编织集圈组织走针轨迹

技能训练

1. 鉴别集圈组织及其种类。
2. 在圆机上编织简单的集圈组织,熟悉集圈组织的性能及用途,掌握其编织工艺。

任务三　添纱组织与编织工艺

一、添纱组织的基本知识

概念:针织物的全部线圈或一部分线圈,是由一根基本纱线和几根附加纱线一起形成的组织称为添纱组织。

分类:添纱组织可以在单面组织基础上编织而成,也可以在双面组织基础上编织而成。根据颜色可分为单色与花色两大类。这里主要讲单色添纱组织。

二、单色添纱组织的结构与特性

单色添纱组织的所有线圈,都是由一根基本纱线(称地纱)和一根附加纱线(称面纱)形成的。其中地纱经常处于线圈的反面,而面纱经常处于线圈的正面。

图 3-3-1 为单面单色添纱组织,图 3-3-2 为双面单色添纱组织。

从图 3-3-1 可以看出,黑色面纱处于圈柱的正面,白色地纱处于圈柱的里面而被黑色面纱覆盖。即在正面看不到白色纱线,但在反面大部分为白色线圈,仅仅在线圈圈弧部分还不能完全被白色地纱遮盖,有杂色效应。

当采用不同颜色或不同性质的纱线作面纱和地纱时,可使织物的正、反面具有不同的色泽及性质。例如用棉纱作地纱,合纤纱作面纱编织,可获得单面“丝盖棉”织物。利用两种原料的不同性能和色泽也可提高织物的服用性能。

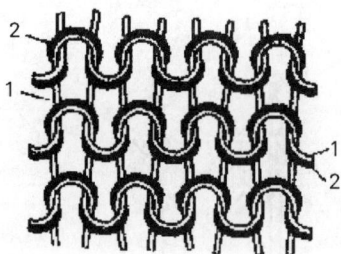

图3-3-1　单面单色添纱组织

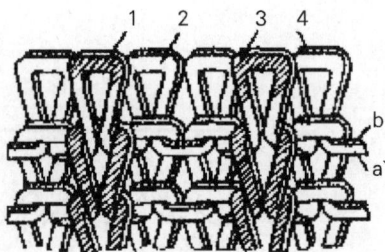

图3-3-2　双面单色添纱组织

当使用不同捻向的纱线进行编织时,可消除单面纬编针织物的线圈歪斜现象。

图3-3-2是一种双面纬编单色添纱组织,它以1+2罗纹组织为基础编织,从图中可看到,第1、3正面纵行是纱线b显露在织物表面,第2、4反面纵行是纱线a显露在织物表面,这样,织物表面产生了两种色彩或性质不同的纵条纹。如果是1+1罗纹,由于反面纵行的地纱被正面纵行覆盖,织物正反两面看到的均是面纱线圈。

在单色添纱中,为了获得更好的覆盖效应,可使添纱的线密度比地纱的高。

三、单色添纱组织的编织工艺

单色添纱组织针织物是利用地纱和附加的添纱一起编织而成。垫纱过程应该保证使添纱显现在织物正面,而地纱显现在反面.这主要是靠地纱和添纱的垫纱角度不同和不同的垫纱张力来实现。

图3-3-3为舌针顺序移动时,地纱和添纱的编织过程。地纱1的垫纱纵角和横角应比面纱2大,而面纱的喂纱张力应比地纱大,这样新喂入针口的面纱较地纱低而贴近针杆。在连圈阶段,地纱1离针背较远,面纱2离针背较近。编织的结果,地纱1形成的线圈3配置在针织物的反面,而面纱2形成的线圈4配置在针织物的正面。两根纱线的垫放,可采用一只带两个孔眼的导纱器或采用两个导纱器来实现。

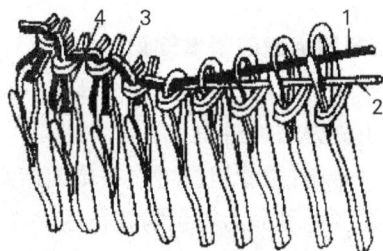

图3-3-3　舌针顺序运动时地纱和
添纱的垫纱图解

当然,在编织过程中,影响地、面纱线圈配置的因素较多,除了垫纱角度和喂纱张力之外,在工艺设计时,还应考虑纱线性质、线圈长度、牵拉力及沉降片和针的结构等等。

图3-3-4为双面纬编机上编织添纱组织的情形。在双面舌针纬编机上编织时,如两种纱的配置方案不一样,将得到不同的添纱织物效应。例如有两种配置方案,如图3-3-4右图所示,当针按箭头方向运动时,纱线1靠近下针的针背,而纱线2靠近上针的针背,如右图(1)所示,因而由纱线2形成的线圈呈现在织物的反面,而纱线1的线圈呈现在织物的正面。当采用3-3-4中右图(2)的纱线配置时,织物的正、反面呈里现出纱线2形成的线圈。利用这个特征,即可达到不同的设计目的。

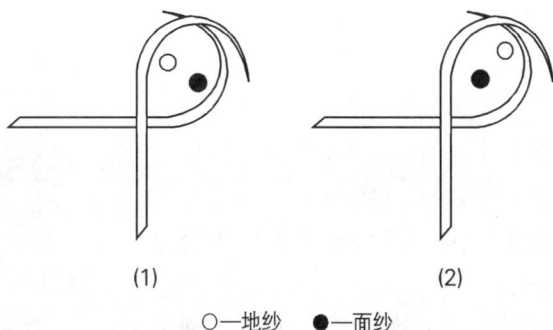

(1)　　　　　　　　(2)

○—地纱　●—面纱

图 3-3-4　双面纬编机添纱组织不同配纱情况

技能训练

1. 熟悉添纱组织的性能特征。
2. 训练添纱组织编织过程中的地、面纱的穿纱要求。

任务四　毛圈组织与编织工艺

一、毛圈组织的基本知识

概念:毛圈组织是在基本组织或变化组织的地组织中编入一些附加纱线,这些附加纱线在织物的一面或两面形成带有拉长沉降弧的毛圈线圈.一般是由两根纱线编织而成。

分类:毛圈组织可分为普通毛圈和花色毛圈两类,同时,在每一类中还有单面毛圈和双面毛圈之分。利用毛圈的大小、排列或颜色的不同,可在织物中形成素色毛圈、凹凸、彩色毛圈花纹等效应以及几种效应的结合。

图 3-4-1 是一种普通单面毛圈组织。在其表面上,均匀地分布着由黑色、麻色毛圈纱形成的毛圈,每个毛圈对应着地组织的一个线圈。图中白纱为地纱,黑色和麻色纱为毛圈纱,毛圈竖立在织物的反面。

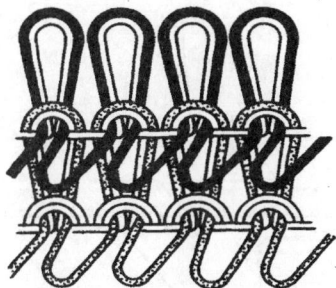

图 3-4-1　单面毛圈组织

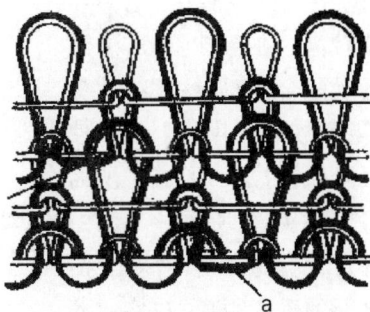

图 3-4-2　单面花色毛圈组织

图 3-4-2 是一种花色单面毛圈组织,按照花纹要求,织物中只有一部分线圈形成毛圈。

从图中可看出,在毛圈间夹着呈一定配置的不拉长的沉降弧 a,在织物上形成了具有凹凸效应的花色毛圈。

图 3-4-3 是一种双面毛圈组织,毛圈在织物的两面形成。图中纱线 1 形成平针地组织,纱线 2 和 3 形成带有拉长沉降弧的线圈与地纱线圈一起编织。纱线 2 的毛圈竖立在织物正面,为正面毛圈。而纱线 3 的毛圈竖立在织物反面,为反面毛圈。

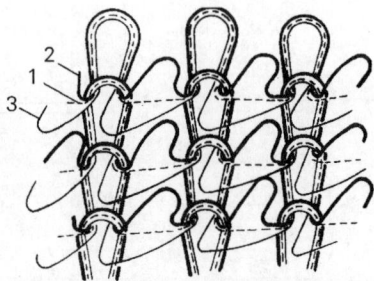

图 3-4-3 双面毛圈组织

也可以利用双面组织作为毛圈组织的地组织,通常采用较大完全组织的罗纹。这时正面线圈纵行与带有毛圈的反面线圈纵行互相交替排列,可得到花色毛圈效应。毛圈也可以配置在罗纹组织的两面,得到双面花色毛圈效应。

毛圈组织在使用中,由于毛圈松散在织物的一面或两面,容易受到意外的拉伤,使毛圈产生转移,这就破坏了织物的外观。因此,为了防止毛圈受意外抽拉而转移,可将织物编织得紧密些,增加毛圈转移时的阻力。另外,像割圈式毛圈组织,即天鹅绒类组织,割开的毛圈虽不易从织物有毛茸的一面拉掉,但由于磨损作用,毛茸可能从织物背面拉出来,因此必须适当增加织物密度,使毛圈紧紧地夹持在地布中,同时在织物背面还必须使毛圈纱线圈尽可能被地纱线圈所覆盖,使地纱显露在织物背面。

二、毛圈组织的特性及其用途

毛圈组织具有良好的保暖性与吸湿性,产品柔软、厚实,利用毛圈的变化还可得到很多花色效应,因此在服装和装饰领域用途十分广泛。

三、毛圈织物的编织工艺

毛圈组织由地纱和毛圈纱共同编织形成,编织时,主要是让毛圈纱形成拉长的沉降弧而成为毛圈。它可以在钩针针织机上编织,也可以在舌针针织机上编织而成。

(一)普通毛圈组织的编织

毛圈组织的线圈由地纱和毛圈纱构成。如图 3-4-4 所示,垫纱时通过导纱器的两个导纱孔,地纱的垫入位置较低,毛圈纱的垫入位置较高。在弯纱阶段,通过沉降片的运动配合,使地纱搁在片鼻上弯纱,而毛圈纱搁在片鼻上弯纱使毛圈纱的沉降弧被拉长,形成了所需的毛圈,如图 3-4-5 所示。毛圈的长度由沉降片片鼻的高度(片鼻上沿至片颚线之间的垂直距离)决定。若要改变毛圈的高度,需要更换片鼻高度不同的沉降片。毛圈针织机一般

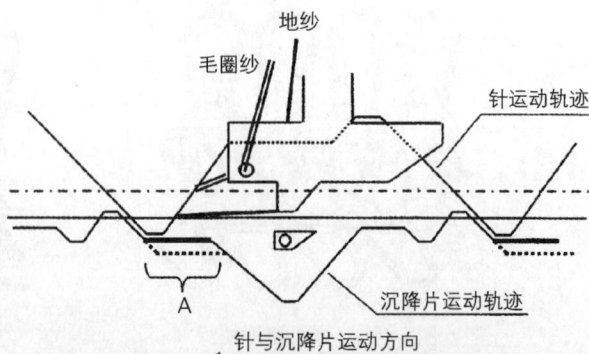

图 3-4-4 毛圈组织用导纱器结构

都配备了一系列片鼻高度不同的沉降片,供生产时选用。

　　毛圈织物的质量好坏取决于毛圈线圈能否紧固在地组织中,以及毛圈的高度是否均匀一致。因此沉降片的设计对毛圈织物的编织有直接的影响。不同型号的毛圈针织机所用沉降片的结构不一定相同。

　　图3-4-6为某种特殊构型的沉降片,它具有长而宽的片鼻。当沉降片向针筒中心挺进时,该片鼻进入前几横列形成的毛圈中去,将它们抽紧,使毛圈更好地紧固在地组织中,毛圈的高度更加均匀一致。

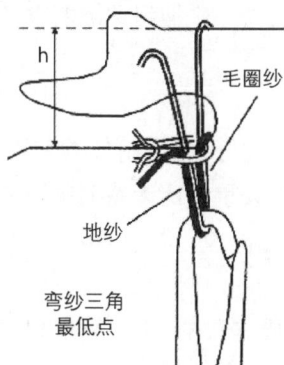

图3-4-5　毛圈的形成

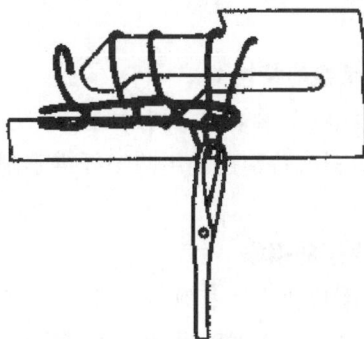

图3-4-6　特殊结构的毛圈沉降片

技能训练

1. 通过观察毛圈织物熟悉其结构、性能。
2. 通过机上编织掌握毛圈组织的编织方法。

任务五　长毛绒组织与编织工艺

一、长毛绒组织的基本知识

　　概念:长毛绒组织在编织过程中,将纤维束或毛绒纱同地纱一起喂入进行编织成圈,同时使纤维束或毛绒纱的头端显露在织物的表面形成绒毛状。如图3-5-1所示。

　　编织特点:纬编长毛绒组织有毛圈割绒式和纤维束喂入式两种。一般都是在平针组织的基础上形成的。从组织结构上看,它同毛圈组织相似,它们都是有地组织作骨架,都是将两种纱——地纱与毛圈纱(或毛绒纱或纤维束)一起喂入针口编织成圈。所不同的是长毛绒组织中没有拉长的沉降弧,而是将毛绒纱线圈的沉降弧剪割或将编入的纤维

图3-5-1　长毛绒组织的结构

束拉成竖立的毛绒。

　　用途：长毛绒组织应用十分广泛，它可以利用各种不同性质的合成纤维进行编织，由于喂入纤维的长短与粗细有差异，就使纤维留在织物表面长度不一，因此可以做成毛干和绒毛两层，毛干留在织物表面，绒毛处于毛干层的下面紧贴针织物，这种毛层结构更接近于天然毛皮，因此又有"人造毛皮"之称。一般可用较长、较粗的纤维做毛干，以较短、较细的纤维做成绒毛，两种纤维以一定比例混合制成毛条，直接喂入毛皮机的喂毛梳理机构参与编织。由于毛绒也编织成圈，所以毛绒不易从织物表面有毛绒的一面脱落，底布的紧密度越大，毛绒的牢度越好。但毛绒可以从底布表面脱落，故要采取措施，进一步加强绒毛的牢度。

二、长毛绒组织的特性

　　长毛绒织物手感柔软，保暖性好，弹性、延伸性好，耐磨性好，可仿制各类天然毛皮，而密度比天然毛皮轻，特别是采用腈纶纤维束制成的人造毛皮，其重量比天然毛皮轻一半左右。

三、长毛绒组织的编织

　　编织毛圈拉绒式长毛绒组织时，先编织毛圈组织，再通过剪割、拉绒等过程使织物表面形成毛绒。其绒毛长度较短，但均匀整齐，毛圈割绒式针织机结构简单，易于操作，主要生产中低档长毛绒制品，应用十分广泛。

　　纤维条喂入式长毛绒组织的编织如图3-5-2所示。图的上方是毛皮机的喂毛梳理机构。机器上每个成圈系统旁都装有一套喂毛梳理机构。毛条1通过断条自停装置、导条器，被一对罗拉2和3所握持，进入刺辊梳理部分A，刺辊A的表面覆盖30条呈螺旋线配置的金属针布，它的线速度略大于罗拉表面线速度，这样纤维从罗拉转移到针布时，由于针布的抓取，可对纤维条进行一定的分梳、牵伸，将毛条梳长、拉细，然后成游离状的纤维束分布并覆盖了金属针布表面。

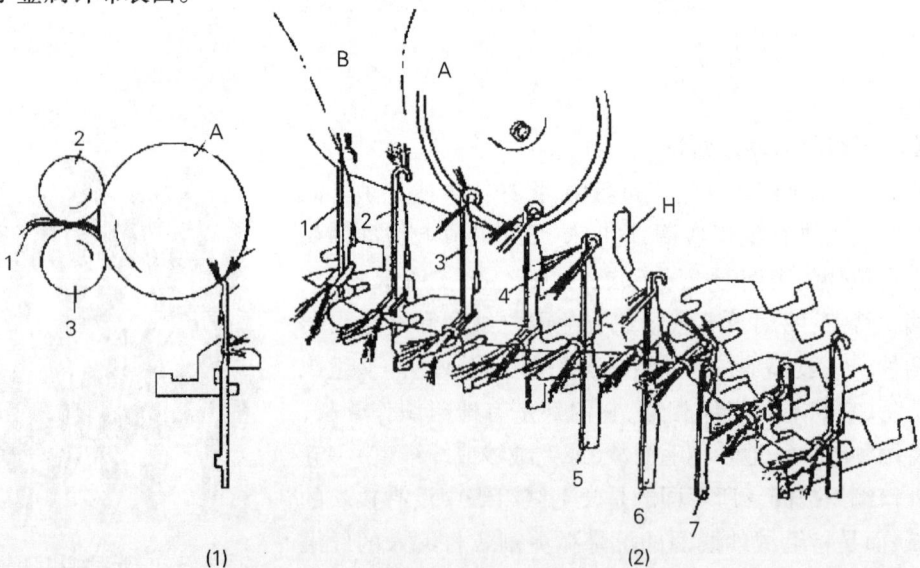

(1)　　　　　　　　　　　　　　　(2)

图3-5-2　长毛绒组织的编织工艺

当针随针筒回转而进入刺辊梳理区时,针上升到一定高度,针上的旧线圈在沉降片帮助下退到针舌下的针杆上,而针钩伸入金属针布的齿隙间(见图3-5-2(2)中1、2、3针),并沿金属针布齿隙的螺旋线继续水平横移,刺辊相对针钩向上回转,于是针钩抓取刺辊上的纤维。在刺辊的旁边,针头的后上方装有一只吸风管B。利用气流吸力将未被钩住而附着在纤维束上的散乱纤维(浮毛、短绒)吸走,并将纤维束吸向针钩,使纤维束的两个头端靠后,呈"V"字形紧贴针钩,以利编织。

当针进入垫纱成圈区域时,针逐渐下降[见图3-5-2(2)中针5、6、7],从导纱器H中喂入地纱,为使地纱始终处于地布的表面(即地组织线圈的正面),要求地纱处于毛绒纤维束之下,两者一起编织成圈,纤维束的两个头端露在织物组织的反面(即地组织线圈的反面),形成毛绒。这样,由地纱和纤维束共同编织就形成了长毛绒织物。

如果通过电子或机械选针机构,对经过每一纤维束梳入区的织针选针,使选中的织针退圈并获得相应颜色的纤维束,就可编织生产提花或结构花型的长毛绒织物。

技能训练

1. 通过观察长毛绒织物熟悉其性能、用途;
2. 通过机上编织掌握长毛绒组织的编织方法及其特点。

任务六　衬垫组织与编织工艺

一、衬垫组织的基本知识

概念:衬垫组织是在编织地组织线圈的同时,将一根或几根附加的衬垫纱线按一定的衬垫比例夹带到组织结构中,而与地组织纱线发生一定程度的交织,如图3-6-1所示。在织物的某些线圈上形成不封闭的悬弧,在其余的线圈上呈浮线停留在织物的反面。图中1为地纱,编织平针组织.作为衬垫组织的地组织;2为衬垫纱,在地组织上按1:1的比例在第一纵行的线圈上形成悬弧,而在第二纵行的反面形成浮线。图上分别为该衬垫组织的正反面。

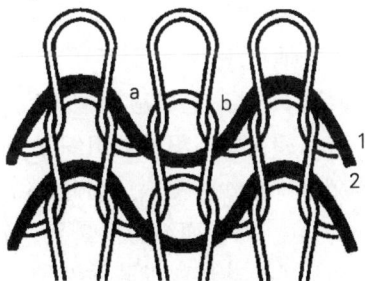

图3-6-1　衬垫组织

衬垫组织的结构单元:线圈、悬弧及浮线。

衬垫纱垫放比例有1:1、1:2或1:3等。垫放比例中第一个数字表示在针钩前垫纱形成不封闭的悬弧数,后面的数表示浮线所占的针距数。

衬垫纱垫放的方式:一般有三种即直垫式、位移式和混合式,如图3-6-2所示,图(1)为直垫式,图(2)、图(3)为位移式,图(4)为混合式。

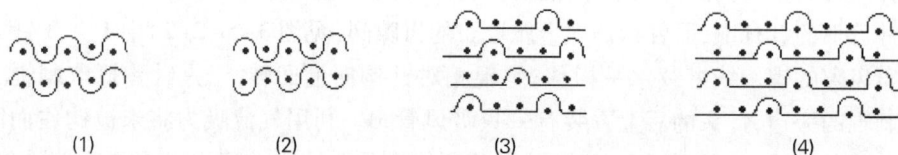

图 3-6-2　衬垫纱垫纱方式

综合考虑,实际生产中应用较多的是 1:2、位移式,这样经拉绒后可得到较为均匀的绒面。

衬垫组织的地组织:可以是平针组织、添纱组织、单面集圈组织和变化平针组织等。

二、衬垫组织的应用

衬垫组织广泛应用于绒布生产,在后整理过程中进行拉毛,使衬垫纱线拉成短绒状,增加织物的保暖性。

图 3-6-1 是以平针组织为地组织的衬垫组织。从图中可看到,衬垫纱与地纱沉降弧处有交叉点 a、b 显露在织物正面线圈纵行之间,使织物外观受损,但也可以利用这个特性,用来编织具有劳动布效应的针织物。例如,地纱用蓝色涤纶丝,衬垫纱用白色棉纱,结果在蓝色地布的正面有规律地散布着小白点,织物外观别具风格,织物正面有涤纶织物的特性,且反面覆盖着棉纱,穿着舒适,整个织物挺括,厚实,延伸性小,尺寸稳定。

添纱衬垫组织(俗称"绒布"):以添纱组织作地组织的衬垫组织。如图 3-6-3 所示,它由面纱 1、地纱 2 和衬垫纱 3 编织而成;面纱 1 和地纱 2 编织成添纱平针组织作为地组织,衬垫纱 3 周期地在织物的某些地纱线圈上形成悬弧,与地纱交叉,夹在面纱与地纱之间。这种组织能有效避免衬垫纱显露在织物正面,而且衬垫纱能牢固地依附于地组织上,也避免了拉毛加工和服用过程中衬垫纱脱落的现象,它的应用尤其广泛。

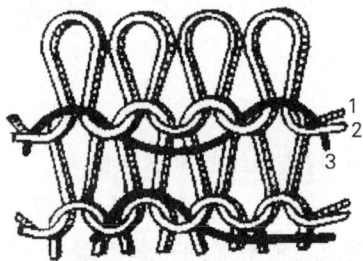

图 3-6-3　添纱衬垫组织

添纱衬垫组织的地组织是由面纱和地纱组成的,面纱主要处于织物正面,而在反面,地纱又为衬垫纱所覆盖。因此,添纱衬垫织物的外观决定于面纱的品质,其使用寿命取决于地纱的强度,即使面纱磨损断裂,仍然有地纱锁住衬垫纱。

添纱衬垫织物的脱散性较小,仅沿逆编织方向脱散,有了破洞不易扩散。另外,由于衬垫纱突出在织物的反面,于是在衬垫纱与底布之间形成了静止的空气层,提高了织物的厚度和保暖性。同时,由于衬垫纱不夹在线圈圈柱之间,而使相邻线圈互相靠拢,从而提高了织物的密度。添纱衬垫织物的横向延伸性由于悬弧和浮线的存在变得较小,故而广泛作为保暖服装面料。

三、衬垫组织形成的花纹

在编织时,如果改变衬垫纱线的衬垫比例、垫纱顺序和衬垫纱根数、粗细,可织得各种具有凹凸效应的结构花纹,还可以利用不同颜色的衬垫纱,形成彩色花纹,用作外衣面料。

图3-6-4 所示的织物中,由于衬垫纱 A 的衬垫比例不同.其浮线1、2、3、4 的长度也就不一样,按一定规律排列,就形成了斜方形的凹凸花纹,还可以形成另外一些凹凸形状。但必须指出的是浮线长度不应该太长,否则,织物容易勾丝,坯布的延伸和衬垫纱的固结牢度也会降低。

结构花纹的凹凸程度取决于衬垫纱线的线密度、针织物的密度以及浮线的长度。如果采用膨松的或卷曲的衬垫纱,花纹的凹凸效应可以加强。

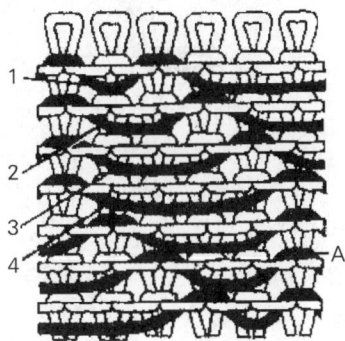

图 3-6-4 花色衬垫组织

四、衬垫组织的编织

衬垫组织可在单面钩针机和舌针机上编织。这里主要介绍在舌针针织机编织添纱衬垫组织的过程。

在舌针针织机上编织添纱衬垫组织时,一定要将旧线圈同衬垫纱分离,以便在衬垫纱脱到面纱上时,防止旧线圈同衬垫纱一起脱到面纱上,为此必须采用具有两个片颚的沉降片,如图3-6-5 所示。沉降片的上片颚 1 供衬垫纱脱到面纱上,上片喉 2 用作握持衬垫纱,将衬垫纱推向针

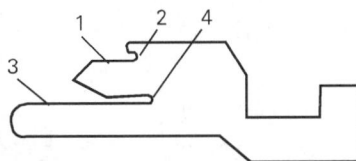

图 3-6-5 双片喉沉降片

背,而下片颚 3 供旧线圈脱圈在由面纱与地纱一起形成的线圈上。因此旧线圈的沉降弧经常处于下片喉 4 中,利用上片颚将旧线圈与面纱线圈分隔在两个不同高度的水平上。

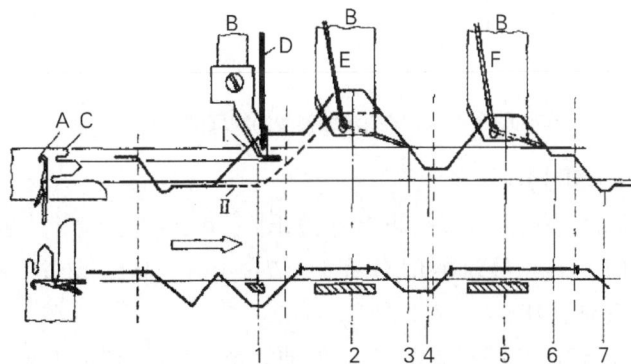

图 3-6-6   编织添纱衬垫组织走针轨迹

图3-6-6 为用舌针编织添纱衬垫组织的走针轨迹图。编织时,每3 个成圈系统形成一个线圈横列,织针 A、导纱器 B、沉降片 C 及衬垫纱 D、面纱(也称添纱)E 和地纱 F 的配置如图3-6-7 所示。图3-6-7 为与走针轨迹对应的成圈阶段图。

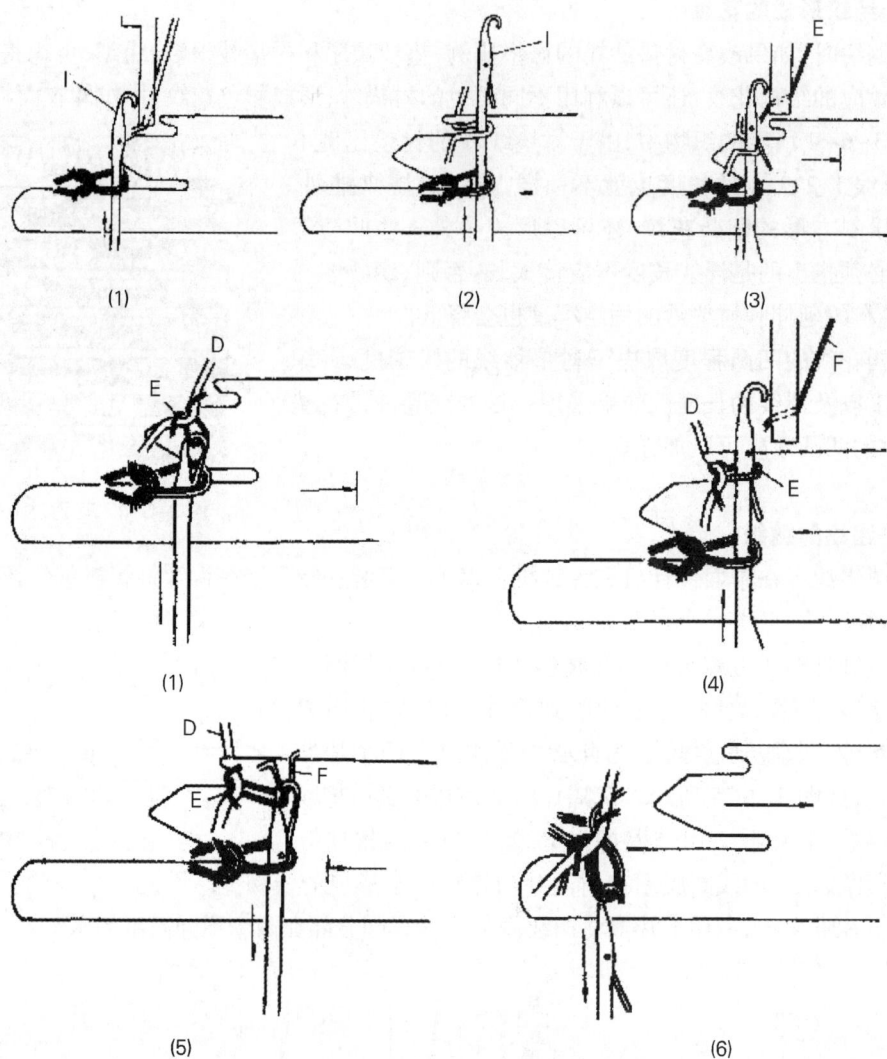

图3-6-7　编织添纱衬垫组织成圈阶段图

1. 垫入衬垫纱(位置1)

当垫纱比为1∶2时,织针1、4、7…将上升,如图3-6-6实线织针轨迹Ⅰ中的1位置,其余织针不上升,如图中虚线织针轨迹Ⅱ,织针1、4、7…上升的高度,如图3-6-7(1)所示。

2. 将衬垫纱纱段推至针后(位置2)

衬垫纱D垫入后,沉陷片向针筒中心运动,使衬垫纱弯曲,织针1、4、7…继续上升,衬垫纱垫放在针杆上,如图3-6-7(2)所示;织针1、4、7…上升高度如图3-6-6的2位置所示。此时其余织针上升如图3-6-6虚线位置。

3. 垫入面纱(位置3)

两种高度的织针随针筒的回转,在三角的作用下,下降至图3-6-6中3位置,这时面纱E喂入,如图3-6-7(3)所示。

4. 面纱将衬垫纱束缚住并进行预弯纱(位置4)

织针继续下降至图3-6-6中4位置,织针1、4、7…上的面子纱E穿套在衬垫纱D上,如图3-6-7(4)所示。此时,衬垫纱在沉降片的上片颚上。

5. 垫入地纱(位置5)

针筒继续回转,所有的织针上升至图3-6-6中5的位置,地纱F垫入,如图3-6-7(5)所示。

6. 地纱预弯纱(位置6)

针筒继续回转,所有织针下降至图3-6-6中6位置,地纱搁在上片颚上。织针、沉降片与3种纱线的相对关系如图3-6-7(6)所示。

7. 旧线圈脱圈,面纱和地纱成圈

所有织针继续下降至图3-6-6中7位置时,即织针下降的最低位置,线圈形成,如图3-6-7(7)所示。在成圈过程中,沉降片按图3-6-7(1)~(7)箭头所示方向运动。当织针再次从图3-6-7(7)位置上升,沉降片重新向右运动,这时成路过程又回到图(1)的位置,继续编织下一循环。

由此可以看到,地纱垫放在针杆上的位置总是高于面纱线圈,因此,成圈后,地纱将处于织物的反面,在织物正面不会产生露底现象。

技能训练

1. 观察绒布,了解其结构组成。
2. 观察衬垫组织,熟悉其衬垫比例、方式。

任务七　衬经衬纬组织

一、衬经衬纬组织的基本知识

概念:衬纬组织是在纬编基本组织基础上,衬入不参加成圈的纬纱而形成的。

衬经组织是在纬编基本组织基础上,衬入不参加成圈经纱而形成的。

衬经衬纬组织是在纬编基本组织基础上,衬入不参加成圈的纬纱和经纱而形成的。图3-7-1为单面纬平针衬经衬纬组织。

结构:从图3-7-1中可以看出,它由3组纱线织成。第1组纱线A形成纬平针线圈;第2组纱线B形成经纱;第3组纱线C形成纬纱。从织物正面看经纱B是衬在沉降弧的上面和纬纱C的下面,纬纱C是衬在圈柱的下面和经纱B

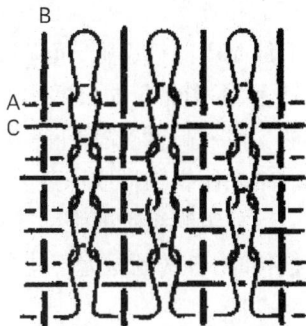

图3-7-1　纬平针衬经衬纬组织

的上面。

二、衬经衬纬组织的特性

衬经衬纬组织具有机织物的外观与特性。纵横向延伸性较小,经纬向的尺寸稳定性都很好,但由于这种织物的经纬纱交织得比较松,经纬纱容易从织物中抽出来,特别是在稀疏织物中更为显著。为了防止这一缺陷,一般采用较粗的经纬纱,以增加针织物的紧密程度。这种织物手感较柔软,穿着比较舒适,透气性好。

三、衬经衬纬组织的用途

衬经衬纬组织适合于做各种外衣产品以及工业用的各种涂塑管道的骨架等。

技能训练

通过观察衬经衬纬组织熟悉其延伸性能,比较其与机织物的外观与特性的区别。

任务八　菠萝组织及其编织工艺

一、菠萝组织的基本知识

概念:将某些线圈的沉降弧与相邻线圈的针编弧挂在一起,使有些新线圈既与旧线圈的针编弧串套,还与沉降弧发生串套。这种组织叫做菠萝组织,如图3-8-1所示。在编织菠萝组织的成圈过程中,必须将旧线圈上的沉降弧套到针上,使旧线圈的沉降弧连同针编弧一起脱圈在新线圈上。

分类:菠萝组织可以在单面组织基础上形成,也可以在双面组织的基础上形成。

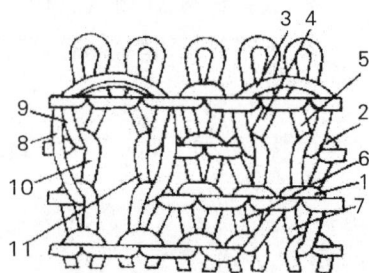

图3-8-1　菠萝组织的结构

结构与特性:图3-8-1是以平针组织为基础形成的一种菠萝组织。图中表示了沉降弧转移的几种不同结构。图中沉降弧1套在右边一枚针上,因此,一只平针线圈穿过沉阵弧1和旧线圈7的针编弧,沉降弧1被拉长,从而使相邻线圈6、7缩小。而沉降弧3套在相邻两枚针上,沉降弧3的长度比沉降弧1更长,使线圈4和5比线圈6和7更小。沉降弧8拉长到两个横列高度,并和下一横列的沉降弧9一起套到两枚针上,因此线圈10和11就变得更小。结果使织物形成像菠萝状的凹凸外观,并产生孔眼,增加了织物的透气性。

菠萝组织织物的强力较低,因为菠萝组织的线圈在成圈时,沉降弧是拉紧的,当织物受到拉伸时,各线圈受力不均匀,张力集中在张紧的线圈上,纱线容易断裂,使织物表面产生破洞。

二、菠萝组织的编织

编织菠萝组织时,将旧线圈的沉降弧转移到相邻的针上是借助专门的钩子或薄片进行的。钩子或薄片有两种,左钩用来将沉降弧转移到左面针上,右钩用来将沉降弧转移到右面针上,双钩用来将沉降弧转移到相邻的两枚针上。

钩子或薄片可放在针盘上,也可放在针筒上。

图3-8-2是把薄片放在针筒上进行编织的情况。薄片由两片向两边弯曲的弹簧钢片1、2组成。每一钢片上有片肩(或称切口)3和4,片肩3和4之间的距离等于两个针距。薄片插在针筒的针槽中,其片尖5位于两枚针盘针6、7之间,以便让沉降弧正好处于片尖5的作用范围内。薄片受三角作用而升降。当针盘针6、7编好线圈之后,薄片升高,将沉降弧逐步扩大,接着片肩3、4将沉降弧抬起,使之超过针6、7,如图3-8-2(2)所示。此时,针盘针6、7向外挺出,穿入两薄片的间隙中。然后薄片下降,如图3-8-2(3)所示。沉降弧挂在针盘针6、7上,并与针6、7上的针编弧一起脱圈和成圈。

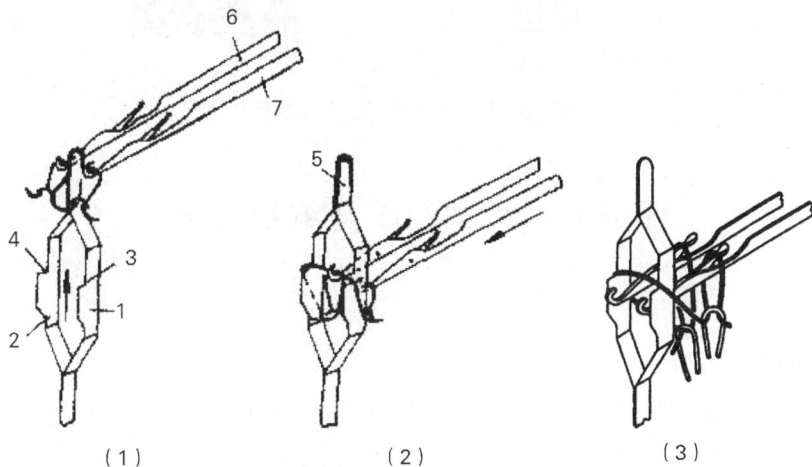

（1）　　　　　　　　（2）　　　　　　　　（3）

图3-8-2　把薄片放在针筒上编织菠萝组织

图3-8-3是把钩子放在针盘上进行编织的情形。图3-8-3(1)为针盘上使用的移圈钩子2,它有片踵1、片肩3、片尖4和弯弧5。图(2)中表示了钩子与针筒上织针6的配置情况。

菠萝组织的编织过程按下列程序进行:

(1)选择用作移圈的钩子,使钩子的片尖伸到针筒针的握持平面线上,如图3-8-3(2)所示;

(2)编织针织物的线圈横列;

(3)抓住沉降弧H并把它引向针钩配置平面线,如图3-8-3(3)所示;

(4)使沉降弧H套到针上,如图3-8-3(4)所示;

(5)把钩子撤到不工作的位置;

(6)使针移动到起始的位置。

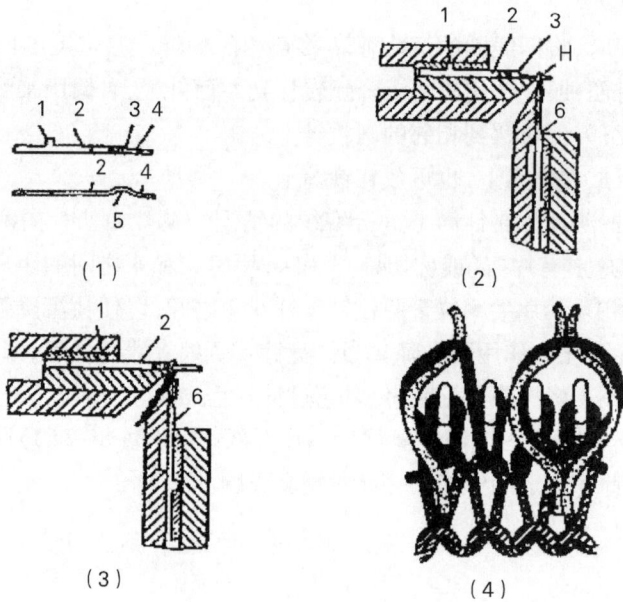

图 3-8-3　把钩子放在针筒上编织菠萝组织

任务九　纱罗组织与编织工艺

一、纱罗组织的基本知识

概念:纱罗组织又称为移圈组织,它是在纬编基本组织的基础上,按照花纹要求将某些线圈进行移圈,即从某一纵行转移到另一纵行而形成的组织。

分类:纱罗组织可分为单面和双面两类。

二、纱罗组织的应用

纱罗组织利用地组织的种类和移圈方式的不同,即可在针织物表面形成各种花纹图案。下面通过举例说明纱罗组织的应用及其形成方法。

(一)单面纱罗组织

图 3-9-1 为一种单面纱罗组织。从图中可看出,移圈方式可按照花纹要求进行,可以在不同针上以不同方向进行移圈,形成具有一定花纹效应的孔眼。

第Ⅰ横列,不进行移动线圈。

第Ⅱ横列,线圈按一个方向间隔地移到相邻的针上,图中针 2、4、6、8 上的线圈移到针 3、5、7、9 上。这样在针织物表面,纵行 2、4、6、8 暂时中断,形成间隔排列的孔眼。

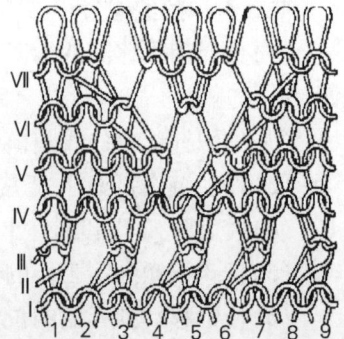

图 3-9-1　单面纱罗组织

第Ⅲ横列,不进行移圈。

第Ⅳ横列,针5上的线圈移到针6上,针5处形成孔眼。

第Ⅴ横列,线圈从两只针上取下,并以不同的方向移到相邻的针上,即针4和针6上的线圈分别移列针3和针7上,针4和针6处形成孔眼。

第Ⅵ横列,线圈分别从针3和针7上取下以不同方向移到针2和针8上,针3和针7处形成孔眼。

第Ⅶ横列,不进行移圈。

以后横列的移圈与上述对称进行,针织物就可形成菱形状孔眼效应。

图3-9-2为单面绞花移圈组织。移圈是在部分针上相互进行的,移圈处的线圈纵行并不中断,这样在织物表面形成扭曲状的花纹纵行。

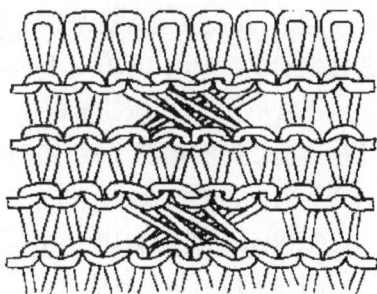

图3-9-2 单面绞花移圈组织

(二)双面纱罗组织

双面纱罗组织是在双面组织基础上,将某些线圈进行移圈而形成的。它可以将针织物一面的线圈移到同一面的相邻线圈上,即将一只针床上的线圈移到同一针床的相邻针上。也可使两个针床上的线圈同时分别移到同一针床的相邻针上,或者两个针床上织针相互进行移圈,即将一个针床广的线圈移到另一个针床与之相邻的针上。这样就可得到许多花色品种。

图3-9-3所示的织物是在同一针床上进行移圈的。

第Ⅰ横列,不进行移动线圈。

第Ⅱ横列,同一面两只相邻线圈以不同方向移到相邻的针上,图中针5和针7上的线圈移到针3和针9上;

第Ⅲ横列再将针3上的线圈移到针1上,在以后若干横列中,如果使移去线圈的针3、5、7不参加编织,而后再重新参加工作,则在双面针织物的底面上可以看到一

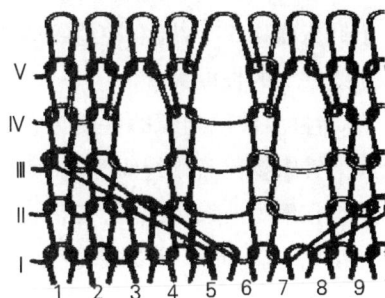

图3-9-3 罗纹纱罗组织

片单面平针组织,这样在针织物表面就形成凹纹效应,而在两个线圈合并的地方,产生凸起棱线,使织物的凹纹更明显。

纱罗组织的线圈结构,除在移圈处的线圈圈干有倾斜和两线圈合并处针编弧有重叠外,一般与它的基础组织并无大的差异,因此,纱罗组织的性质与它的基础组织相近。

纱罗组织除了可形成孔眼效应、纵行扭曲花纹、凹凸花纹等以外,其移圈原理还可以用来编织成形针织物。

技能训练

在横机上编织简单的纱罗组织,熟悉其结构特点及其编织方法。

任务十 波纹组织与编织工艺

一、波纹组织的基本知识

概念:凡是由倾斜线圈形成波纹状的双面纬编组织称为波纹组织。如图3-10-1所示。

结构单元:该组织的结构单元是正常的直立线圈和向不同方向倾斜的倾斜线圈,倾斜线圈的排列方式不同,便可得到曲折、方格、条纹及其他各种花纹。

结构:用于波纹组织的基本组织是各种罗纹组织、集圈组织和其他一些双面组织。所采用的基础组织不同,波纹组织的结构和花纹也不同。

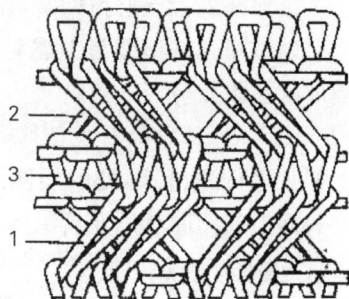

图3-10-1 波纹组织

图3-10-1是在2+2罗纹组织基础上形成的波纹组织。编织这种织物时,针按2+2罗纹配置,每编织两个横列之后,使一只针床横移3个针距。这样,在原来是正面线圈的纵行上编织的是反面线圈,而在反面线圈的纵行编织正面线圈。然后又反向移过3个针距。这样可得到倾斜状较宽的波纹。为了使一个针床相对另一个针床横移3个针距,在编织倾斜线圈1和2时应增大弯纱深度,使线圈1和2的长度比直立线圈3的长度大些。

性能:波纹组织的性质与它的基础组织基本相同,差别主要在于线圈的倾斜。因此所形成的针织物比基础组织为宽,而长度较短。

在编织波纹组织时,按花纹需要关闭一些针,使这些针退出工作位置,不仅可以增加各种花色效应,而且可以减轻针织物的重量,减少原料的消耗。

二、波纹组织的编织

波纹组织一般在横机上按照花纹要求移动针床形成。

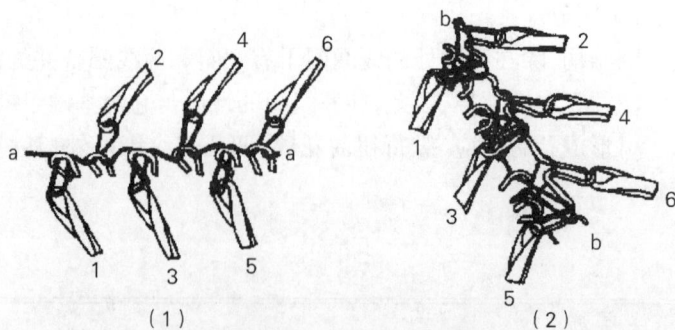

（1）   （2）

图3-10-2 波纹组织的编织

图 3-10-2 为罗纹波纹组织的编织过程。图 3-10-2(1)表示两只针床的针得到 a—a 纱线后,编织 1+1 罗纹时的织针相对排列位置,接着前针床向左移过一个针距,如图 3-10-2(2)所示。这时,原来在最左边位置的针 1,现在处于针 2 和针 4 之间。在移动针床后. 在新的位置垫上纱线 b—b,形成一个新的线圈横列。这时,在针 1、3、5 上的黑色旧线圈就同针 2、4、6 上的黑色旧线圈呈交叉排列,形成波纹状倾斜线圈。织物结构如图 3-10-3 所示。

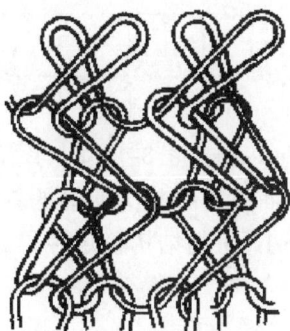

图 3-10-3　1+1波纹组织　　　　　图 3-10-4　针床移两个针距的波纹组织

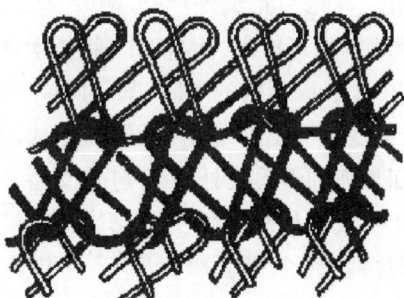

但实际上这样编出来的织物由于纱线弹性力的作用,线圈将向针床移动的相反方向扭转,使线圈曲折效应消失,在织物表面并无曲折效应存在。正、反面线圈纵行将相背排列,而不像普通罗纹那样正反面线圈交错排列。为了使线圈纵行呈曲折排列,对于这种 1+1 罗纹组织,每一横列编织后,一只针床必须向左或向右移过两个针距,在这种情况下,线圈的倾斜度就较大. 很难回复到原来的位置,在织物表面就可得到曲折线圈纵行。如图 3-10-4 所示。

技能训练

在横机上编织简单的波纹组织,熟悉其结构特点及其编织方法。

任务十一　复合组织与编织工艺

概念:凡是两种或两种以上的纬编组织复合而成的组织称为复合组织。它可以由不同的基本组织复合而成;可以由不同的变化组织复合而成;也可以由基本组织、变化组织与花色组织复合而成。

形成意义:可以根据各种纬编组织的特性,通过各种组织横列的结合或各种组织结构单元的结合,取长补短,充分发挥各种纬编组织的优良性能,复合成满足需要的各种组织。

一、单面复合组织

单面复合组织是在平针组织基础上,通过成圈、集圈、浮线等不同的结构单元的组合而成的。与平针组织相比,它具有很多优点,能明显改善织物的脱散性,增加尺寸稳定性,减少织物卷边,并且能形成各种花色效应。

(一)斜纹组织

斜纹组织:由成圈、集圈和浮线三种结构单元复合而成的单面复合组织,如图3-11-1所示。它是由四路完成一个组织循环,在每一路编织中,织针呈现2针成圈、1针集圈、1针浮线的循环排列,而各路之间依次向左交错1针进行编织。由于线圈指数的不同,紧邻两成圈线圈,左侧成圈针上的线圈变大突出在织物表面,右侧成圈线圈凹陷在织物表面,而悬弧和浮线又处于织物的反面,因此,在织物正面就得到较为明显的斜纹效应。另外,由于浮线和悬弧的存在,使织物纵、横向延伸性均变小,织物结构稳定性得到较大提高,织物显得紧密、挺括。

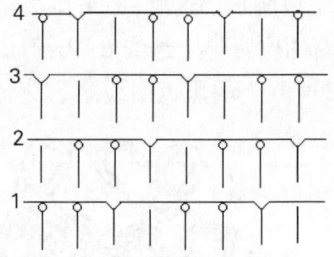

图3-11-1　斜纹组织

(二)单面集圈复合组织

图3-11-2是一种单面集圈复合组织。该组织由四路编织一个完全组织,第2路重复第一路的编织,第4路重复第3路的编织。成圈单元和集圈单元1隔1复合在组织结构中,由于线圈指数的差异。第2、4路的成圈线圈要比第1、3路成圈线圈大些,突出在织物表面,在织物表而就形成跳棋式点纹,同时由于线圈的歪斜,在织物表面也会得到一种斜纹效应。织物反面,由于集圈悬弧的特性可得到一种菱形网眼,因此、这种组织也常以其反面作为效应面使用。

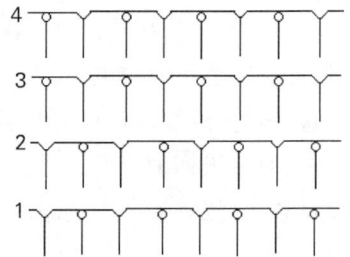

图3-11-2　单面集圈复合组织

二、双面复合组织

根据织针的配置情况,双面复合组织可分为罗纹式复合组织和双罗纹式复合组织。罗纹式复合组织编织时,上下针槽相错,双罗纹式复合组织编织时,上下针槽相对。

(一)罗纹式复合组织

由罗纹组织与其他组织复合而成的组织称为罗纹式复合组织。

1.罗纹空气层组织

罗纹空气组织又称米拉诺罗纹组织,它是由罗纹组织和平针组织复合而成的,如图3-11-3所示。这种组织是由3个成圈系统编织成一个完全组织循环,第1路编织1+1罗纹组织;第2路,上针退出工作,下针全部参加工作编织一个正面平针组织横列;第3路,下针退出工作、上针全部参加工作编织一个反面平针组织横列。这样,3路一循环,在织物上形成两个线圈横列。其线圈结构图和编织图如图3-11-3(1)、(2)所示。

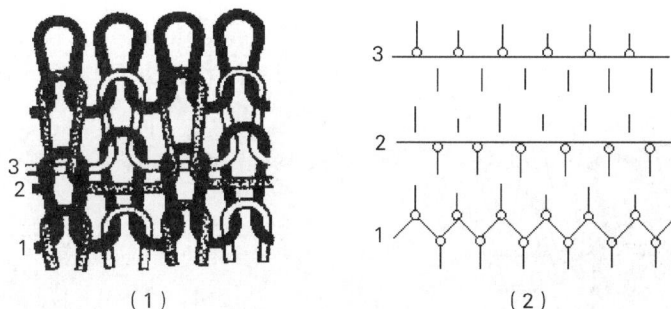

（1）　　　　　　　　　　　　　（2）

图3-11-3　罗纹空气层组织

从图可看出,正、反面两个平针组织横列之间没有联系,在织物上形成双层袋形编织,即空气层结构,并且有突出在织物表面的倾向而带有横楞效应。而平针组织的沉降弧以浮线形式跨过一个纵行,以弧线形式出现的沉降弧受到相邻两线圈弯纱成圈时的抽拉作用,力图收缩回复,这样就使相邻的平针线圈相互靠拢;1+1罗纹组织也有使同一面的相邻线圈相互靠拢的特性,因此,这种组织的反面线圈不会显露在针织物表面,正反面的外观相同。另外、从编织图分析可知,第2路平针线圈的线圈指数比第3路的平针线圈指数要大,因此,第2路在正面形成的平针线圈的长度大于第3路形成的反面平针线圈。这样,在织物正面形成的外观效应就更为明显。

在罗纹空气层组织中,由于平针线圈浮线状沉降弧的存在,就使得针织物的横向延伸性比较小,尺寸稳定性提高。同时,这种织物比同机号同特纱的罗纹织物厚实、挺括,还有空气层横楞效应,保暖性好,因此得到广泛应用。

2. 点纹组织

点纹组织是由不完全罗纹组织与变化平针组织复合而成,一个完全组织由四个成圈系统编织而成,其中两路仅在上针编织单面变化平针组织,另外两路编织双面不完全罗纹组织。每枚针在一个完全组织中成圈两次,形成两个横列,如图3-11-4和图3-11-5所示。由于成圈顺序不同,因而产生了在组织结构上不同的瑞士式点纹组织和法式点纹组织。

图3-11-4是瑞士式点纹组织的线圈结构图和编织图。从图中可看出,第1路上针高踵针与全部下针编织成圈形成不完全罗纹组织,第2路上针高踵针编织成圈形成单面变化平针组织,第3路上针低踵针与全部下针编织成圈形成又一个不完全罗纹组织,第4路上针低踵针编织成圈再形成单面变化平针组织。

图3-11-5是法式点纹组织的线圈结构图和编织图。在各路的成圈顺序上与瑞士式点纹组织不同。从图中可看出,第1路上针低针踵针与全部下针编织成圈形成不完全罗纹组织,第2路上针高踵针编织成圈形成单面变化平针组织,第3路上针高踵针与全部下针编织成圈形成又一个不完全罗纹组织,第4路上针低踵针编织成圈形成再一个单面变化平针组织:

（1）　　　　　　　　　　　　　　（2）

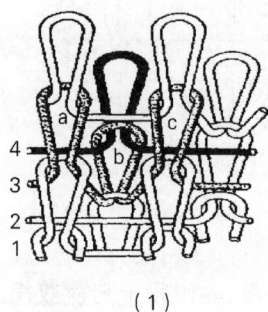

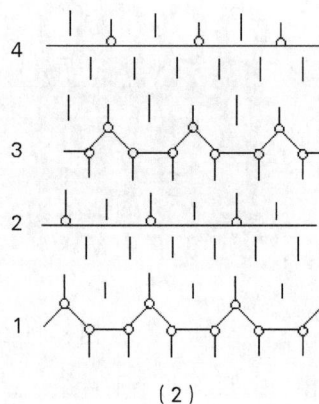

图 3-11-4　瑞士式点纹组织

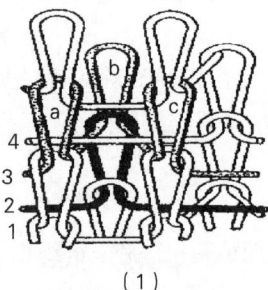

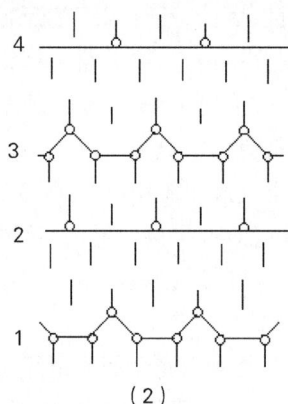

（1）　　　　　　　　　　　　　　（2）

图 3-11-5　法式点纹组织

从上面的图中可以看到,瑞士式点纹组织中,上针平针线圈的线圈指数都为2,而上针罗纹线圈(即图中b线圈)的线圈指数都为0,因此,就反面线圈来讲,平针线圈被拉长抽紧。罗纹线圈较为松弛,拉长抽紧的平针线圈主要靠沉降弧的转移而获得多余线段,故而使得线圈纵行间紧密靠拢。就正面来讲,由于a、c线圈的线圈指数为1,b线圈的线圈指数为0,那么a、c线圈也会拉长抽紧。由于联动作用,就使得正面线圈纵行相互靠拢,所以使得瑞士式点纹组织结构紧密,尺寸稳定性增加,横密大,纵密小,延伸度小,表面平整。

在法式点纹组织中,反面平针线圈的线圈指数都为0,罗纹反面线圈的线圈指数都为2,因此,在反面,罗纹线圈被拉长抽紧,平针线圈则较为松弛,而罗纹反面线圈的拉长抽紧主要靠其罗纹正面线圈的转移来获得多余线段,就使a、c线圈变形缩小,使得从正面线圈a到反面线圈b的沉降弧弯曲得比瑞示式更厉害,且弯曲的方向也不同,由于该沉降弧力图伸展,故线圈b的沉降弧将线圈a与c向两边推开,而横列相互靠拢,这样纵密增大,横密变小,使织物纹路清晰,幅宽增大,表面显得不平整。

再从结构点来分析组织所能获得的外观效应。在瑞士式点纹和法式点纹组织中,有的正面线圈与反面线圈相连,如线圈 a、c 和线圈 b 相连,此处线圈 b 的沉降弧因变形恢复将线圈 a、c 的下端向两边推开;而另一些正面线圈是以浮线形式连接的,浮线的弹性恢复力促使与之相连的两个正面线圈靠拢。于是使一些正面线圈如 a、c 线圈的上端靠拢,下端分开,而另一些线圈上端分开,下端靠拢,在布面上形成了小网眼效应,呈现出图 3-11-6 所示形状。又因为正面线圈如线圈 a、c 受力不均匀,方向不一致,使得圈干产生了偏转,与反面线圈如 b 线圈连接的部分凹下,而与正面线圈连接的部分凸出,于是在织物一面就形成了点纹,它们的分布呈斜纹状。法式点纹织物的斜纹线比较明显。

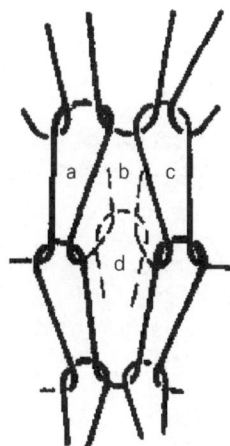

图 3-11-6　线圈变形示意图

3. 提花集圈组织

提花集圈组织是由提花组织和集圈组织复合而成的。如图 3-11-7 所示。该组织 4 路形成一完全组织横列,第 1 路下针 1 和 4 编织画剖面线的线圈,上针不工作;第 2 路下针 2 编织白色线圈,上针不工作;第 3 路下针 3 编织画点的线圈,上针不工作;第 4 路全部下针编织集圈,全部上针成圈,正面形成一个横列线圈,反面形成一个横列线圈。集圈悬弧就将正面提花线圈与反面线圈连在一起形成织物,产生集圈悬弧的第 4 路纱线不会显露在织物正面,也就不会影响正面的提花效应。并且,正反面可用不同类型的原料编织,如正面用涤纶编织,反面用棉纱编织。这样,正面花色效应明显,表面耐磨、挺括;反面柔软、吸湿性强、穿着舒适。又由于有集圈存在,织物不易脱散。因此由提花集圈组织织物做成的针织外衣具有很多优点。

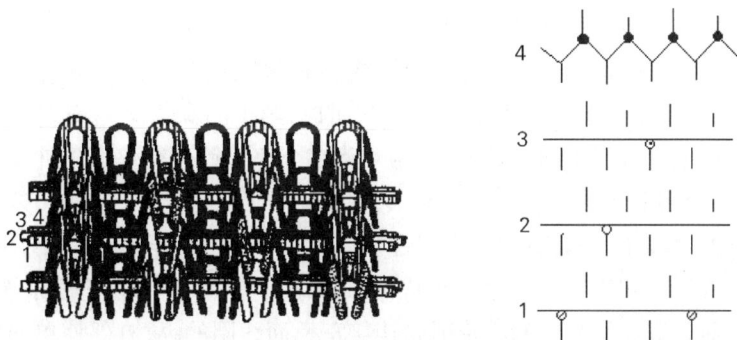

图 3-11-7　提花集圈组织

4. 罗纹网眼组织

罗纹网眼组织是在罗纹组织的基础上编织集圈和浮线形成的复合组织,如图 3-11-8 所示。它的最大特点是形成具有凹凸状的菱形网眼效应。一个完全组织由六路编织而成。第 1、4 路编织罗纹,第 2 路和第 3 路针筒针成圈,针盘低踵针集圈,第 5 路和第 6 路针筒针成圈,针盘高踵针集圈。其结果在针织物表面形成交替排列的网眼结构,在针织物反面则形成由拉长集圈线圈组成的线圈纵行。

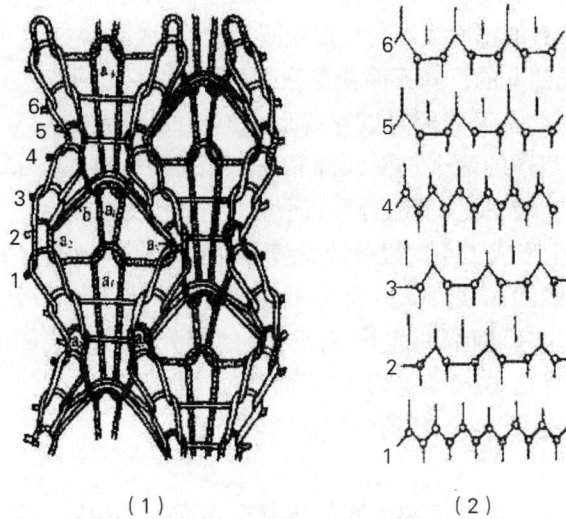

（1）　　　　　　　　　　　　　（2）

图 3-11-8　罗纹网眼组织

　　由于织物上菱形凹凸网眼的存在,从而可以增加针织物的透气性,这种织物的纵横向延伸性都较小。

（二）双罗纹式复合组织

　　由双罗纹组织与其他组织复合而成的组织称为双罗纹式复合组织。这种组织的特点是脱散性与延伸性都较小,组织结构紧密。

　　1.双罗纹空气层组织

　　双罗纹空气层组织是由双罗纹组织和单面组织复合而成的。由于编织方法不同,可以得到各种不同结构的双罗纹空气层组织。

　　图 3-11-9 是蓬托地罗马组织的线圈结构图和编织图。它是双罗纹空气层组织的一种。这种组织的一个完全组织由 4 路进纱编织而成,第 1 路和第 2 路编织一横列双罗纹组织;第 3 路在全部上针进行单面平针编织;第 4 路在全部下针进行单面平针编织。这种组织的特点是分别在全部上下针上进行单面编织,在织物中形成筒状的空气层,这种织物比较紧密厚实,横向延伸性较小,并具有良好的弹性。

　　此外、由于双罗纹编织和单面编织形成的线圈结构不同,就织物正面来看,双罗纹线圈比单面线圈大,而且双罗纹线圈的沉降弧是连接正反面线圈的,故有促使单面线圈的针编弧向织物表面凹陷的趋势;但针盘针和针筒针编织的单面线圈的沉降弧是分开的,正反面线圈之间没有联结,故在此处凸起,所以在针织物表面出现凹凸横棱效应。

　　图 3-11-10 是另一种双罗纹空气层组织的线圈结构图和编织图。第 1 路和第 6 路编织一横列双罗纹组织;第 2、4 路下针编织单面变化平针组织,形成一单面正面横列;第 3 路和第 5 路上针编织单面变化平针组织,形成一单面反面横列。正反面单面横列没有联系,形成空气层。

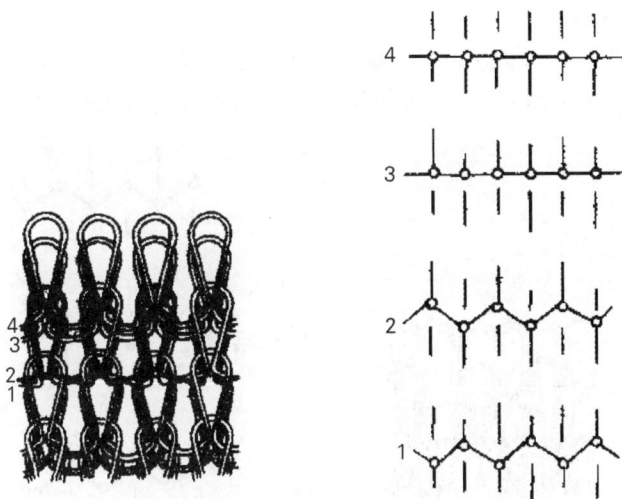

图3-11-9　双罗纹空气层组织

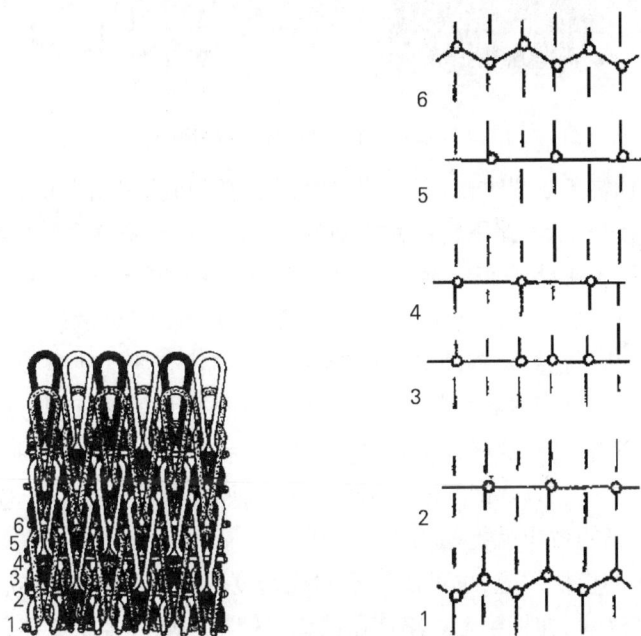

图3-11-10　双罗纹空气层组织

以上两种空气层组织由于编织方法不同,因此组织结构上存在一定的区别。图3-11-9形成一横列空气层需要2路进纱;而图3-11-10需要4路进纱。前者形成空气层线圈的平针线圈以沉降弧相连,空气层组织易脱散;而后者以变化平针组织的浮线相连,正、反面单面横列都分别由两根纱线形成,不易脱散。后一种空气层组织两相邻线圈纵行相互错过半个圈高,因此双罗纹组织的线圈与空气层单面组织的线圈就相互错开连接,所以针织物表面平整。前一种比后一种弹性好;后一种比前一种厚实,延伸性也比前一种小。

2. 双罗纹横楞组织

双罗纹横楞组织是由双罗纹组织与集圈组织复合而成。这种组织的最大特点是在针织物表面形成横楞效应。横楞的大小与集圈的次数有关。集圈次数愈多横楞也愈大。

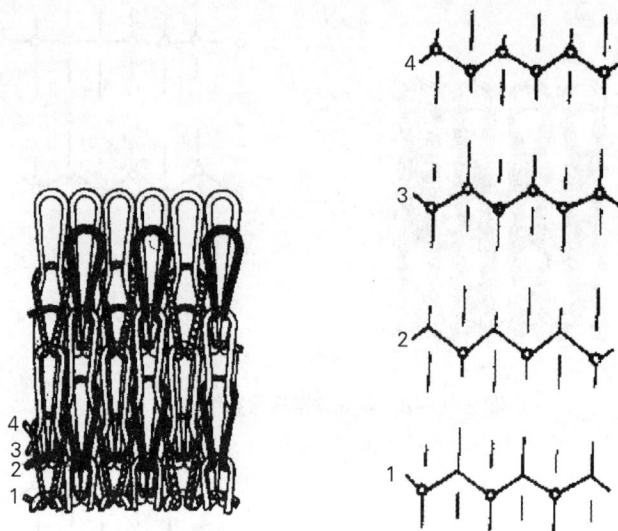

图 3-11-11　双罗纹横楞组织

图 3-11-11 是狭条双罗纹横楞组织的线圈结构图和编织图。狭条横楞组织由 4 路进纱编织一个完全组织。第 1 路下针高踵针成圈,上针高踵针集圈;第 2 路下针低踵针成圈,上针低踵针集圈;第 3、4 路编织一横列双罗纹组织。集圈集中在一个横列中,连续在上针高、低踵针编织形成。从图中可看出,在第 1、2 路,由于集圈悬弧的转移,使与悬弧相连的正面线圈变大变圆而凸出在织物表面,形成横楞效应。又由于第 3、4 路双罗纹组织的正、反面线圈的线圈指数不同,反面线圈指数较大使反面线圈被拉长抽紧,而与之相连的双罗纹正面线圈变小,凹陷在织物之内,这样就使得横楞效应更为明显。横楞主要是由变大变圆的集圈线圈在织物正面形成的,所以如果增加集圈次数,例如连续在两个以上横列的上高、低踵针集圈,横楞就变宽,横楞效应就更加明显。

为厂提高组织的横楞效应,也可以用不同线密度的纱线进行编织或变化各路吃纱比例来达到目的。具体来说,如果第 1、2 路使用的原料较粗和增大第 1、2 路的线圈长度,这样所获得的横楞效应就更显著。

技能训练

1. 在横机上编织罗纹空气层组织,熟悉其形成方法和性能特点;
2. 在圆机上编织斜纹组织,熟悉其形成方法和性能特点;比较线圈歪斜与斜纹的区别。

模块四
选针机构工作原理及花纹设计

知识目标

1. 了解圆纬机选针机构的分类及工艺要求；
2. 掌握分针三角的选针原理；
3. 掌握多针道变换三角式选针机构的结构、花纹形成原理及上机工艺；
4. 掌握提花轮式选针机构的结构与选针原理、矩形花纹的形成与设计方法；
5. 掌握摆片（拨片式）选针机构的结构、选针原理及工艺设计方法；
6. 掌握滚筒式选针机构的结构、花纹设计及上机工艺；
7. 掌握电子选针圆纬机的种类和工作原理、特点。

技能目标

1. 掌握各种选针装置的特点和选针原理；
2. 掌握圆纬机的花型设计方法与上机工艺，会在多针道变化三角圆机、提花轮式提花圆机、摆片（拨片式）提花圆机、滚筒式提花圆机及电子选针圆纬机上进行花色组织设计与编织。

任务一　选针机构的分类及工艺要求

在圆纬机上编织提花组织、集圈组织等花色组织时，需要使一些针有选择性的参加工作（成圈或集圈）或不工作（不编织），这就需要用选针机构以及其他相关的机件配合来完成。

一、选针机构的分类

（一）按选针机构的类型分类

针织机上要形成各式各样的花纹，靠的是各种类型的选针机构，一般可分为三类：直接式选针、间接式选针和电子选针。

1. 直接式选针

直接式选针是通过选针机件（如三角、提花轮上钢米等）直接作用于针踵上而进行选针，有分针三角、多针道变换三角和提花轮选针等多种形式。

2. 间接式选针

间接式选针机构的特点是选针过程中，选针元件与工作机件之间有传递信息的机件，例如在插片式提花圆机的选针机构上,选针刀通过提花片、挺针片带动针运动。

以上两种机构都属于机械控制,花纹信息储存在有关机件上,因此花纹大小受到限制。

3. 电子选针

电子选针是通过电磁式或压电式选针装置来进行选针,这是一种先进的选针方式,在针织机上已得到越来越多的应用。在这类选针机构上,选针元件每发出一个信息,可以只选择一枚针运动,它可以编织大花纹。其花纹信息储存在计算机的存储器中,并配置有计算机辅助花型设计准备系统。

(二)其他分类方法

1. 按形成的花纹结构

可分为有位移式和无位移式(花型)。

2. 按选针元件与工作机件(针或沉降片)之间的作用关系

可分为直接式和间接式。

3. 按选针的方法可分为

可分为无选择式、有选择式和单选针。无选择式是指编织过程中选针已经固定,不可改变,如集圈处总是集圈,浮线处恒定为浮线。

以上各形式组合可成五种基本形式:

(1)无选择性直接选针机构:(花型范围:数百线圈)多跑道机(多三角机);

(2)无选择性间接选针机构:(花型范围:数百线圈)插片式选针提花机、拨片式选针提花机;

(3)有选择性直接选针机构:(花型范围:数千线圈)提花轮选针提花机;

(4)有选择性间接选针机构:(花型范围:数千线圈)滚筒式选针提花机、纹板式选针提花机、圆齿片式选针提花机、程序带式选针提花机;

(5)单选针(有选择性):(花型范围:无限)电子选针提花机。

二、对选针机构的工艺要求

选针机构要准确地选针和有效地进行,必须满足一定的工艺要求。

(1)选针机构的结构应简单紧凑。

(2)上机操作方便,变换花型容易,以节省改换花型所需时间。

(3)选针机件规格统一,制造加工精度高,以便选针准确。

(4)换花型时应尽可能减少选针元件的消耗。

技能训练

1. 通过纬编针织机选针机构实体或图片认识选针机构,并对选针机构进行分类。

2. 简述选针机构的工艺要求。

任务二　分针三角选针原理

分针三角选针利用不等厚度的三角作用于不同长度针踵的织针来进行选针。如图 4-2-1 所示,舌针分为舌针短踵针 1、中踵针 2、长踵针 3 三种。起针三角不等厚度的,而且呈三段厚薄不同的阶梯形状。区段 4 最厚,且位于起针三角的下部。它可以作用到长踵、中踵和短踵三种针,使三种针处于不退圈(即不编织)高度。随着针筒的回转,中踵针 2 和长踵针 3 走上位于起针三角中部的中等厚度的区段 5,而短踵针 1 则只能从区段 5 的内表面水平经过不再上升,故仍处于不退圈位置。当中踵和长踵针达到区段 5 结束点(即集圈高度),长踵针 3 继续沿着位于起针三角上部的最薄区段 6 上升,直到达到退圈高度。而中踵针 2 只能从区段 6 的内表面水平经过不再上升,故仍能保持在集圈高度。短踵针 1 继续水平运动,保持在不退圈高度,这样三种针被分成了三条不同的走针轨迹,如图 4-2-2 所示,短踵针 1、中踵针 2 和长踵针 3 分别处在不退圈、集圈和退圈高度。经压针垫纱后,最终使针 1、2 和 3 分别完成了不编织退圈、集圈和成圈。

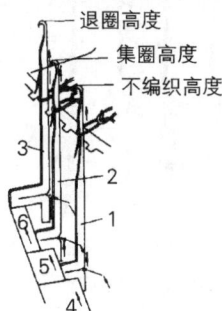

图 4-2-1　分针三角
选针原理

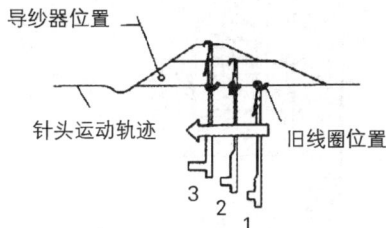

图 4-2-2　分针三角选针的走针轨迹

以上所述的不等厚度的三角,在实际针织机上也可以通过一种厚度的三角,但是向针筒中心径向挺进的距离不同(进出活动三角)来分针选针。若该三角向针筒中心挺足(进二级)时,则相当于最厚三角,可以作用到长踵针、中踵针和短踵针;若三角向针筒中心挺进一半(进一级)时,则相当于中等厚度的三角,可以作用到长踵针和中踵针,而短踵针只能从其内表面水平经过;若三角不向针筒中心挺进,则相当于最薄的三角,仅作用到长踵针,而中踵针和短踵针只能从其内表面水平经过。

分针三角选针方式的选针灵活性有局限性。如果某一成圈系统的起针三角设计成选择短踵针成圈,那么经过该三角的所有中踵针和长踵针也只能被选择为成圈,不能进行集圈或不编织。另外,对于长踵和中踵针来说,三角与针踵之间的作用点离开针筒较远,使三角作用在针踵上力较大。所以分针三角选针主要在圆袜机和横机上有一定的应用。实际生产中,也可能只需要用到两种长度针踵的织针和两种厚度的起针三角(或一种厚度的三角但是可以向针筒中心挺进或不挺进),具体要根据所编织的织物结构而定。

技能训练

1. 分针三角选针的特点和使用对象是什么？
2. 简述分针三角的选针原理。

任务三　多针道变换三角式选针机构

一、多针道变换三角式选针机构的结构

使用多级针踵的舌针和多针道控制方式的圆纬机称为多针道针织机。多针道变换三角针织机是利用三角的变换(成圈、集圈和浮线)和配置不同以及不同踵位织针的排列来进行选针。

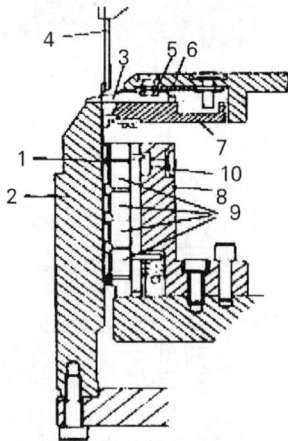

图 4-3-1　四针道变换式

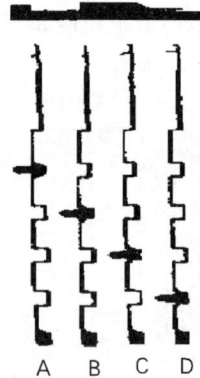

图 4-3-2　四档踵位的织针和沉降片

图 4-3-1 中所示针筒 1、织针 2、沉降片 3、导纱器 4、沉降片三角 5、沉降片三角座 6、沉降片圆环 7、针筒三角座 8、四档三角 9 和线圈长度调节盘 10。

针筒上插有 4 种踵位的针(见图 4-3-2)，它们的高度与各档三角针道的高度相对应，分别受相应的走针道三角的作用。

图 4-3-3 是该机针筒三角座，每一路成圈系统有四档退圈三角和四档压针三角，分别构成四条走针针道。各档三角是可以独立地变换的，图中使用了集圈三角 1、浮线三角 2 和成圈三角 3。当针筒上的全部针经过此路三角时就分成三种情况：C 型针成圈，A、D 型针集圈，B 型针不工作，为浮线。

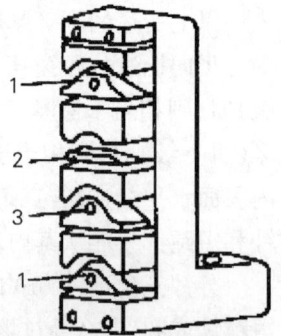

图 4-3-3　针筒三角座

选针机构四档压针三角的上、下位置由三角座背面的调节盘统一控制调节，以使各枚针的弯纱深度一致。顺时针旋转调节盘，线圈长度增加；反之，线圈长度减少。

二、多针道变换三角选针机构的花纹形成原理

多针道变换三角针织机可织平针组织、集圈组织、添纱组织和小花纹提花组织等。花纹主要靠针和三角的各种变换以及不同的排列组合来形成。

（一）完全组织中不同花纹的纵行数 B_0 与最大花宽 B_{max}

由于每一线圈纵行是由一枚针编织的,各枚针的运动是相互独立的,不同踵位的针的运动规律可以不一样,所以能够形成不同花型纵行。因此,在这种机器上,完全组织中不同花纹的纵行数 B_0 等于针踵的档数。在三针道变换三角针织机上,有 3 档不同高度的针踵,完全组织中不同花纹的纵行数即为 3,以此类推。为了扩大完全组织中花纹的纵行数,可将不同踵位的针再按不同顺序交替重复排列,在一个完全组织中有一部分纵行的花纹是重复的,但就整个组织来说,各纵行的花纹分布不成循环。

但实际生产中采用这种办法来扩大花纹纵行数比较麻烦,因为上机排针时需要针踵有规律地重复,上千枚织针在排列时才不容易弄错。花型设计时常常根据花型是否对称,而将针踵设计成图 4-3-4 所示的排列。

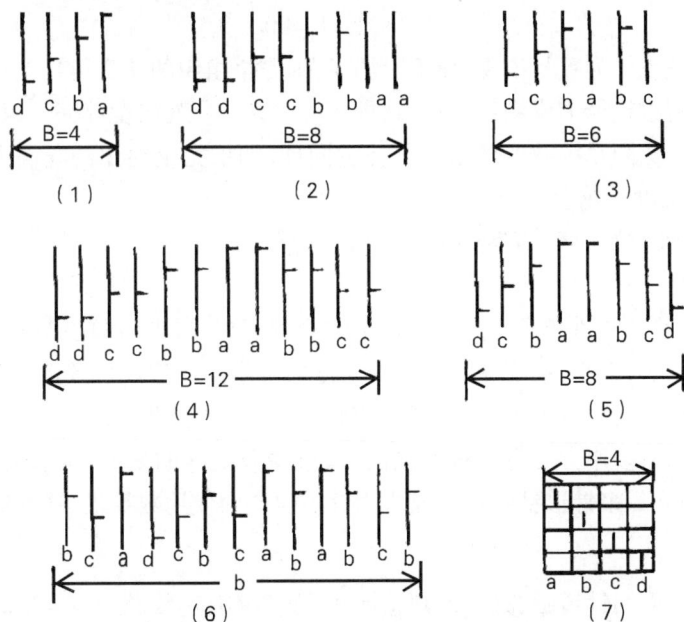

图 4-3-4　不同针踵位织针的排列

不对称花型 织针排列如图 4-3-4(1)、(2)所示;

对称花型织针排列如图 4-3-4(3)、(4)、(5)所示;

对无规则花型,不同踵位的织针排列可以任意设计,如图 4-3-4(6)所示。

有时为了简化图示,也用意匠格中竖道表示织针排列,如图 4-3-4(7)所示,或用字母符号 A、B、C、D 来表示。

（二）完全组织中不同花纹的横列数 H_0 和最大花高 H_{max}

在多针道机上，一般一路三角对应着织物上的一个线圈横列，各路成圈系统中，相同的三角排列，意味着相同的花纹横列，不同的三角种类及其排列方式则意味着不同的花纹横列。

因此，完全组织中不同花纹的横列数 H_0 与变换三角的种数及其排列组合的方法有关。

在四针道变换三角圆纬机上，每一系统有四档三角，且各档三角的变换是相互独立的，所以该机变换三角排列的可能性，即完全组织中不同花纹的横列数 H_0 可以用下式计算：

$$H_0 = 3 \times 3 \times 3 \times 3 = 3^4 = 81$$

这一计算方法可以推广到多针道变换三角选针的圆纬机：

$$H_0 = 3^n$$

式中：n——选针踵位数即针道数。

如对于三针道圆纬机，$H_0 = 3^3 = 27$。

以上仅仅是所有排列的可能，还应扣除完全组织中无实际意义的排列，如一系统四档均排列不编织三角。所以对于四针道机来说，一个完全组织中不同花纹的横列数 H_0 应为：

$$H_0 = 3^4 - 1 = 80$$

如果使有些花纹横列重复出现，而不成循环，则完全组织的花高可比上述计算数 H_0 大，但最大花高不能超过机器上成圈系统数 M，即 $H_{max} \leqslant M$。一般在设计完全组织高度时，应使完全组织高度等于成圈系统数的约数。与花宽同理，如果完全组织的花高 H 超过 H_0，也不能在 H 范围内任意设计花型。

通常：B 为总针数的约数，H 为成圈系统数的约数。

B 与 H 的比例要适当，使花型美观

总的来说，这种多针道变换三角针织机上完全组织中不同花纹的纵行数和横列数还是比较小的，特别是花宽太小，主要靠不同花纹纵行扩大花宽，使设计受到较大局限。

多针道针织机的机号范围很广，原料适应强，既可生产轻薄型织物，也可生产较厚的针织面料，同时，在一机多用方面得到很大发展，通过少数配件的变换，可以增加多色调线、三线衬纬、毛圈等功能。多针道针织机已经成为针织生产中使用数量最多的机种之一。

（三）设计实例

例一　某台单面四针道圆纬机，已知总针数 $N = 2640$，进线路数 $F = 112$，要求为该机设计一种仿乔其纱织物进行编织。

1. 决定完全组织的宽度 B

已知不同花纹的纵行数 $B_0 = 4$，允许有些纵行的花纹重复，现取花宽 $B = 12$，12 能被总针数 N 整除。

2. 决定完全组织的高度 H

因为设计的是仿乔其纱织物，只需采用成圈和集圈两种三角来组成 4 针道。

现选择每路成圈系统上用 3 只成圈三角，1 只集圈三角的 4 种组合方法，即共有 4 种不同花纹的横列。现选花高 $H = 28$，即用这 4 个横列不自成循环地重复排列。

3. 设计花纹意匠图

根据选定的花宽和花高,在方格纸上画出花纹意匠图。

图 4-3-5 是根据选定的花宽和花高而设计的意匠图,从图中可以看出不同花纹纵行数为 4,每个纵行重复了 3 次。设计时应注意每个纵行上成圈与集圈次数的均衡,也不要使集圈在布面上连成明显的线圈应分散排列,以使布面效果更好。

4. 编排上机工艺

图 4-3-6 为三角配置图。

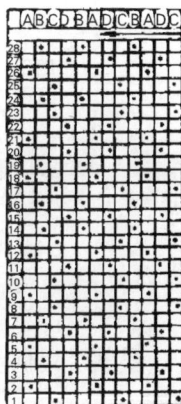

图 4-3-5 花型意匠图

例二　单面四针道圆机,已知总针数 $N=2280$,进线路数 $F=96$,要求在该机上编织一种复合组织织物。

1. 决定完全组织的宽度 B

取花型的纵行数 $B_0=4$,4 能将总针数 $N=2280$ 整除。

2. 决定完全组织的高度 H

选定花高 $H=8$, $F=96$ 能被 8 除,针筒一转编织 12 个花高。

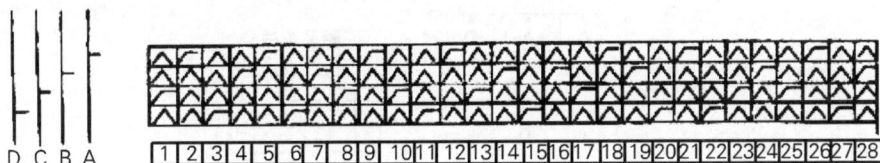

图 4-3-6　三角排列图

3. 设计花纹

根据选定的花高、花宽及设计意图画出编织图如图 4-3-7 所示。

4. 画出上机工艺图

织针排列、编织图和相应的三角排列图分别见图 4-3-7 和图 4-3-8。

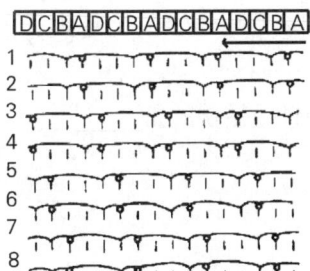

图 4-3-7　编织图

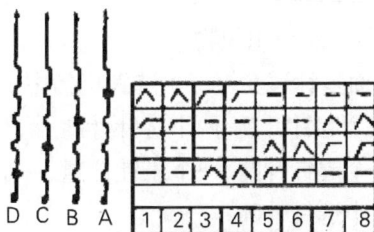

图 4-3-8　三角排列图

例三　根据所给单面提花组织花纹意匠图,如图 4-3-9 所示,绘出织针排列图和三角排列图。

双色均匀提花组织,一个横列每二个成圈系统完成,织针排列呈步步高"/"。

例四　根据所给单面花色织物的结构意匠图,如图 4-3-10 所示,绘出织针排列图和三角排列图。

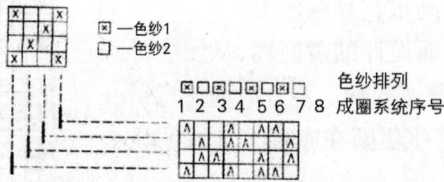

图4-3-9　单面提花组织花纹意匠图

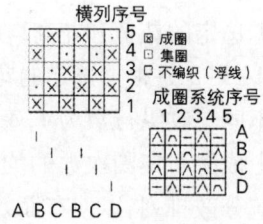

图4-3-10　单面花色织物的结构意匠图

例五　根据所给双面花色织物编织图,如图4-3-11所示,绘出织针排列图和三角排列图。

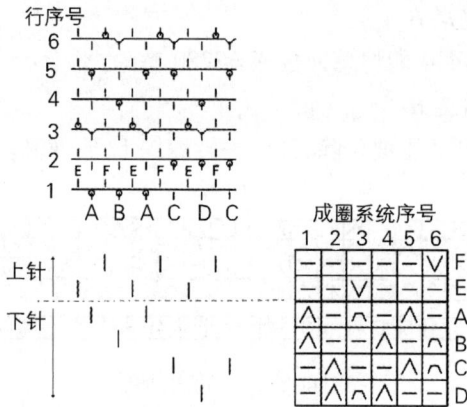

图4-3-11　双面花色织物编织图

技能训练

1. 某台单面四针道圆纬机,已知总针数 $N=2640$,进线路数 $M=110$,要求为该机设计一种单面三色提花组织织物。

2. 单面多针道变换三角选针机构中,一枚织针上的针踵错误的是＿＿＿＿＿＿。

A. 一个起针针踵、两个选针针踵

B. 一个起针针踵、一个压针针踵、一个选针针踵

C. 三个选针针踵

D. 一个压针针踵、两个选针针踵

3. 单面多针道变换三角选针机构中,一枚织针上共有＿＿＿＿＿＿个针踵。

A. 1　　　　B. 2　　　　C. 3　　　　D. 4

任务四　提花轮式选针结构

提花轮式选针机构属于有选择性的直接式选针机构。它是利用提花轮上的片槽作为选针元件,直接与针织机的工作机件——针或沉降片或挺针片发生作用,并与工作机件一起移动,进行选针。

提花轮选针机构可以用在单针床针织机上,也可以用在双针床针织机上。

一、提花轮选针机构的结构与工作原理

(1)与提花轮上不插钢米的凹槽相遇的针,沿起针三角 1 上升一定高度,而后被侧向三角 2 压下(图 4-4-1)。针没有升至垫纱高度,故没有垫纱成圈,针运动的轨迹线为空程迹线,针不编织;

(2)与提花轮上的低踵钢米相遇的针踵受钢米的上抬作用,上升到不完全退圈的高度,然后被压针三角 5 压下,如图 4-4-1 中的轨迹线 4,形成集圈;

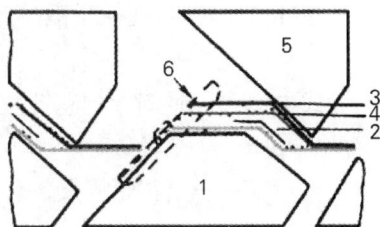

图 4-4-1　提花轮圆机的三角统

(3)与提花轮上高踵钢米相遇的针,在钢米作用下,升到完全退圈的高度。进行编织成圈。每一个成圈系统由起针三角 1、侧向三角 5 和提花轮 6 组成。提花轮以 20°~40°倾斜角安装于每一成圈系统外测。

提花轮钢片间距=针距,由针踵带动绕自身轴心回转。提花轮针片凹槽中有许多钢米,分高、低、无三种,可使织针分成三条运动轨迹。

提花轮中高钢米——织针上升至退圈高度——成圈

提花轮中中钢米——织针上升至集圈高度——集圈

提花轮中无钢米——织针不编织

该机结构简单;花纹有明显的螺旋形外观(相邻两个花型之间有横向和纵向位移);三功位选针;提花轮呈倾斜配置,占空间小,有利于增加成圈系统数。在生产单面提花织物时,可利用编织集圈的方法来克服反面浮线过长的缺点,如图 4-4-2 所示。提花轮凹槽中钢米的高、低和无是选针信息,必须根据织物中花纹分布的要求来安装。提花轮是选针机件,它与针踵直接接触而发生选针作用。

在这种机器上,由于提花轮是倾斜配置的,故每一提花轮所占空间较小,有利于增加成圈系统数。提花轮直径的大小,不仅影响到一路成圈系统所占空间,还影响到花纹的大小以及针踵的受力情况。提花轮直径小,有利于增加成圈系统数,但花纹范围就小。

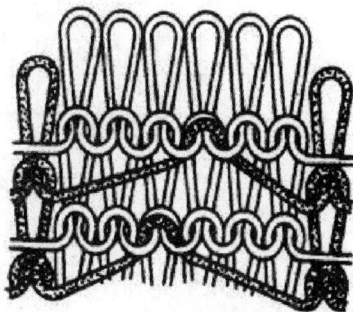

图 4-4-2　单面提花组织中织入集圈以缩短浮线

提花轮直径大,进线路数就受到限制。另外由于提花轮的转动是由针踵传的,所以针踵的负荷较大,不利于提高机速及提高织物质量。

二、矩形花纹的形成和设计

提花轮提花机所形成的花纹面积,可归纳为矩形、六边形和菱形三种,以矩形花纹最为普遍。设计矩形花纹主要是根据针筒总针数 N、提花轮槽数 T 和成圈系统数 M 之间的关系,当 T 能被 N 整除时,形成的矩形花纹无位移,当 T 不能被 N 整除,但余数 r 与 N、T 之间有公约数时形成的矩形花纹有位移;当无公约数时只能形成六边形花纹。菱形花纹则要由专门的提花轮来形成。现对矩形花纹形和设计进行介绍:

(一)总针数 N 可被提花轮槽数 T 整除,即余数 $r=0$ 时

在针筒回转时,提花轮槽与针筒上的针踵啮合并转动,故必然存在下列关系式:

$$N = ZT \pm r$$

式中:N——针筒上的总针数;

　　　R——余针数;

　　　T——提花轮槽数;

　　　Z——整数。

当 r(余数)$=0$ 时,$N/T=Z$,针筒一转,提花轮自转 Z 转,因此,针筒每转中针与提花轮槽的啮合关系始终不变。

假设某针织机针筒的针数 N 为 36,提花轮槽数 $T=12$,成圈系统 $M=1$,色纱数 $e=1$。这样,$N/T=36/12=3$,$r=0$。针筒每转一圈,编织一个横列,提花轮自转 3 转,在针筒周围构成 3 个完全相同的织物单元。如果将针筒展开成平面,画出针与槽的关系,可得如图 4-4-3 的情况。

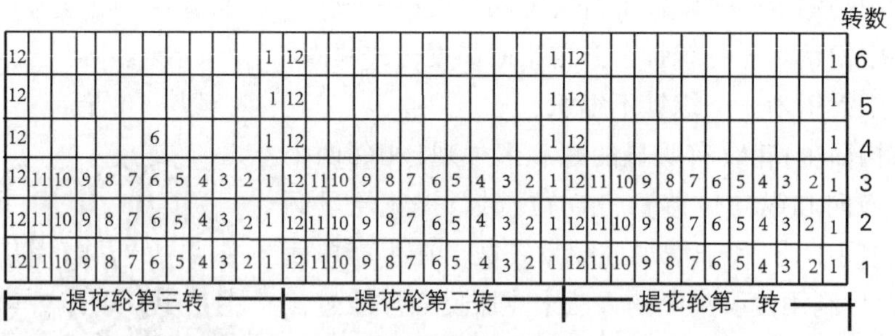

																																				转数
12											1 12											1 12											1	6
12											1 12											1 12											1	5
12					6						1 12											1 12											1	4
12 11 10 9 8 7 6 5 4 3 2 1											12 11 10 9 8 7 6 5 4 3 2 1											12 11 10 9 8 7 6 5 4 3 2 1												3
12 11 10 9 8 7 6 5 4 3 2 1											12 11 10 9 8 7 6 5 4 3 2 1											12 11 10 9 8 7 6 5 4 3 2 1												2
12 11 10 9 8 7 6 5 4 3 2 1											12 11 10 9 8 7 6 5 4 3 2 1											12 11 10 9 8 7 6 5 4 3 2 1												1

├── 提花轮第三转 ──┼── 提花轮第二转 ──┼── 提花轮第一转 ──┤

图 4-4-3　$r=0$ 时提花轮槽与针的关系

在针筒第一转时,提花轮第 1 槽作用在第 1、13、25 枚针上,第 2 槽作用在 2、14、26 枚针上……提花轮第 12 槽作用 12、24、36 枚针上。针筒第二转时,针与槽的关系也是如此。

依此方式连续运转下去,其关系始终不变,便可获得 1 横列高,12 纵行宽的矩形花纹。此种花型一个对一个地垂直重叠,而且一个对一个地平行并列,没有纵移和横移。花型高度太小,花型面积太扁,不美观。如要加大花型的高度,可采用多路成圈系统。

通过上述例子,可归纳下列公式:

花型的最大高度

$$B_{\max} = T$$

花纹的最大高度

$$H_{\max} = 1 \times \frac{M}{e}$$

式中：M——成圈系统数（即提花轮数）；

e——色纱数；

T——提花轮槽数。

采用多路成圈系统后，花纹高度可较大，同时，可将提花轮槽数分成几等分，使每一等分的钢米排列情况相同，从而使花型宽度减少，使花纹的面积接近正方形，这样，花型的情况大为改善，故这种 $r = 0$ 的情况用得还是较多的。

例一　$N = 12, T = 4, M = 4, e = 1$。设计花型。

$B_{\max} = T = 4$

$H_{\max} = \frac{M}{e} = 4$

上机工艺如图 4-4-4 所示。

4'''	3'''	2'''	1'''	4'''	3'''	2'''	1'''	4'''	3'''	2'''	1'''	2
4''	3''	2''	1''	4''	3''	2''	1''	4''	3''	2''	1''	
4'	3'	2'	1'	4'	3'	2'	1'	4'	3'	2'	1'	
4	3	2	1	4	3	2	1	4	3	2	1	
4'''	3'''	2'''	1'''	4'''	3'''	2'''	1'''	4'''	3'''	2'''	1'''	1
4''	3''	2''	1''	4''	3''	2''	1''	4''	3''	2''	1''	
4'	3'	2'	1'	4'	3'	2'	1'	4'	3'	2'	1'	
4	3	2	1	4	3	2	1	4	3	2	1	
提花轮3转				提花轮2转				提花轮1转				针筒转数

图 4-4-4　上机工艺图

例二　欲在提花轮提花机上编织集圈花色织物，机号 $= 18$，筒径 $\phi = 28$，$N = 1500$，$T = 15$，$M = 36$，$e = 1$。

解：(1) 设计计算

$\frac{N}{T} = 100 \qquad r = 0$

$B_{\max} = T = 15 \qquad$ 取 $B = 15$

$H_{\max} = \frac{M}{e} = \frac{36}{1} = 36$ 横列

取 $H = 18$（一般希望 B 与 H 较接近）

机器 1 转可织二个完全组织高度。

(2) 设计花纹图案

花纹图案如图 4-4-5 所示。

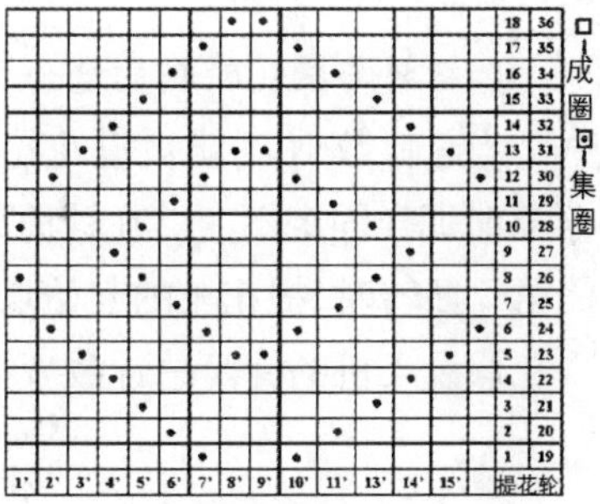

图 4-4-5

(3) 绘制上机图

①根据意匠图编排提花轮次序。

②决定每一只提花轮凹槽中插钢米的次序和种类

分析：单色织物，一路成圈系统编织一个横列，采用成圈和集圈两种选针，所以提花轮用两种钢米：高钢米、低钢米。

以第一只提花轮为例，它对应于完全组织的第一横列。

第一横列：7，10 为集圈，其余成圈

第一提花轮钢米顺序：6 高 1 低 2 高 1 低 5 高 共 15 凹槽全部排完

其余提花轮以此类推，见表 4-4-1。

表 4-4-1　钢米排列

横列序号	提花轮序号	钢米排列
1	1　19	6H、1L、2H、1L、5H
2	2　20	5H、1L、4H、1L、4H
3	3　21	4H、1L、6H、1L、3H
4	4　22	3H、1L、8H、1L、2H
5	5　23	2H、1L、4H、2L、4H、1L、1H
6	6　24	1H、1L、4H、1L、2H、1L、4H、1L
7	7　25	5H、1L、4H、1L、4H
8	8　26	1L、3H、1L、6H、1L、3H
9	9　27	3H、1L、8H、1L、2H
10	10　28	1L、3H、1L、6H、1L、3H
11	11　29	1L、4H、1L、4H、1L、4H
12	12　30	1H、1L、4H、1L、2H、1L、4H、1L
13	13　31	2H、1L、4H、2L、4H、1L、1H
14	14　32	3H、1L、8H、1L、2H
15	15　33	4H、1L、6H、1L、3H
16	16　34	5H、1L、4H、1L、4H
17	17　35	6H、1L、2H、1L、5H
18	18　36	7H、2L、6H

根据意匠图编排，提花轮次序，决定每一只提花轮凹槽中插钢米的种类。

H——高钢米 ；L——低钢米

（二）余数 r 不等于零时

1. 织针与提花轮槽的啮合关系

当总针数 N 不能被提花轮槽数 T 整除时，针筒回转中，提花轮槽与针的关系就不会像 $r=0$ 时那样固定不变。在针筒第 1 回转时，提花轮的起始点与针筒上的第 1 针啮合，但到针筒第 2 回转时，提花轮的起始点就不会与针筒第 1 针啮合了。

假设某机的针筒总针数 N 为 170 针，提花轮槽数 T 为 50 槽，则

$$\frac{N}{T} = \frac{170}{50} = 3 \text{ 还余 } 20 \text{ 针，即 } r = 20。$$

当针筒第 1 转时，提花轮自转 $3\left(\frac{2}{5}\right)$ 转。当针筒第 2 转时与针筒上第 1 枚针啮合的是提花轮上的第 21 个凹槽。

针筒第一转,提花轮自转 $3(\frac{2}{5})$ 转;

针筒第三转,第一枚针与提花轮第 41 槽啮合;

针筒第四转,第一枚针与提花轮第 11 槽啮合;

针筒第五转,第一枚针与提花轮第 31 槽啮合;

若提花轮每 10 针(公约数)作为一段 $T=50$ 可分为 5 段。

则:针筒需转 5 转,才能完成整个循环,如图 4-4-6 所示。

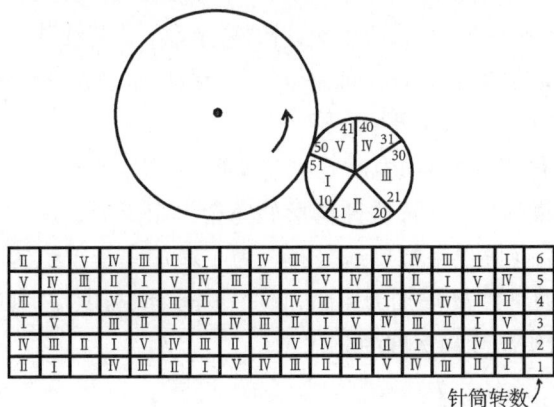

图 4-4-6　针筒与提花轮关系

若进线路数 $M=1$,花纹分布为:

图 4-4-7 表明了这种啮合变化的情况(图中小圆代表提花轮,大圆代表针筒。)

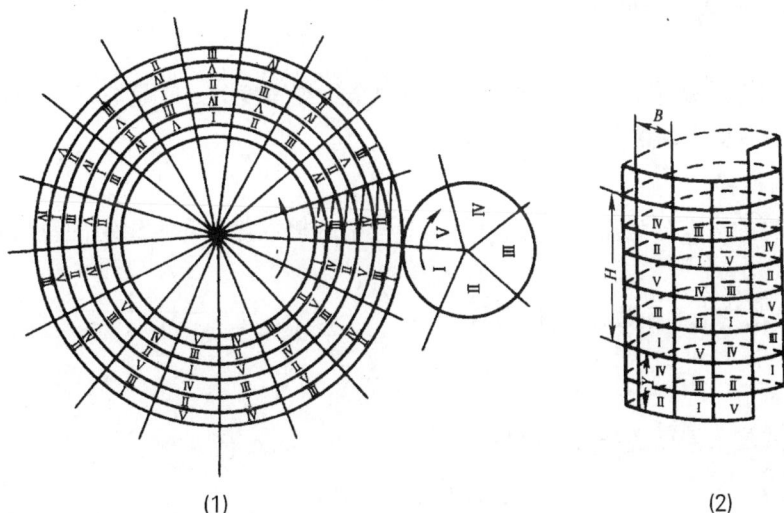

(1)　　　　(2)

图 4-4-7　$r\neq0$ 时织针与提花轮槽啮合关系展开图

从展开图上还可看出:此一提花轮的 5 个区段在多次滚动中,互相并合构成一个个矩形面积,其高度为 H,宽度为 B(图中用粗线条画出)。

在各个矩形面积之间纵向都能垂直地对准,构成一行行平直的纵向纹路,但在横向却并不对正,花纹矩形面积之间有纵移 y;在圆筒形织物中,花纹呈明显的螺旋线分布,给裁剪和缝纫带来麻烦。

2. $r \neq 0$ 时,花纹花高的选择及花纹设计

(1)完全组织的宽度的宽度和高度

从图 4-4-6 的例子可以看出:当余数 $r \neq 0$,进纱路数 $M = 1$ 时,花纹的完全组织有两种可能性:

第一种可能性是像图中黑粗线所画定的那样,其完全组织的宽度 B 为 10 个纵行。这是 $B < T$(提花轮齿槽数),B 是 T 的约数,也是针数 N、余数 r 的公约数。B_{max} 就是 N、T、r 的最大公约数。其完全组织高度 H 是 5 个横列。一个完全组织中包含的线圈总数等于 1 个提花轮槽数 T,即完全组织的花型面积为 $B \times H = T$。

第二种可能性是采用完全组织宽度 $B = 50$ 纵行,使 B_{max} 等于提花轮槽数 T。这样完全组织高度 H 就只有 1 个横列($H = 1$),这种情形的完全组织矩形是扁平的,宽度与高度差异太大,完全组织之间横移,花纹也呈螺旋线分布。为了增加完全组织的高度,可以采用多路成圈系统如果将上例中的路数 M 增加为 4 路,它的完全组织高度增加四倍,由此,可以得到编织多色织物时,完全组织高度和宽度的公式:

完全组织的高度 $H = \dfrac{M}{e} \times \dfrac{T}{B}$

式中:M——采取系统数;

　　　e——色纱数,即编织 1 横列所需成圈系统数;

　　　T——提花轮槽数;

　　　B——完全组织宽度。

完全组织宽度 B 是 N、T、r 三者的公约数。全组织宽度 B_{max} 就是 N、T、r 的最大公约数。由上题可知 $B = B_{max} = 10$ 纵行。

(2)段的横移

将提花轮的槽数分为几等分,且使每一等分中的槽数等于完全组织的花型宽度 B,这个等分称为段。

因此,提花轮中的段数 A 可用下式计算:

$$A = \frac{T}{B}$$

将此公式代入上面的公式,可得:

$$H = \frac{M}{e} \times \frac{T}{B} = \frac{M}{e} \times A$$

或　　　　　　　　　　　$$A = H / \frac{M}{e}$$

由这两个公式可知:花纹完全组织高度 H 是提花轮的段数 A 与针筒 1 回转所编织的横列数($\dfrac{M}{e}$)的乘积。段数 A 就是花纹完全组织高度 H 被针筒 1 回转所能编织的横列数($\dfrac{M}{e}$)

除所得的商。

由于余数 $r \neq 0$,针筒每转过一圈,开始作用的段号就要变更一次,这叫段的横移。段的横移用 X 表示:

$$X = \frac{r}{B}$$

由上例题,$X = 20/10 = 2$,即余数有 2 个花宽。

这个公式表明:段的横移就是余数中有几个花宽 B。

由于段的横移,针筒每转一圈,起始的段号就要更改一次。

设针筒某一转开始作用的提花轮段号为 S_P(P 为针筒第 P 转)

$$S_P = \left[(P-1) \cdot X + 1 \right] - KA$$

其中:P——为针筒第 P 转;

　　　X——段的横移数;

　　　A——提花轮槽的段数(等分数);

　　　K——正整数,保证 $S_P \leqslant$ 段数 A;

　　　段号——每一段依次编号。

(3)花纹的纵移:两个相邻花纹(完全组织)垂直方向上的位移称为纵移,以 Y 表示。纵移 Y 代表花纹在线圈形成方向中向上升的横列数,从图 14 中可以看出:左面一个完全组织的第 1 横列比其相邻的右面完全组织第 1 横列升高两个横列,故它的纵移 Y 为 2。具有纵移的花纹将螺旋线排列逐步上升,这是提花轮的特征。纵移与成圈系统 M、段的横移数 X、提花组织中所用的色纱数 e 及完全组织的高度 H 有关。

从图 4-4-7 中可以看出:在同一横列中,花纹的第 I 段总是跟着最后一段(第 V 段)的。图中右边一个完全组织的最后一段(第 V 段)所在的横列为第 3 横列,比第 I 段所在的横列上升两个横列(3-1=2),便可得这两完全组织的纵移值 $Y = 2$。因此,若要计算后一完全组织比前一完全组织上升多少,只要知道前一完全组织中,最后一段比第一段上升多少横列即可。

假设某一完全组织中最后一个段号为 AP(AP 总是等于段数 A),它所在的横列为第 P 横列,当机器上有 1 一个提花轮,针筒每一转编织一个横列时,第 P 横列就是针筒第 P 转,利用下列公式可求 P 值。

$$S_P = \left[(P-1) \cdot X + 1 \right] - KA$$
$$P = \left[A(K+1) - 1 \right]/X + 1$$

两个完全组织纵移为 $Y' = P - 1 = A(K+1) - 1]/X$。

当机器上有 M 成圈系统和 e 种色纱时,则 针筒 1 转编织 M/e 横列,则纵移 Y 为:

$$Y = Y' \cdot \frac{M}{e} = \frac{\frac{M}{e} \cdot A(K+1) - \frac{M}{e}}{X}$$

又因为　　　　　$\frac{M}{e} \times A = H$　　　所以 $Y = \frac{H(K+1) - \frac{M}{e}}{X}$

在求得上述各项参数的基础上,就可以设计矩形花纹。因为有段的横移和花纹纵移存在,所以一般要绘出两个以上完全组织,并指出纵移和段号在完全组织高度中的排列序号。

三、工艺设计实例

1. 已知条件

总针数 $N=552$;提花轮槽数 $T=60$;成圈系统数 $M=8$;色纱数 $e=2$。

2. 设计与计算

求花纹完全组织宽度 B:

$$N=ZT\pm r \qquad 552=9\times60+12$$

552、60、12 的最大公约数为 12,

故取 $B=12$ 纵行。

求花纹完全组织的高度 H:

$$H=\frac{T\cdot M}{B\cdot e}=\frac{60}{12}\cdot\frac{8}{2}=20\ 横列$$

求段数 A 和段的横移数 X:

$$A=\frac{T}{B}=\frac{60}{12}=5\ 段 \qquad X=\frac{r}{B}=\frac{12}{12}=1$$

求花纹纵移 Y:

$$Y=\frac{H(K+1)-\dfrac{M}{e}}{X}=\frac{20(0+1)-\dfrac{8}{2}}{1}=16\ 横列$$

确定针筒转数与开始作用段号的关系

$S_1=\mathrm{I}$

$S_2=\left[(2-1)\times1+1\right]-0=\mathrm{II}$

$S_3=\left[(3-1)\times1+1\right]-0=\mathrm{III}$

$S_4=\left[(4-1)\times1+1\right]-0=\mathrm{IV}$

$S_5=\left[(5-1)\times1+1\right]-0=\mathrm{V}$

3. 设计花纹图案

在方格纸上、划出两个以上完全组织的范围,然后划出各完全组织及其纵移、横移情况。在此范围内设计花纹图案,见图 4-4-8。

设计意匠图时,要注意上下左右花型的连接,不要造成错花的感觉。

4. 绘制上机图或进行上机设计

(1)编制提花轮排列顺序

按两路编织一个横列,计算每转编织 4 个横列及编一个完全组织要针筒回转 5 转的计算数据,编制提花轮排列顺序,如图 4-4-7 所示。

(2)编制段号与针筒转数关系图

按前面针筒转数与段号关系的计算编制它们的关系图,如图 4-4-8 所示。

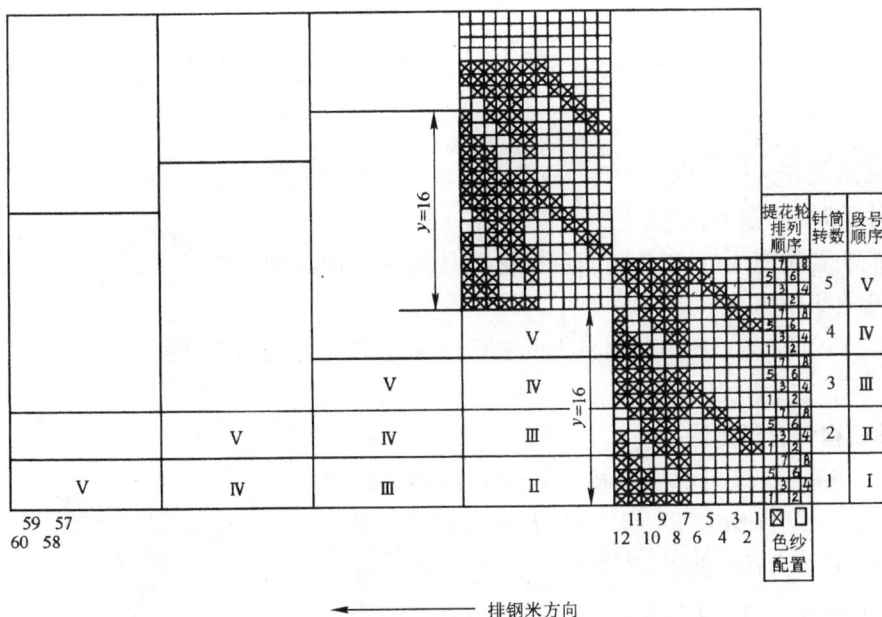

图 4-4-8　花型意匠图与上机工艺图

（3）编制提花轮钢米排列图或钳齿表

因为提花轮段数为 5，故将每只提花轮槽分为 5 等份，每等分 12 槽按逆时针方向写好 Ⅰ - Ⅱ - Ⅲ - Ⅳ - Ⅴ 顺序，然后按逆时针方向排齿。

（4）减轻花纹的螺旋形分布

由图 4-4-7 的花纹分布可以看出，花纹呈现大约 70° 的斜向配置，成螺旋形分布，有较明显的两色相间的纵条纹，花纹的螺旋形分布才不明显。

当成圈系统愈多，花纹的纵移愈大，螺旋形分布也愈明显。只有当 $r = 0$ 时，花纹的螺旋形分布才会消失。

当 $r \neq 0$ 时，为了减轻螺旋形分布的不良影响，应在设计花纹图案时，对花纹尺寸，位置布局，纵移、横移情况作全面考虑，使相邻的两个完全组织能合理配置，首尾衔接，形成比较自然的 45° 左右的螺旋形分布。

技能训练

某一单面提花轮圆机，机器的总针数 $N = 1830$，路数 $M = 32$，提花轮槽数 $T = 120$。问：

（1）最大设计花宽为多少？

（2）段的横移数？

（3）纵移横列数？

（4）画出段的作用顺序。

任务五　摆片(拨片)式选针机构

拨片式提花选针机构的主要装置为一组或两组重叠的选针刀片,结构简单紧凑,所占空间位置小,成圈路数多,花型变换容易,操作方便。

它们主要编织两色、三色和四色提花织物、集圈孔眼织物、衬垫起绒织物、丝盖棉织物和各种复合组织织物。

现以 S3P172 型单面提花圆机为例进行介绍,它是一种操作方便的三位置选针机构。

一、成圈机构和选针机构

图 4-5-1 是该机的成圈机构和选针机构的配置图。针筒 1 上顺序插有织针 2、挺针片 3 和提花片 4,5 为选针装置,6 为选针摆片,7 为针筒三角座,8 为沉降片,9 为沉降片三角,10 为提花片复位三角。织针的上升受挺针片控制,如果挺针片能沿起针三角上升,便顶起其上织针参加编织;如果选针摆片将提花片压进针槽,提花片头便带动挺针片脱离挺针三角作用面,织针便水平运动。

针筒三角座上主要有挺针片起针三角 1 和织针压针三角 2,见图 4-5-2。三角 1 的作用是使选上的挺针片上升到集圈高度或成圈高度。在集圈高度位置上三角的斜面有一小斜口 3,可以按花纹要求使挺针片在此高度上沿斜口摆出,不再继续上升。图中 4 为浮线织针的导向三角。织针的上升受挺针片控制,织针的下降受压针三角 2 作用,并带动挺针片的下降。

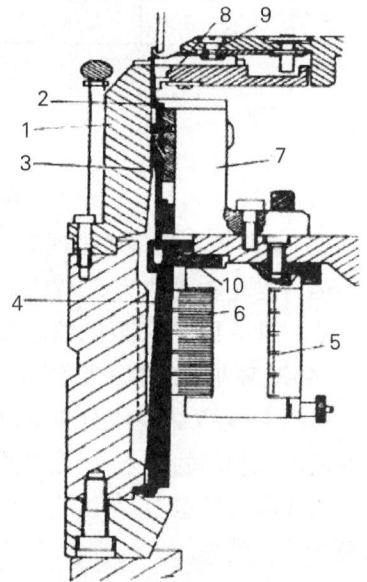

图 4-5-1　成圈机构与选针机构

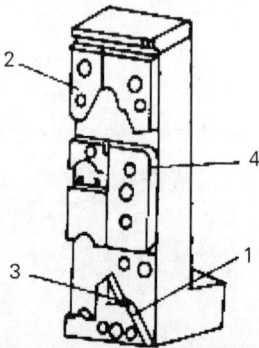

图 4-5-2　针筒三角座

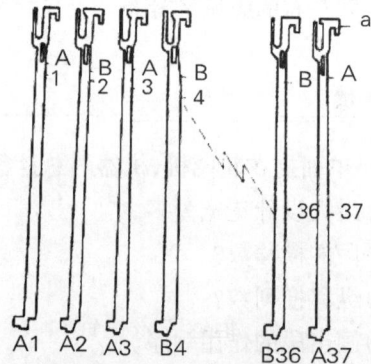

图 4-5-3　提花片

提花片如图 4-5-3 所示。每枚提花片上有 1 个提花选针齿（图中 1、2、3…37），一个基本选针齿（图中 A、B）。在提花片进入下一路选针装置选针区域前，由复位三角（见图 4-4-8）作用复位踵 a，使提花片复位，选针齿露出针筒外，以接受选针刀的选择。提花选针齿共有 37 档，由高到低依次编为 1、2、3…37 号；基本选针齿有两档，又称为 A 齿、B 齿，B 齿比 A 齿低一档。1、3、5…37 等奇数提花片上有 A 齿，故又称为 A 型提花片，2、4、6…36 等偶数提花片上有 B 齿，又称为 B 型提花片。

该机的拨片式选针机构如图 4-5-4 所示。它主要为一排重叠的可左右拨动的选针拨片 1 组成，每只拨片在片槽中可根据不同的编织要求而处于左、中、右 3 个固定选针位置。每个选针装置上共有 39 档选针拨片，与提花片的 39 档齿在高度上一一对应，自上而下依次为 A 拨片，B 拨片，1—37 号拨片。A 拨片可作用所有 A 型提花，B 拨片可作用所有 B 型提花片，1:1 选针时可方便地改用 A、B 拨片控制。

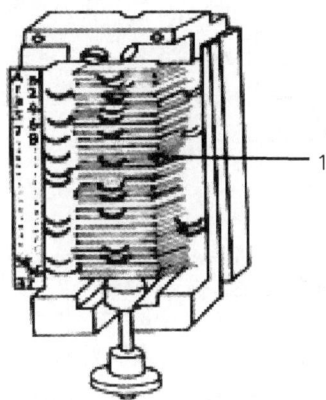

图 4-5-4　摆片式选针结构

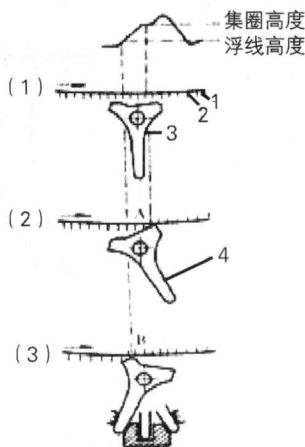

图 4-5-5　选针原理示意图

二、选针原理

S3P172 型圆机的选针机构可以很方便地用手将拨片 1 拨至图 4-5-5 所示的左、中、右 3 个不同位置，从而在同一选针系统上对织针进行成圈、集圈和浮线三位置选针。其选针原理可由图 4-5-5 来说明。图中 1 为针筒，2 为提花片选针齿，3 为选针拨片。

（1）当某号选针拨片被置于中间位置时，拨片脚远离针筒，对提花片不发生作用，其上方挺针片能顺利地沿起针三角上升，顶起织针到达成圈高度，织针成圈。即拨片的前端作用不到留同一档齿的提花片，这些提花片不被压入针槽相应的挺针片的片踵露出针筒，受挺针片三角作用，挺针片上升，将织针推升到退圈高度（成圈）如图 4-5-6 所示。

（2）当某号选针拨片被置于右位时，同号提花片运转到 A 处时被压入针槽，带动上方挺针片脱离起针三角，但这时该挺针片及织针 已上升到集圈高度，织针集圈。即挺针片在挺针片三角的作用下上升将织针推升到集圈（不完全退圈）高度后，留同档片齿的提花片被拨片压入针槽，挺针片不再继续上升退圈，从而其上方的织针集圈如图 4-5-7 所示。

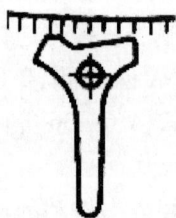

图 4-5-6　拨片在中间位置　　　　　　　　图 4-5-7　拨片在右边位置

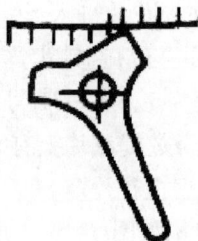

（3）当某号选针拨片被置于左位时，同号提花片运转到 B 处即被压入针槽，挺针片在浮线高度即脱离起针三角，织针浮线。退圈一开始拨片就将留同一档齿的提花片压入针槽，使挺针片片踵埋入针筒，导致挺针片不上升，织针也不上升即不编织如图 4-5-8 所示。

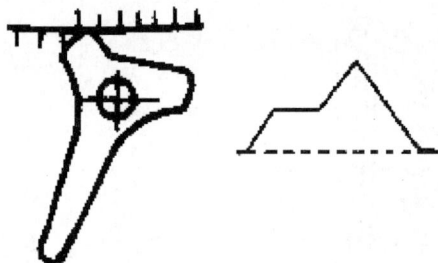

图 4-5-8　拨片在左边位置

由此可见，这种拨片式选针机构可以很方便地进行成圈、集圈和浮线三位置选针。当某枚针成圈时，只需将相应高度的拨片拨至中位；当某枚针集圈时，只需将相应高度的拨片拨到右位；当某枚针浮线时，只需将相应高度的拨片拨到左位即可。

三、花纹设计与花纹可能性

花纹设计是指花纹大小的设计、花纹图案设计、上机图和上机工艺设计、织物反面组织的设计等。这里着重讨论花纹正面组织大小的设计及花纹可能性。

(一)花纹宽度 B

一个完全组织的花纹宽度与提花片的齿数多少及排列方式有关。提花片的排列方式可分为单片排列、多片排列和单片、多片混合排列。当用单片排列时，非对称花型一般采用"／"、"＼"形排列，图 4-5-9(1) 所示为"／"形排列。1 枚提花片控制 1 枚针，即意匠图上 1 个线圈纵行。因为 1 枚提花片只留 1 个提花选针齿，而不同高度提花选针齿的运动规律是独立的，故完全组织中花纹不同的纵行数等于提花片选针齿的档数。

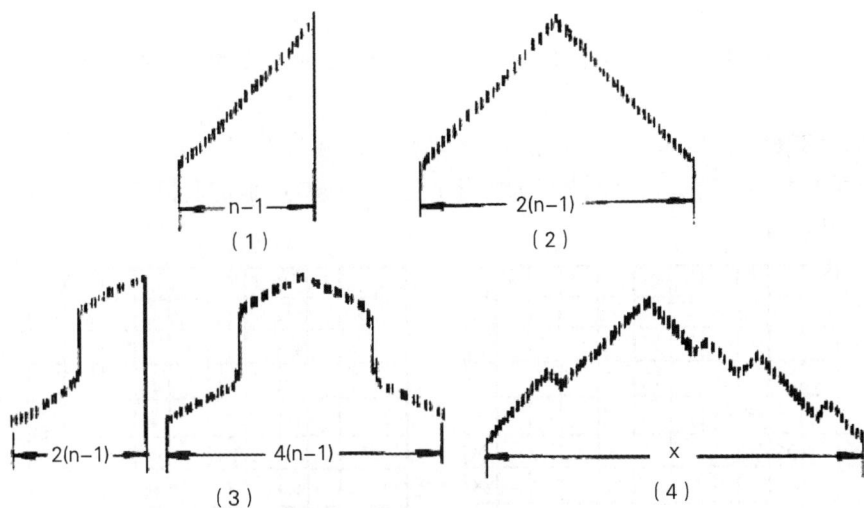

图 4-5-9　提花片排列方式

最大花宽 B 的计算方法如下式：

不对称单片排列时：$B_{max} = n$ 或 $B_{max} = n-1$。

式中 n 为提花片选针齿档数，为了编织许多完整的花纹完全组织，必须使选择的花宽 B 能被针筒总针数 N 整除，由于 n 往往为 25、37 等奇数，不易被针筒总针数整除，故 B_{max} 常选 $n-1$。

如果使完全组织中花纹不同的纵行重复而不成循环，则完全组织的宽度就可以扩大。图 4-5-9(2) 所示为对称花型单片排列，第 2 号提花片片齿的高度与第 48 号提花片片齿的高度是一样的，都是第 2 档，两者的运动规律一样。这样编织出来的花纹是左右对称的花纹，其完全组织的高度 B 可用下式计算：

$$B_{max} = 2(n-1)$$

在花型设计时，可以在最大花宽范围内任选一种花宽，但所取花宽应是总针数的约数，而且所取花宽最好是最大花宽的约数，这样就可以在不改变针筒上提花片排列的情况下，只通过改变选针刀进出位置来改换花型，以减少提花片消耗和排花停机时间。选择时还应考虑花纹的高度，使花高与花宽相互协调，花型更美观。

如果上述最大花宽还满足不了花型设计要求，那么根据选针原理，在设计花型时，在某些纵行上可设计相同的组织点，这些纵行就可以用同一种号数的提花片。根据花纹要求可采用双片排列和双片与多片混合排列，以扩大花宽，如图 4-5-9 (3)、(4) 所示。

(二)花纹高度 H

一个完全组织的花纹高度简称花高。最大花高取决于成圈系统数及色纱数。当所选用的机器型号、规格一定时，成圈系统数即为一定值，最大花高计算公式如下：

$$H_{max} = \frac{M}{e}$$

式中：M——成圈系统数；

e——色纱数。

当然,选取的花纹高度可以小于上述最大花纹高度,但应是最大花纹高度的约数。

四、工艺设计实例

根据所给两色均匀提花组织花纹意匠图(图4-5-10),制定上机工艺(排出成圈系统、提花片、拨片位置)。

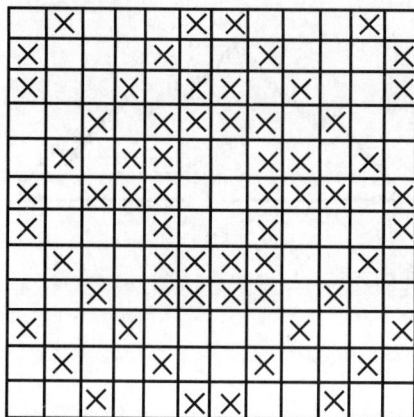

□ — 色纱1
☒ — 色纱2

图4-5-10　二色提花意匠图

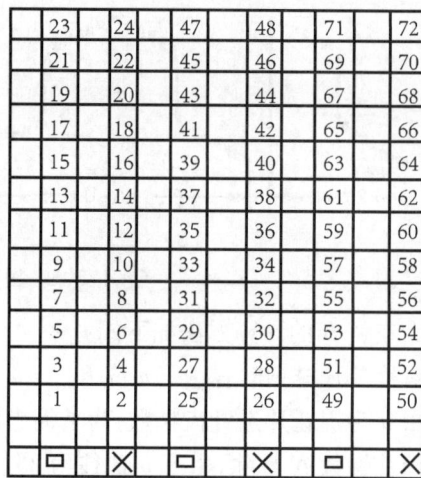

23	24	47	48	71	72
21	22	45	46	69	70
19	20	43	44	67	68
17	18	41	42	65	66
15	16	39	40	63	64
13	14	37	38	61	62
11	12	35	36	59	60
9	10	33	34	57	58
7	8	31	32	55	56
5	6	29	30	53	54
3	4	27	28	51	52
1	2	25	26	49	50
□	☒	□	☒	□	☒

图4-5-11　色纱配置图

(1)机器条件:选用S3P172单面提花圆机;成圈系统数72;拨片档数$n=37$;

(2)花宽$B=12$,花高$H=12$;

(3)提花片片齿排列:按单片"步步低＼"方式排列(见图4-5-12);

(4)色纱配置见图4-5-11,一个横列需二个成圈系统,机器一转3个完全组织花高;

(5)第3横列拨片位置如图4-5-13所示。

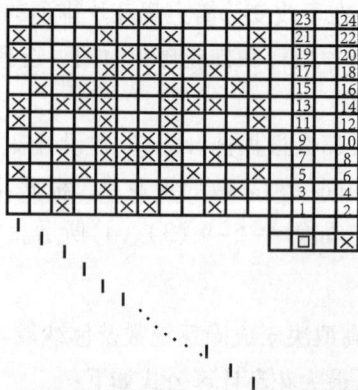

图4-5-12　提花片齿排列

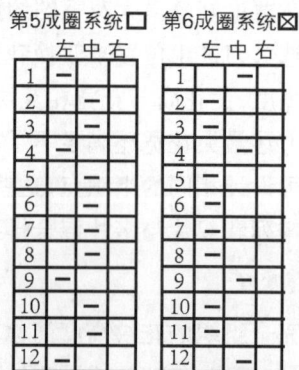

第5成圈系统□　第6成圈系统☒

图4-5-13　第5、6系统
拨片位置

技能训练

1. 拨片式选针的花宽和花高与哪些因素有关?

2. 拨片式选针机构中,每一个针槽中从上而下安插着_____。

A. 织针、挺针片、提花轮、拨片

B. 织针、提花片、挺针片、拨片

C. 织针、提花片、拨片

D. 织针、挺针片、拨片

3. 拨片式选针机构中,拨片的高度与_____对应。

A. 织针

B. 提花片

C. 挺针片

D. 处于一固定位置

任务六　滚筒式选针机构

上节所介绍的摆片式选针机构均属于固定式选针机构,每 1 路选针装置中选针刀的进出位置按照花纹排定后就不会再改动,1 路选针装置最多只能控制 1 个横列花纹的编织,一个完全组织的花高只能取决于选针装置路数的多少及色纱数的多少,故所能编织的花纹高度较小。要编织较大花高的织物,可以采用滚筒式选针机构、圆齿片式选针机构或电子选针机构。滚筒式选针机构的选针原理与拨片式选针机构的相同,只是在它的每 1 成圈系统上,选针刀片的进出位置不是固定不变的,在针筒每转过 1 转时,选针刀片的进出位置均可由安装在选针滚筒上的选针片来控制调整。每个成圈系统上的 1 排选针刀前面都安装有 1 只选针滚筒,每只滚筒上安装若干枚选针片,每枚选针片的钳齿情况可以不同,则使选针刀的进出位置不同。针筒每转 1 转,滚筒转过 1 片选针片,选针片对选针刀的进出位置发生一次调整。选针刀再通过提花片等对织针的编织情况进行选择,从而织出不同花纹的线圈横列。由此增大不同花纹横列的数目,从而增加花纹高度。

一、成圈机件与选针机件的相互配置

滚筒式选针机构的成圈与选针机件的相互配置关系如图 4-6-1。针筒 1 的针槽上部插有织针 2,下部插有提花片 3,提花片、在复位三角 4 的作用下将所有提花片的片尾推出针槽,使提花片的下踵能同选针三角 5 的平面作用。滚筒 6 上装有选针片 7,选针片是按照花纹要求而留齿的。如果选针片 7 在某一高度上留齿,通过选针刀 8,对应高度上留齿的提花片 3 作用,将该提花片 3 的片尾重新压入针槽,提花片 3 的下踵脱离选针三角 5,使其不与选针三角 5 作用,而从选针三角 5 的里面通过,织针 2 就不能被提花片顶起成圈。如果选针片 7 上无齿,选针刀 8 退出工作,对应提花片 3 不被压入针槽,它的下踵沿着选针三角 5 的斜面

上升,将织针 2 顶起进行退圈。当织针 2 与固装在下三角座 11 上的压针三角 9 作用时,就吃线成圈。而提花片 3 受固装在中三角圈 12 上的压提花片三角 13 的作用下降。

滚筒选针机构装在小台面 14 上。中牙盘 15 上装有一个凸块 16,随针上筒 1 一起转动。当凸块 16 与滚筒选针机构上的转子 17 相碰时,将滑块 18 向外推,滑块 18 上的棘爪 19 就撑动棘轮 20,从而使滚筒 6 转动。

针筒每转过一转,各成圈系统的竖滚筒分别转过一齿,插在各只竖滚筒片槽中的选针片更换一片,新的一枚选针片进入选针位置。

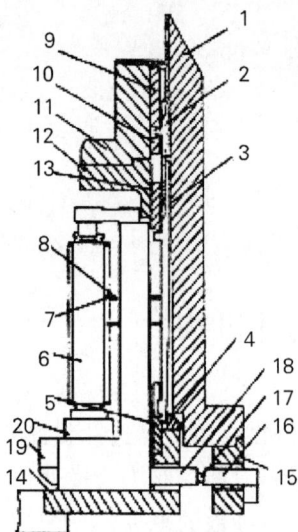

图 4-6-1

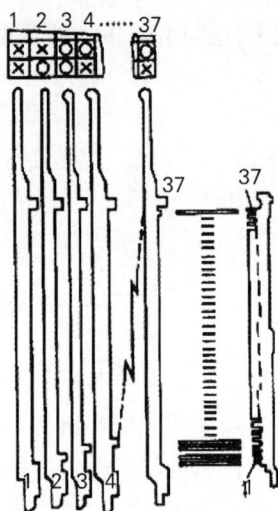

图 4-6-2　选针刀、选针片和提花片的相互关系

二、选针原理

(一)选针片、选针刀和提花片的关系

图 4-6-2 表示这几个部件之间的关系。每枚提花片上只留 1 个片齿。整个针筒上所有的提花片片齿至多可组成 37 档不同高度的位置,最下面的齿位为第 1 号,自下而上,最上面的齿位为第 37 号。1 枚提花片控制 1 枚针,即意匠图上 1 个线圈纵行。一般使第 1 号提花片片齿与完全组织意匠图中第 1 个线圈纵行对应。第 37 号提花片齿与意匠图中第 37 线圈纵行相对应。

选针片的 37 个齿,通过选针片与 37 档不同齿位的提花片对应。选针片最下面的第 1 号齿,通过第 1 号选针刀,只能控制第 1 档提花片片齿,即是说选针片上某一号齿,只能控制同号的提花片片齿。

如果选针片上某号齿扎掉,则控制同号的提花片不被压入针槽,对应的织针便被上而参加编织成圈。

(二)选针片与意匠图

意匠图上某一横列要求某一纵行成圈的,则与之对应的某一号选针片片齿必须轧掉,而另一纵行不成圈,则与之对应的另一号选针片片齿必须留下。

排花就是根据意匠图中的花纹要求在选针片上钳齿或留齿。图4-6-3表示意匠图与选针片的关系。

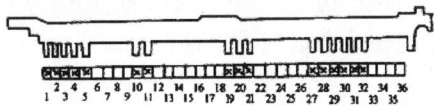

在提花片片齿作步步高"/"排列的情况下,意匠图中某一线圈纵行,与选针片上同一好片齿相对应。图中只画出了完全组织中第1横列的意匠图,花宽为36,设计的是不对称的两色提花组织。编织一正面线圈横列,需要两个成圈系统,第1横列是由第1路选针滚筒上的第1片选针片控制编织黑色线圈(图中下面的选针片),第2路选针滚筒上的第1片选针片控制编织白色线圈(图中上面的选针片),

图 4-6-3　意匠图与选针片的关系

意匠图中1~5、10~11、19~21、27~32纵行编织黑色线圈,另外一些针不起来吃黑色,故在第1路滚筒的第1片选针片上相应号数的齿要扎掉。意匠图中6~9、12~18、22~26、33~36纵行编织白色线圈,所以在第2路滚筒的第1片选针片上相应号数的齿要扎掉。

三、形成花纹的能力分析

(一)完全组织的宽度 B

从留齿高度不同的提花片可以作用织针产生不同的运动规律这一原理可知,不同花纹的纵行数 B。与提花片片齿的槽数 n 有关,即:

$$B_0 = n$$

例如,在国产 Z113A 型竖滚筒提花圆纬机上,$n = 37$,若提花片留齿呈步步高或步步低排列,则花宽 B 最大只能等于 37 或 36(考虑到花宽能被总针数除尽)。若提花片留齿呈"/\"形或"\/"形对称排列,可使花宽 $B = 74$ 或 72。

如果设计的完全组织中有些纵行花纹重复,而不成循环,则可在不增加提花片片齿档数 n 的条件下,增加花宽 B,即 B 可大于 B_0。但最大花宽 B_{max} 不可超过总针数 N。

如果希望增多不同花纹纵行数 B_0,则要增加提花片片齿档数。例如有的提花机提花片片齿有 97 档,这时 $B_0 = 97$。但这样势必要相应增加提花片长度和针筒高度,并增加选针刀数和选针片齿档数。

当然,实际设计时,可以使花宽 B 小于 B_0。

(二)完全组织高度 H

不同花纹的横列数 H_0 与下列参数有关:

$$H_0 = m \times \frac{M}{e}$$

式中: m——每个竖滚筒上安装的选针片数;

$\quad\quad M$——机器的成圈系统数;

$\quad\quad e$——编织规则提花组织时的色纱数。

例如在 Z113A 型提花圆纬机上, $m=12$, $M=48$, 当织两色规则提花组织时, $e=2$, 即每两路编织一个横列。于是:

$$H_0 = 12 \times 48/2 = 288 \text{ 横列}$$

同理, 编织三色规则提花组织时, $H_0 = 192$, 编织四色规则提花组织时, $H_0 = 144$。

实际设计时, 可以使完全组织高度 H 小于 H_0, 这可以采取减小 m 及 M 的办法来达到。当减少每个竖滚筒上选针片的种类数时(两片选针片如留钳齿规律完全一样属同一种, 否则属不同种类, Z113A 型机器每一滚筒上最多可有 12 种不同留钳齿的选针片), 一定要结合滚筒的转动方式选择。在 Z113A 型提花圆纬机上, 竖滚筒只能朝一个方向顺转或停止不转, 所以实际选用的选针片种类数 m' 一定要是 m 的约数或者为 1(停滚筒)。

如果要使实际设计的花高 H 大于 H_0, 这在 Z113A 型提花圆纬机上是不可能的。在另外一些型号的提花机上, 有专门的机构控制竖滚筒既能顺转, 也能逆转, 或暂时停转。针筒每转 1 圈, 各个滚筒既能被撑过一齿, 换下一片选针片; 也能一次被撑过两齿, 换第 3 片选针片, 这样, 在竖滚筒一个回转中, 可以重复使用某些选针片, 从而使完全组织中有些花纹横列重复出现, 但不成循环。因此可使实际设计的花高 H 大于 H_0。

四、花纹设计与上机工艺举例

例一

1. 机器条件

Z113A 型提花圆纬机, 针筒直径 762mm(30 英寸), 成圈系统数 $M=48$, 选针片齿数 $n=37$, 竖滚筒上选针片数 $m=12$, 机号为 E18, 针筒总针数 $N=1656$。

2. 设计要求: 设计一种两色规则提花织物

3. 拟定花宽、花高, 画出花型图案

将花型设计成花宽 $B=36$、花高 $H=48$ 的不对称图案。由公式 $H_0 = m(M/e)$ 得: 编织一个完全组织, 需要用到每个竖滚筒中的两种选针片, 即 $m' = H \times e/M = 48 \times 2/48 = 2$。

在 36×48 区域内画出花型意匠图, 如图 4-6-4 中(1)所示。

4. 设计上机图

提花圆纬机的上机图一般包括如下内容:

(1)提花片片齿的排列: 它与意匠图中各纵行的花纹分布有关。图中不同的花纹纵行, 其对应的提花片的留齿高度应不相同。本例的花宽为 36 纵行, 可将提花片留齿排成步步高, 如图 4-6-4 中(2)所示。实际机器上是以 36 片提花片为一组, 循环排满针筒一周。

(2)各成圈系统(竖滚筒)与意匠图中各横列的对应关系: 由于本设计是两色规则提花, 即两路编织 1 个横列, 这样, 成圈系统数排列顺序可见图 4-6-4 中(1)右侧。

(3)色纱配置: 一般作法, 要求花型中色彩突出的色纱应排在色纱循环的第一系统, 本例中要求"因"符号的色纱线圈色彩更加突出,故应将"因"所代表的色纱排在第1、3…47奇数系统,而空格所代表的色纱排在2、4…48偶数系统,如图4-6-4（1）右下侧所示。

（4）选针片序号排列:当竖滚筒只能顺转时,选针片序号只能按1—2—3—4…12顺序排列。对于本例,编织1个花高需要用到每一竖滚筒上的两片选针片。当针筒第1转,用每一竖滚筒中的第1片选针片选针编织第1～24横列。当针筒第2转,用每一竖滚筒中的第2片选针片编织第25～48横列。针筒转过两圈,织出了第1个完整的花型。针筒第3、4转,每一竖滚筒中的第3、4片选针片选针重复编织第2个花型,因此每一竖滚筒上第3、4选针片的留钳齿规律与第1、2片的完全一样。其余各片选针片留齿情况依此类推。排列结果如图4-6-4（1）右侧所示。

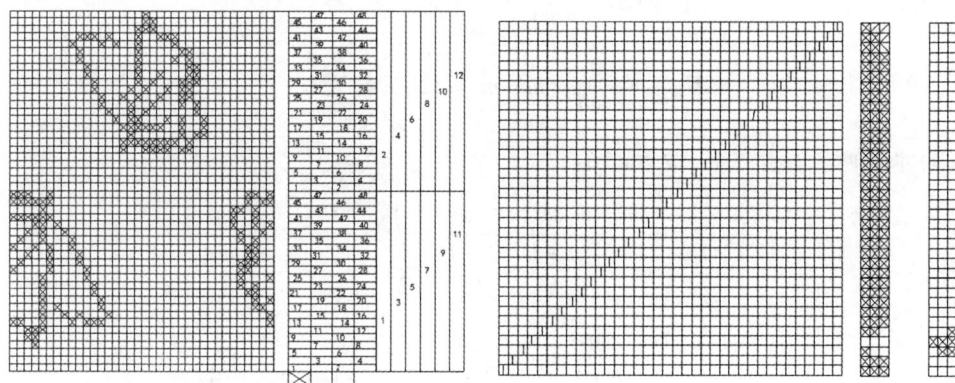

图4-6-4　花型意匠图与上机工艺图

（5）各选针片片齿的钳留规律

从竖滚筒选针原理可知,每一片选针片实际上是选针编织意匠图中某一横列上的某种颜色线圈。因此应根据这一对应原理,以及提花片片齿的排列和有齿无花,无齿有花的规律,作出各选针片片齿的钳与留。作为示例,对应于意匠图中第4～6横列的选针片钳留齿如图4-6-4中（3）所示,符号"×"表示留齿,空格表示钳齿。选针片a和a'表示第7、8号滚筒上的第1、3、5、7、9、11片选针片的留钳齿。它们控制织针编织意匠图的第4横列。选针片b、b'和c、c'可依此类推。

例二

1. 机器条件

Z721小提花圆机,针筒直径24″,机号18G,路数$M=24$,选针片数$m=12$,选针片齿数$n=37$,总针数1328针(即$N=1328$)。

2. 设计要求

设计一"B"字母图案,一为二色双胖,一为二色提花。

3. 设计步骤

（1）确定完全组织花宽

理论计算花宽为37,但实际上最多只能设计36,一般选定B时,应满足$N/B=$整数。

另外,由于花宽较灵活,它的选定应与花高相匹配,这里选定花宽 $B=16$。

(2)确定花高

a. 两色提花时:

$$H_{\max} = \frac{M}{e} \times m = \frac{24}{2} \times 12 = 144$$

$$H_{提花} = \frac{M}{e} \times m' \quad (m' = 12、6、4、3、2、1)$$

b. 两色双胖时:(两色双胖相当于三色提花:□××)

$$H_{\max} = \frac{M}{e+1} \times m = \frac{24}{2} \times 12 = 96$$

$$H_{提花} = \frac{M}{e+1} \times m' \quad (m' = 12、6、4、3、2、1)$$

(3)本题两色双胖产品,取 $h=16$:

$$\frac{\frac{M}{e+1}}{h} = \frac{\frac{24}{2+1}}{16} = \frac{1}{2}$$

$$\frac{\frac{M}{e+1} \times m}{h} = \frac{\frac{24}{2+1} \times 12}{16} = 6$$

可以上机编织,即 $m'=2$,用 2 片选针片,机器 2 转织 1 个花高。

确定提花片片齿排列方式:"／"形。

确定选针片片数:两色双胖用 2 片。

排滚筒和色纱(见图 4-6-5)。

(4)本题两色提花产品,取 $h=16$:

$$\frac{\frac{M}{e}}{h} = \frac{\frac{24}{2}}{16} = \frac{3}{4}$$

$$\frac{\frac{M}{e} \times m}{h} = \frac{\frac{24}{2} \times 12}{16} = 9$$

可以上机编织,即 $m'=4$,用 4 片选针片,机器 4 转织 3 个花高。

确定提花片片齿排列方式:"／"形。

确定选针片片数:两色提花用 4 片。

排滚筒和色纱(见图 4-6-6)。

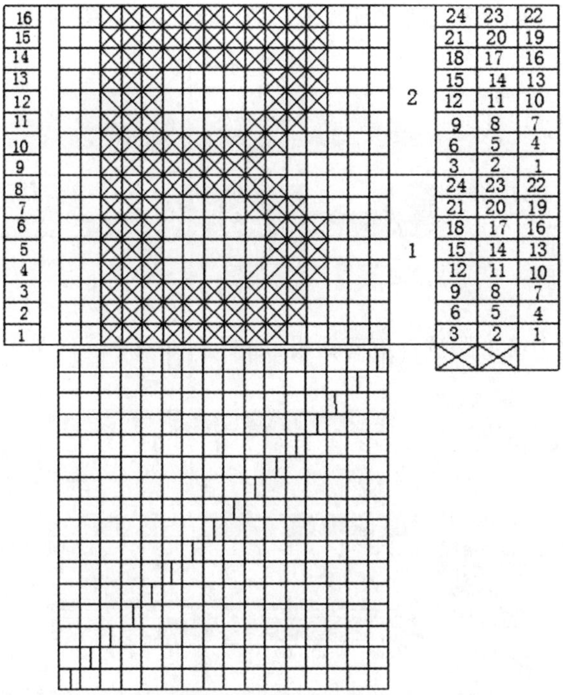

图 4-6-5　意匠图与上机工艺图

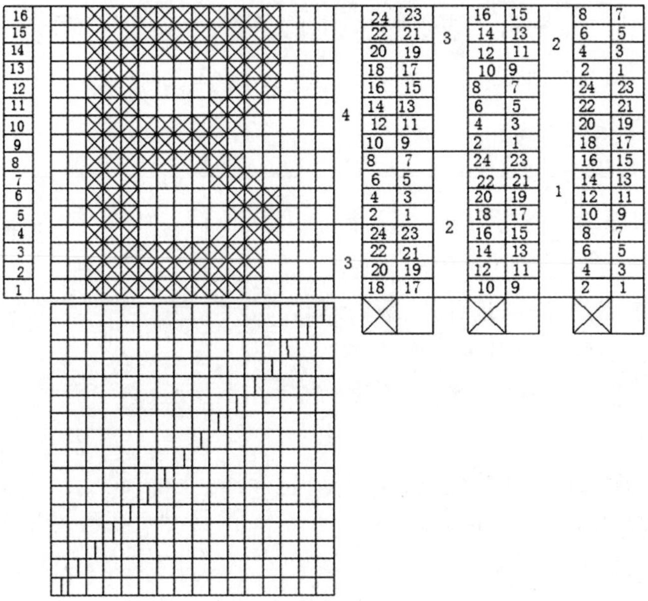

图 4-6-6　意匠图与上机工艺图

（5）选针片钳齿：

a. 双胖组织中第六横列钳齿，如图 4-6-7 所示。

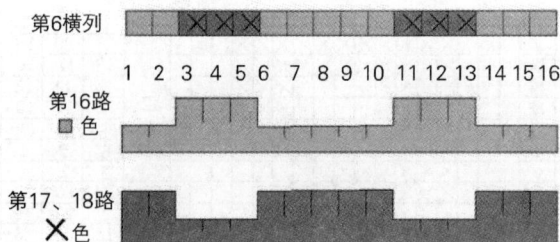

图 4-6-7 双胖组织：第六横列钳齿

b. 两色提花组织中第 1 路选针滚筒钳齿，如图 4-6-8 所示。

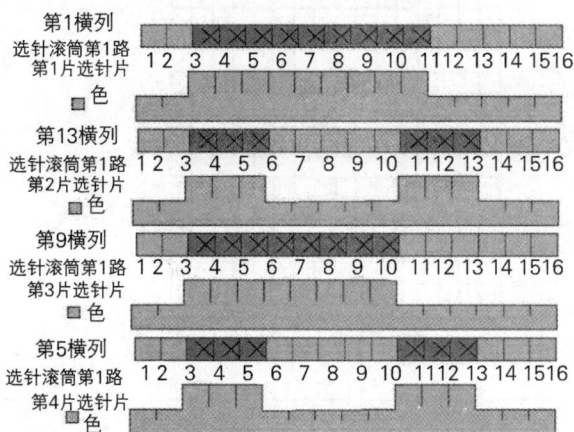

图 4-6-8 两色提花组织: 第1路选针滚筒钳齿

技能训练

1. 在滚筒式双面纬编提花圆机上，设计一个花宽为 18 纵行，花高为 16 横列的三色提花织物，写出或画出提花片、选针片、滚筒号数和上三角的排列情况，以及第一横列选针片钳齿情况。机器总路数 24 路，每滚筒上可排 12 把选针片。

2. 根据下面二色双胖组织意匠图，如图 4-6-9 所示。⊠ 为胖花线圈，$B = 36$，$H = 64$，在 Z113 圆机上编织，$M = 48$。

回答下面问题：

（1）挺针片如何排列？

（2）给出滚筒排列。

（3）木梳片作用顺序。

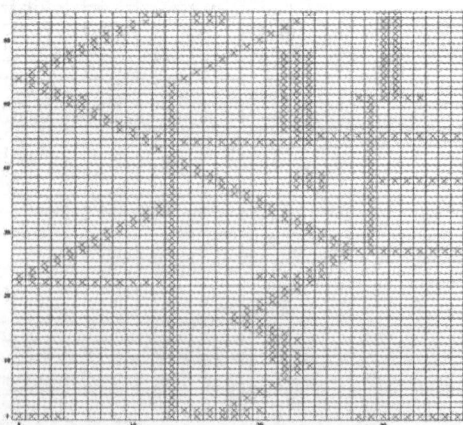

图 4-6-9 二色双胖组织意匠图

（4）给出第 4 路第 3 片的钳齿情况。

（5）第 32 横列是由哪几路编织，第几片木梳片控制编织？

任务七　电子选针装置的工作原理

一、多级式选针器与选针原理

图 4-7-1 为多级式电子选针器的外形。它主要由多级（一般六级或八级）上下平行排列的选针刀 1、选针电器元件 2 以及接口 3 组成。每一级选针刀片受与其相对应的同级电器元件控制，可作上下摆动，以实现选针与否。选针电器元件有压电陶瓷和线圈电磁铁两种。前者具有工作频率较高，发热量与耗电少和体积小等优点，因此使用较多。选针电器元件通过接口和电缆接收来自针织机电脑控制器的选针脉冲信号。

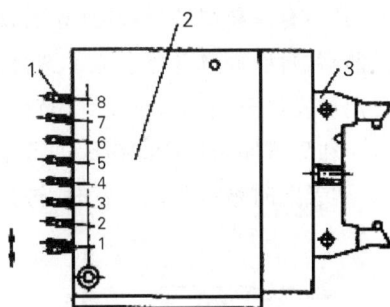

图 4-7-1　多级式电子选针器

由于电子选针器可以安装在多种类型的针织机上，因此机器的编织和选针机件的形式与配置可能不完全一样，但其选针原理还是相同。

图 4-7-2 为某种电脑控制针织机编织与选针机件及其配置。图中 1 为八级电子选针器，在针筒 2 的同一针槽中，自下而上插着提花片 3、挺针片 4 和织针 5。提花片 3 上有八档齿，高度与八级选针刀片一一对应。每片提花片只保留一档齿，留齿呈步步高"/"或步步低"\"排列，并按八片一组重复排满针筒一周。如果选针器中某一级电器元件接收到不选针编织的脉冲信号，它控制同级的选针刀向上摆动，刀片可作用到留同一档齿的提花片 3 并将其压入针槽，通过提花片 3 的上端 6 作用于挺针片 4 的下端，使挺针片的下片踵没入针槽中。因此，挺针片不走上挺针片三角 7，即挺针片不上升。这样，在挺针片上方的织针也不上升，从而不编织。如果某一级选针电器元件接收到选针编织的脉冲信号，它控制同级的选针刀片向下摆动，刀片作用不到留同一档齿

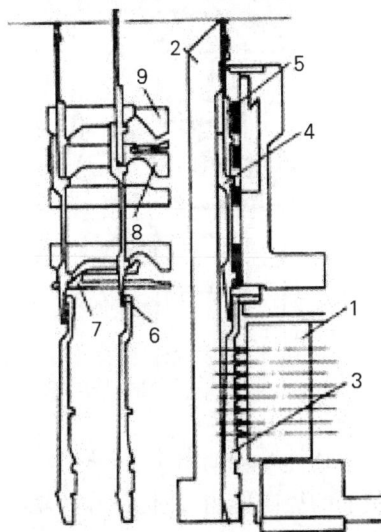

图 4-7-2　多级式选针相关机件配置

的提花片，即后者不被压入针槽。在弹性力的作用下，提花片的上端和挺针片的下端向针筒外侧摆动，使挺针片下片踵能走上三角 7。这样挺针片上升，并推动在其上方的织针也上升进行编织。三角 8 和 9 分别作用予挺针片的上片踵和针踵，将挺针片和织针向下压至起始位置。

对于八级电子选针器来说,在针织机运转过程中,每一选针器中的各级选针电器元件在针筒转过八个针距都接收到一个信号,从而实现连续选针。选针器级数的多少与机号和机速有关。由于选针器的工作频率(即选针刀片上下摆动频率)有一上限,所以机号和机速愈高,需要级数愈,致使针筒高度增加。这种选针机构属于两功位方式(即编织与不编织)。

二、单级式电子选针原理

图4-7-3显示了某种单级电子选针针织机的编织与选针机件及其配置。针筒的同一针槽中,自上而下安插着织针1、导针片2和带有弹簧4的挺针片3。选针器5是一永久磁铁,其中有一狭窄的选针区(选针磁极)。根据接收到选针脉冲信号的不同,选针区可以保持或消除磁性,而选针器上除了选针区之外,其他区域为永久磁铁。6和7分别是挺针片起针三角和复位三角。该机没有织针起针三角,织针工作与否取决于挺针片是否上升。活络三角8和9可使被选中的织针进行编织或集圈。8和9同时被拨至高位置时,被选中的织针编织,两者同时被拨至低位置时,被选中的织针集圈。

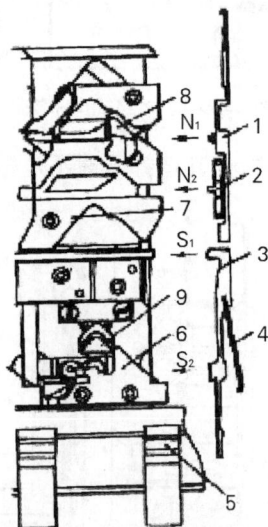

图4-7-3　单级式选针与成圈机件配置

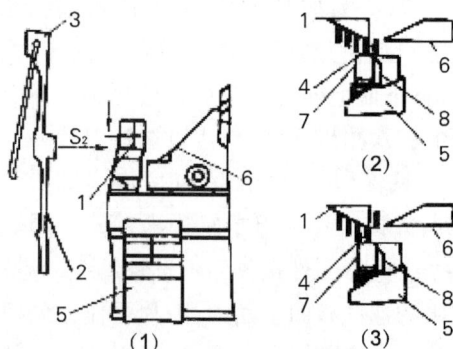

图4-7-4　单级式选针原理

选针原理如图4-7-4所示。在挺针片3即将进入每一系统的选针器5时,先受复位三角1的径向作用,使挺针片片尾2被推向选针器5,并被其中的永久磁铁区域7吸住。此后,挺针片片尾贴住选针器表面继续横向运动。在机器运转过程中,针筒每转过一个针距,从电脑控制器发出一个选针脉冲信号给选针器的狭窄选针磁极8。当某一挺针片运动至磁极8时,若此刻选针磁极收到的是低电平的脉冲信号,则选针磁极保持磁性,挺针片片尾仍被选针器吸住,如图4-7-4 (2)中的4。随着片尾移出选针磁极8,仍继续贴住选针器上的永久磁铁7区域横向运动。这样,挺针片的下片踵只能从起针三角6的内表面经过,而不能走上起针三角,因此挺针片不推动织针上升,即织针不编织。若该时刻选针磁极8收到的是高电平的脉冲信号,则选针磁极8的磁性消除。挺针片在弹簧的作用下,片尾2脱离选针器5,如4－7－4(3)中的4。随着针筒的回转,挺针片下片踵走上起针三角6,推动织针上升工作(编织或集圈)。这种选针机构也属于两功位(编织或集圈、不编织)方式。

与多级式电子选针器相比,单级式电子选针具有以下优点。

(1)选针速度快,可超过2000针/s,能适应高机号和高机速的要求。多级式电子选针器的每一级,不管是压电陶瓷或电磁元件,目前只能做到80～120针/s。因此,多级式电子选针器为提高选针频率,要采用六级以上。

(2)选针器体积小,只需一种挺针片,运动机件较少,针筒高度较低。

(3)机件磨损小,灰尘造成的运动阻力也较小。

但单级式电子选针器对机件的加工精度以及机件之间的配合要求很高,否则不能实现可靠。

对于多级式和单级式电子选针器来说,只能进行两功位选针。为了在一个成圈系统实现三功位电子选针,需要在一个系统中安装两个电子选针器,对经过该系统的所有织针进行两次选针,三角也要相应专门设计。

三、电子选针圆纬机的特点

(1)在具有机械选针装置的普通针织机上,不同花纹的纵行数受到针踵位数或提花片片齿档数等的限制。

(2)而电子选针圆纬机可以对每一枚针独立进行选针(又称单针选针)。因此,不同花纹的纵行数可以等于总针数。

(3)对机械式选针器来说,花纹信息是储存在变换三角、提花轮、选针片等机件上,储存的容量有限,因此不同花纹的横列数也受到限制。

(4)电子选针选针器的信号可以不一样,所以不同花纹的横列数可以非常多。从实用的角度说,花纹完全组织的大小及其图案可以不受限制。

技能训练

1. 简述电子选针圆纬机的特点。
2. 简述多级式选针器的选针原理。

模块五
圆机成形产品与编织工艺

知识目标

1. 了解袜子的主要组成部段；
2. 掌握单针筒袜机上编织机件的配置以及双向针三角座中各机件的作用；
3. 掌握平针双层袜口的编织方法；
4. 掌握袜头、袜跟的结构以及成形编织原理；
5. 掌握双针筒袜子机上编织机件的配置以及双头舌针转移的方式；
6. 掌握双针筒袜子各部段的编织工艺；
7. 掌握无缝内衣的结构与基本编织方法；
8. 掌握无缝内衣圆机编织机件的配置和工作原理。

技能目标

1. 掌握单针筒袜机的编织工艺；
2. 掌握双针筒袜机的编织工艺，会设计双面抽条素袜；
3. 掌握常用无缝内衣组织的编织工艺，会根据不同组织类型画出无缝内衣机的走针轨迹。

任务一　袜品概述

一、袜品的结构

袜子为纬编针织成形计件产品。下机的袜子通常有两种形式，一种是袜头敞开的袜坯，如 5 - 1 - 1(1) 中所示，需将袜头缝合后才能成为一只完整的袜子；另一种是完整的袜子，如图(2)、(3)所示。传统的长筒袜通常由袜口 1、上筒 2、中筒 3、下筒 4、高跟 5、袜跟 6、袜底 7、袜面 8、加固圈 9、及袜头 10 组成。中筒袜没有上筒，短筒袜只有下筒，其余部段与长筒袜相同。

袜口的作用是使袜边既不脱散又不卷边，能紧贴在腿上，穿脱方便。单面圆袜机编织的袜品一般采用平针双层袜口或衬垫氨纶弹力丝双层袜口，双面圆袜机编织的袜品一般采用具有良好弹性和延伸性的罗纹组织或衬以橡筋线或氨纶丝的罗纹衬垫组织。

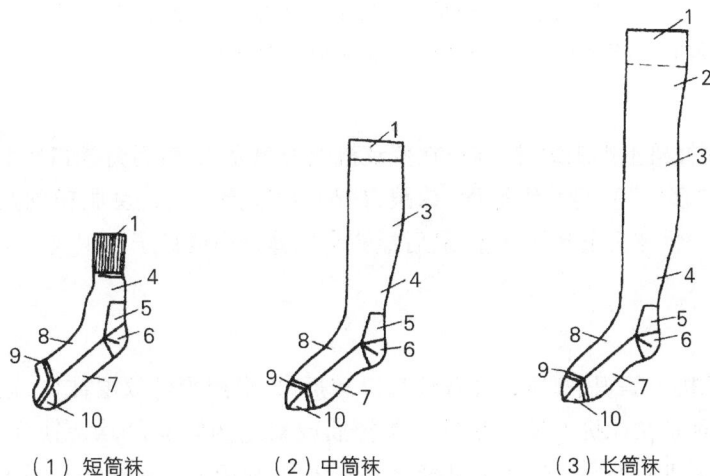

（1）短筒袜　　　　（2）中筒袜　　　　（3）长筒袜

图 5-1-1　袜品外形与结构

袜筒的形状必须符合腿型,特别是长袜,应根据腿型不断改变各部段的密度。袜筒除了采用平针组织和罗纹组织之外,还可采用各种花色组织来提高外观效应,如提花组织、绣花添纱组织、网眼组织、集圈组织和毛圈组织等。

高跟属于袜筒部段,并非袜跟,但由于这个部段在穿着时与鞋子发生摩擦,所以编织时常加入一根加固线,以增加其耐磨性。

袜跟的工艺要求是使之成为袋形,以适合脚跟的形状。编织袜跟时,袜面部分的织针要停止编织,只有袜底部分的织针工作,同时按要求进行收放针,以形成梯形的袋状袜跟。这个部段一般用平针组织,并需要加固,以增加耐磨性。袜头的结构和编织方法与袜跟相同。

袜脚由袜面与袜底组成,袜面有与袜筒相同的花纹,袜底无花,但由于磨损,常用加固,俗称夹底。由于袜脚也呈圆筒形,所以其编织原理与袜筒相似。袜脚的长度决定袜子的大小尺寸,即决定袜号。

加固圈是在袜脚结束时、袜头编织前再编织若干个平针横列,并且加入加固线,以增加袜子的牢度,这个部段俗称"过桥"。

袜头编织结束后还要编织一列线圈较大的套眼横列,一般在缝头机上缝袜头时套眼用。然后再用低级棉纱编织若干个横列的握持横列(俗称"机头线"),这是缝头机上套眼时便于用手握持操作的部段,套眼结束后即把它拆掉。

不是每一种袜品都包括上述的组成部段。如目前深受消费者青睐的高弹丝袜结构就比较简单,袜坯多为无根型,由袜口、袜筒过渡段、袜腿和袜头组成。特别是近年来,随着新型材料的应用和产品向轻薄细廉、花色多样的方向发展,以及人们生活水平的提高,袜品的坚牢耐穿已退居要次,许多袜品的结构也在变化。许多袜底不再加固,高跟和加固圈也被取消。

二、袜品的成形方法

袜品的编织除袜口部段的起口与袜头、袜跟部段的成形外,其余部段的编织原理均与圆型纬编相同。编织出一只完整形状的袜子,其编织方法与工艺过程因袜子种类和袜机特点而有所不同,大致有三步成形、二步成形、一步成形三种方法。

(一)三步成形法

指在单针筒袜机上编织短袜,袜口在罗纹机上编织完成,然后将袜口经套刺盘转移到袜机针筒上(称作"套口"),再编织袜筒、袜跟、袜脚、加固圈、袜头、套眼横列及握持横列等部段,下机后只是一只袜头敞开的袜坯,最后经缝头机缝合而成袜子。织成一只袜子需要三种机器完成。

(二)二步成形法

指在折口袜机上编织平口袜,可自动起口和折口,形成平针双层袜口,以后顺序编织袜坯各部段;另一种是在袜机上编织平针衬垫橡筋或氨纶的假罗口,织完后再编织其它各部段;这两种袜子下机后都要经过缝头机缝合而成袜子,故织成一只袜子只需要两种机器就可完成。双针筒袜机由于具有上、下两个针筒,可在袜机上编织罗纹袜口及袜坯的部段,但下机后仍要进行缝头,因此也属于二步成形。

(三)一步成形法

指织袜口、织袜坯、缝头三个工序在同一台袜机上连续形成。

技能训练

通过观察日常服用的袜子熟悉袜子的结构组成及其特点。

任务二　单针筒袜机的编织结构与工艺

一、单针筒袜机的编织机件

单针筒袜机的特点是在编织袜筒和袜脚部段时针筒进行单向回转,而在编织袜跟和袜头部段时针筒进行往复回转。它的编织机件主要由袜针、沉降片、底脚片、扎口针、提花针、双向针三角座及沉降片三角座等组成。机型不同,编织机件及其配置也有所不同,但袜口、袜筒、袜跟、袜头的编织方法是相似的。

(一)双向针三角座

单针筒袜机的双向针三角座如图5-2-1所示。主要由左、右弯纱三角2、3(又称左、右菱角)左、右镶板4、5,上中三角1(又称中菱角)组成。该三角座的特点是在针筒正向回转和反向回转时都能进行成圈,故称之为双向针三角座。

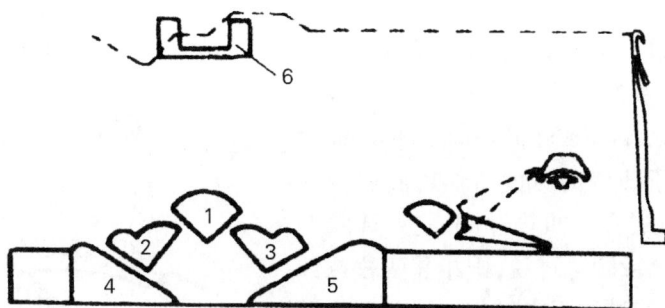

图 5-2-1　双向针三角座

1. 导纱器座

导纱器座 6 的作用是搁置导纱器,提供纱线,其位置要保证袜针可靠地垫上纱线,使纱线位于针钩与针舌之间,,但又不能被针舌剪刀口夹住。因此,导纱器座安装在上中三角上方的中间位置。

2. 左、右弯纱三角(又称左右菱角)

当针筒顺转时,左弯纱三角 2 的作用是拦下从上中三角下平面转移过来的袜针,使其沿右斜边的作用面下降,完成垫纱、闭口、套圈、脱圈与弯纱等成圈过程。右弯纱三角 3 的作用是拦住从右镶板转移过来的袜针,使其沿背部升高,完成退圈。因此,右弯纱三角的右尖角必须低于右镶板的最高点。袜针升高后,针舌尖不得高于导纱器座的下平面,否则针舌勺与下钢圈摩擦会造成毛针。因左、右弯纱三角呈对称状,故当针筒反转时,两者的作用正好相反。

左弯纱三角的右斜面与平面的夹角叫弯纱角,其大小与垫纱角度、同时参加弯纱的针数以及三角与针踵的磨损程度有关。弯纱角过小或三角位置偏右,则会提早拦下从上中三角运转过来的袜针,使袜针下降动作过早,纱线不易处在垫纱区域内,针钩钩不到纱线而造成漏针;同时由于弯纱角小而使同时参加弯纱的针数多,弯纱时进线的阻力增加,易轧断纱线。如弯纱角过大或三角位置偏左,则袜针下降的动作过迟,喂入的纱线就会接近针舌销,易被针舌

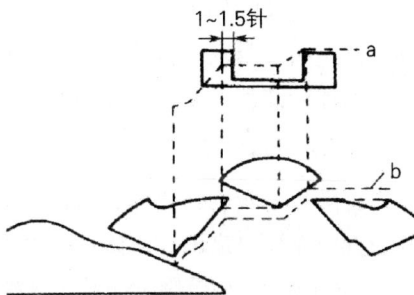

图 5-2-2　左弯纱三角弯纱角的确定

剪断,并且增加了针舌闭口时的冲击,加剧三角与针踵的磨损。因此,一般要求三角的位置以压针开始为标准,即从上中三角运转过来的袜针,以过导纱器座凹口后 1－1.5 针的针距开始下降为宜。如图 5-2-2 所示。

在成圈中,左弯纱三角的下尖点是袜针下降的止点,决定线圈的大小,此时纱线从导纱器引出后经过的旧线圈较多,形成的阻力较大。因此,纱线的来源最好通过一个旧线圈,即从弯纱三角的下止点向上数第二枚袜针针头下降至沉降片片颚位置,而第三枚袜针稍缓下降,不使其旧线圈脱出针头,其针钩应露出沉降片颚恰能顺利通过带有纱结头的纱线,如图

5-2-3 所示。

为了配合袜针针钩在拉长线圈时的走针运动，降低弯纱时的纱线张力，一般在左右弯纱三角的斜边作用面处，自下尖角开始向上磨 6mm 左右长的凹势。由于凹势的深度与作用面斜度成正比，故凹势不宜过深。凹势过深，使走针阻力增大，造成针踵断裂；凹势过浅，则相邻两枚袜针的垂直距离减小，使进线阻力增加。因此凹势深度应以自下尖角向右数起第三枚袜针恰能通过附有结头的纱线为准。细针距的袜机，凹势应较深。粗针距的袜机，如已达到进线要求，则可不磨凹势。

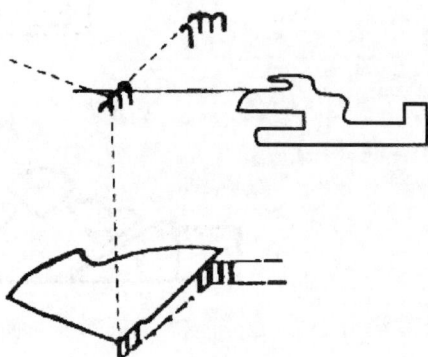

图 5-2-3　弯纱三角凹势的作用

弯纱三角与镶板构成的起针走道要严格控制，使形成的线圈均匀。起针角度也有一定要求，太大，三角与针踵的侧向压力加大，针筒不易下沉，造成长短袜；过小则易造成破洞。

3. 左右镶板

左右镶板亦呈对称配置，可分为活动（即可径向进出）和固定不动的两种。其作用是拦住下降至弯纱三角下尖角的针踵，固定袜针下降的距离，控制线圈长度。因此左右弯纱三角下尖角与左右镶板的垂直距离不得过分大于针踵的宽度，以顺利通过针踵而无松动为标准。否则，会产生走针不稳，出现线圈不匀，袜头、跟轧碎等疵点。

4. 上中三角（又称中菱角）

上中三角的作用一方面将右弯纱三角上已退圈的袜针拦到适当高度，既可防止针舌在导纱器座凹口内翻起，又可使袜针顺利地钩取纱线；另一方面上中三角的背部还可使挑针器挑起的袜针继续上升到不编织的高度。

（二）沉降片三角装置

沉降片三角的作用是控制沉降片在成圈过程中作径向进出。沉降片三角装置如图 5-2-4 所示，由沉降片三角 1、右沉降片三角 2、中沉降片三角 3 组成。

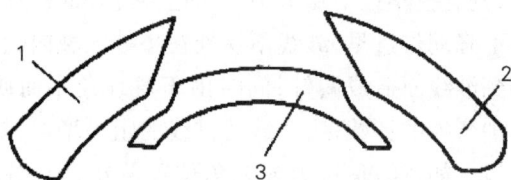

图 5-2-4　沉降片三角装置

1. 中沉降片三角

中沉降片三角的外圆可将沉降片向外推出，使袜针能在片颚上进行弯纱。中沉降片三角的弧形曲面与针筒同心，使拦出后的沉降片与袜针保持相等的距离。中沉降片三角左端弧形凹口的作用是配合左沉降片三角将沉降片向针筒中心拦进。如图 5-2-5 当袜针弯纱后上升，针头处于沉降片片颚线时，沉降片应拦足。此时片喉处于针背线上，沉降片拦足后逐渐向后退出，稍放松沉降弧，使新线圈能顺利通过针腹部分。

2. 左、右沉降片三角

左右沉降片三角呈对称配置，其作用是拦进从中沉降片三角运转过来的沉降片，使其沿

着三角斜边运动。三角斜边的止点,控制沉
降片拦进的距离,此时片喉应处于针背线
上,如图5-2-5所示。在成圈过程中,走针
三角与沉降片三角必须互相配合。当袜针
沿着镶板开始上升时,沉降片也同时逐渐拦
进。由左右弯纱三角压下的最低一枚袜针
向上数至第三和第四枚袜针之间的沉降片,
应处于左、右沉降片三角斜边的止点,即向
针筒中心推足。否则在织袜跟部段织针上
升时,旧线圈会被针头顶断或针头重新穿入
旧线圈。

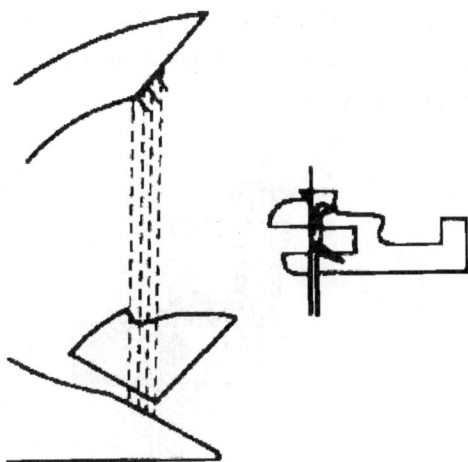

图 5-2-5　左弯纱三角与左沉降片三角的配合要求

二、袜口的编织

按其组织结构的不同,单面袜子的袜口可分为平针双层袜口,罗纹袜口、衬纬袜口和衬
垫袜口四大类。罗纹袜口是在计件小筒径罗纹机上织成的,然后经套齿盘转移至袜机针筒
的织针上(俗称套口),再编织袜子的其余各部段,这种方法操作繁琐,生产效率低,目前已趋
于淘汰。衬纬袜口一般是在罗纹袜口的基础,衬入不成圈的弹性纬纱,以提高袜口的弹性,
此类袜口也较少采用。下面仅介绍平针双层袜口和衬垫袜口的编织。

(一)平针双层袜口的编织

平针双层袜口采用平针组织,为了消除其卷边性,故采用双层。平针双层袜口可在素袜
机上编织,针筒上使用袜针和底脚片进行分针。也可在花袜机上编织,利用提花片选针。主
要编织过程分为起口和扎口。

1. 双片扎口针的起口、扎口装置

(1)起口、扎口装置的结构

其结构如图5-2-6所示,它水平地安装在袜机针筒上方,并可绕销轴旋转向上抬起,1
为扎口针圆盘,2为扎口针三角座。扎口圆盘1由齿轮传动,并与针筒同心、同步回转,在扎
口针圆盘的针槽中插有扎口针3(又称哈夫针),其形状如图5-2-7所示,由可以分开的两
片薄片组成。扎口针的片踵有长、短之分,长踵扎口针配置在长踵袜针上方,短踵扎口针配
置在短踵袜针上方,扎口针针数为袜针数的一半,一隔一地插在袜针上方。扎口针三角座中
的三角配置如图5-2-8所示,其作用是控制扎口针的径向运动。三角11在起口时使用扎
口针移出,钩取纱线,故又称起口闸刀;三角9和10在扎口移圈时起作用,使扎口针上的线
圈转移到袜针上去,故也称扎口闸刀。

在素袜机的袜针下一隔一地插有底脚片,底脚片插在没有扎口针的袜针下方,三角座展
开图如图5-2-9所示。图中三角1、2控制底脚片上、下运动,使袜针一隔一地分成两排,借
助于三角3、4、5进行起口和扎口。

在花袜机上编织平针双层袜口时,在针筒上配置有袜针、底脚片和提花片,利用提花片

进行选针,三角座展开图如图 5-2-10 所示,三角 1 作用在提花片片踵上,使袜针上升到退圈高度,再经上中三角 2 压下并垫入纱线,然后沿弯纱三角 3 形成新线圈,三角 6、7、8 用于起口和扎口编织。

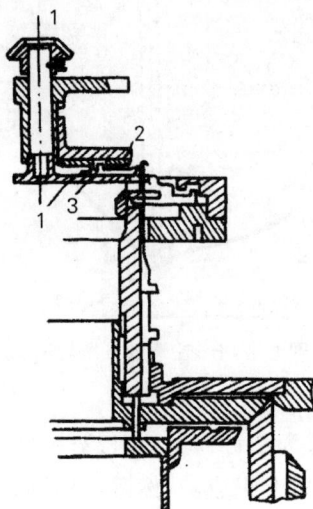

图 5-2-6　扎口装置

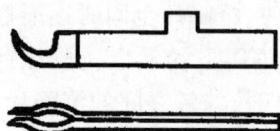

图 5-2-7　扎口针

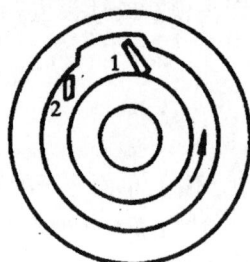

图 5-2-8　扎口针三角座

(2)起口过程

编织第一横列时袜针一隔一地垫纱。若利用提花片来实现隔针选针,三角 7、8 此时退出工作。如图 5-2-10(1)所示。在提花片的最下一档齿上有齿与无齿间隔排列,当选针刀与提花片最下一挡片齿作用时,有齿提花片被打入针槽内,在三角 1 的内侧通过,无齿提花片沿三角 1 上升,这样使袜针间隔上升形成两列。未升高的袜针在三角 6 的作用下,沿三角

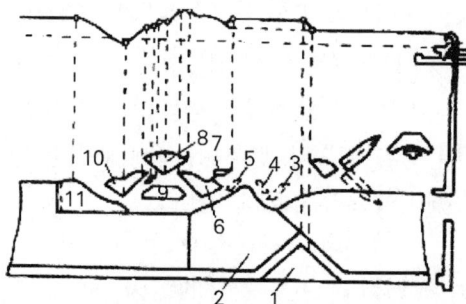

图 5-2-9　针三角座展开图

4 的下方通过,三角 6 是分级作用的,在短踵针通过时三角 6 进入一级,以不作用到短踵为准,将长踵针压下,在 4、3 之下通过;当长踵针通过时,三角 6 再进入一级,将短踵针压下。因此,在针筒第一转中,只有那些被升起的袜针钩住纱线,当这些袜针通过镶板 5 时,沉降片前移,将垫上的纱线推向针筒中心,使纱线处于那些未被升起的袜针背后,形成一隔一垫纱。如图 5-2-11(1)所示。

编织第二横列时导纱器在所有袜针上垫纱,在上一横列被升起的袜针上(奇数针)形成正常线圈,而在那些未被升起的袜针上(偶数针)只形成不封闭的悬弧,如图 5-2-11(2)所示。为使未被升起的下面一列袜针在第二横列中也能参加编织,要启用三角 7 来协助工作,因为在第一横列编织结束时,三角 6 处于进足状态,来不及同时退出两级工作;三角 7 必须在长踵针通过之前进入一级,这样在针筒第二转的前半转(长踵针通过时),三角 7 作用在下

面一列长踵针上,使之上升吃纱成圈,如图5-2-10(2)。同时,三角6退出一级。在针筒第二转的后半转中(短踵针通过时),三角6和三角7均处在中间位置而不对短踵针起作用,短踵针虽不被三角7升起,但能沿右镶板的右斜面上升,于是上、下两列袜针就并成一列沿着三角4上升,钩取纱线,在全部针上形成线圈。

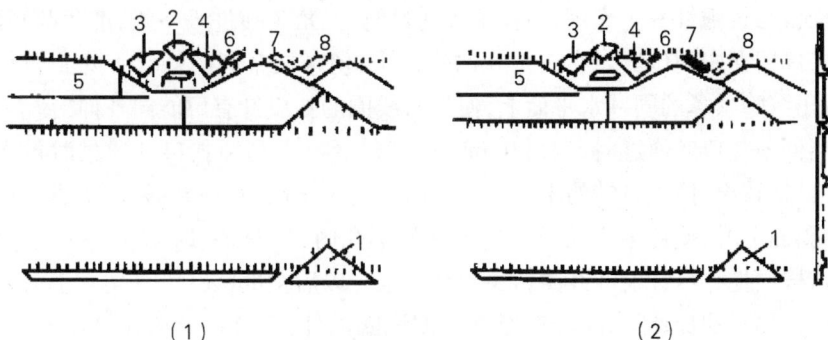

图5-2-10　花袜机三角座展开图

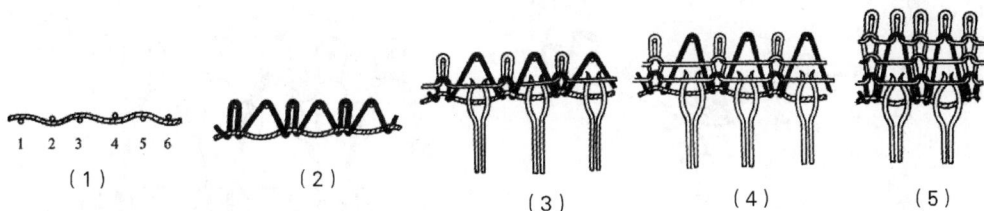

图5-2-11　袜口起口过程

编织第三横列时袜针仍是一隔一地升起,以便使拦出的扎口针伸出钩取纱线。如图5-2-11(3)所示。为此,三角7必须在长踵针通过之前退出,而三角6仍处于进一级位置。当长踵针通过时,三角6又进入第二级,压下下面一列短踵针,如图5-2-10(1),使袜针一隔一地进行编织。这时扎口针开始工作,起口三角11(如图5-2-8)在高踵扎口针通过之前下降一级,准备与高踵扎口针作用;待高踵扎口针通过时,三角11再下降一级,准备与低踵扎口针作用。于是所有扎口针受三角11作用向圆盘外伸出,并伸入一隔一袜针的空挡中钩取纱线。三角11在针筒第三转结束时就停止起作用,即当高踵扎口针重新转到三角11处时,它就退出工作。扎口针钩住第三横列纱线后,沿三角座的圆环边缘退回,并握持这些线圈直至袜口织完为止。

第四横列编织时袜针还是一隔一地进行编织,如图5-2-11(4)所示。目的是为了消除线圈向上吊起的拉力。

第五横列及以后的横列在全部袜针上成圈,编织方法与第二横列基本相同,如图5-2-11(5)。在第五横列开始编织前,即当短踵针通过三角7时,三角7进入一级,当长踵针通过时,三角7将下面一列长踵针上抬,使之在三角4上面通过,然后三角6和7一起退出工作,所有的长踵针和短踵针并成一列,全部垫纱成圈,编织所需要长度的平针袜口。如为多路进线袜机,此时其他路导纱器进入工作,机器每一转可编织多个横列。

（3）扎口过程

扎口是袜口编织到一定长度后，将扎口针上的线圈转移至袜针针钩上，并将所织袜口长度对折成双层的过程。扎口移圈时，扎口针三角座 9 和 10 与袜针三角座中三角 8 和 7 同时起作用。由提花片作用使袜针一隔一地升起，在长踵针通过之前，三角 8、7 进入一级，处于中间位置，准备与长踵针发生作用；当长踵针通过时，三角 8 在进入一级，准备与短踵针起作用，三角 7 仍停留在中间位置。在三角 8 的作用下，使未被升起的袜针下降到较低的位置，此时针头位于沉降片鼻的同一水平面上，使带有线圈的扎口针有可能向外伸出。

同时，当低踵扎口针通过时，三角 9 和 10 下降一级，当高踵扎口针通过时再下降一级。三角 9 将扎口针移出，使扎口针的小圆孔处于因三角 8 作用而下降的针头上方。以后，袜针沿右镶板右斜面上升，使针头穿入两片扎口针的小孔内，如图 5-2-12 所示。三角 10 将扎口针拦回，这样便把扎口针上的线圈转移到袜针上。以后全部袜针沿三角 4 上升，进入编织区域，这时在一隔一的袜针上，除套有原来的旧线圈以外，还有一只从扎口针中转移过来的线圈，在以后编织的过程中，两个线圈一起脱到新线圈上，将袜口对折相连，袜口扎口处的线圈结构如图 5-2-13 所示。

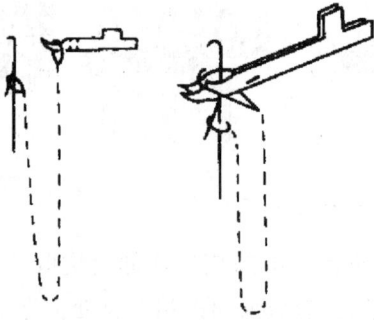

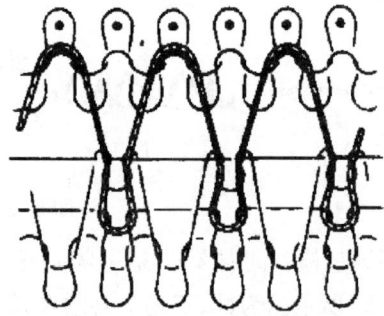

图 5-2-12　袜口扎口　　　　　图 5-2-13　扎口的线圈结构

袜口编织结束后，在编织袜筒前往往编织一种防脱散横列，防止在穿着时抽丝迅速扩展到袜口。防脱散横列最简单的编制方法是在袜口纱线退出之前，在几个横列上引进袜筒纱线，虽然组织结构不变，但密度增加也可阻止线圈脱散，此外也可以利用选针机构编织集圈、提花或架空添纱等组织，达到防脱散的目的。

2. 单片扎口针起口、扎口装置

（1）起口、扎口装置的结构

高机号袜机采用单片扎口针的起口、扎口装置，如图 5-2-14 所示。1 为扎口针盘，2 为扎口针三角座，3 为单片扎口针，其形状如图 5-2-15 所示，由前端的弯钩和片踵组成。弯钩的作用是钩住纱线和收藏线圈；片踵有长、短踵之分，其配置方法为长踵袜针上方配置长踵扎口针，但长踵扎口针数量可少于扎口针总数的一半，视扎口针三角进出工作位置所需时间而定。扎口针间隔地配置在袜针正上方。

图 5-2-16 是扎口针三角座中的三角配置，三角 1、2 控制扎口针在槽中做径向运动，但它们仅在起口和扎口时才进入工作。

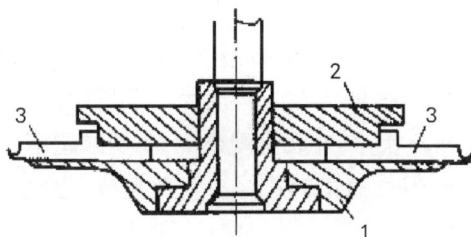

图 5-2-14　起口、扎口装置

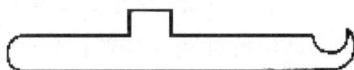

图 5-2-15　单片式扎口针

（2）起口过程

编织第一横列时，袜针一隔一地上升垫入起口线Ⅰ，沉降片将垫上的纱线推向针筒中心，使纱线处于那些未被升起的袜针背后，形成一隔一的垫纱，如图 5-2-17 中(1)所示；在编织第二横列时，所有袜针上升垫入纱线Ⅱ，如图 5-2-17(2)所示；在编织第三横列时，利用提花片进行一隔三起针，即第 1、5、9…袜针上升吃纱线Ⅲ，而其余袜针未被升起，这时扎口针在三角 1 作用下伸出扎口针盘，并垫上长浮线，如图 5-2-17(3)所示。三角 1 分级进入工作；在编织第四横列时，全部袜针上升吃纱线Ⅳ，编织平针线圈，直至形成所需要的袜口长度，如图 5-2-17(4)所示。

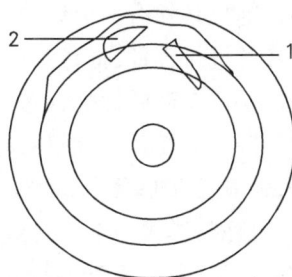

图 5-2-16　扎口针三角装置

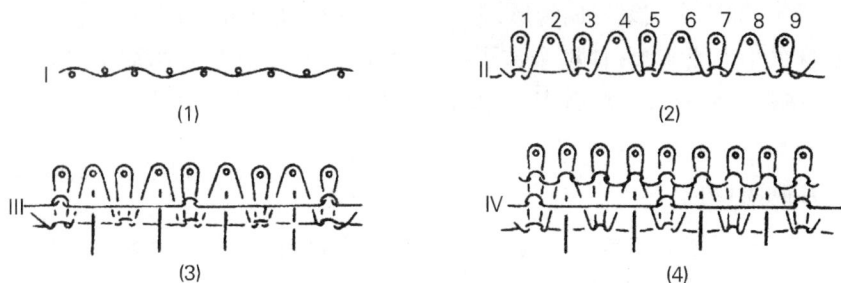

图 5-2-17　袜口起口过程

（3）扎口过程

袜口编织到规定长度后，扎口针的三角又分级进入工作位置，使扎口针重新伸出圆盘外。同时，袜针利用提花片进行一隔一的选针，即第 1、3、5…袜针升起，这时，扎口在三角 1、2 作用下，伸出后又立即缩回，将起口时握持的长浮线套入一隔三的袜针上（如图 5-2-18 所示），因为第 3、7、11…袜针获取了握持在两片扎口针之间的浮线，而其余奇数袜针上方无浮线，因而形成一隔三的扎口线圈，以后全部袜针进入编织区域吃纱成圈，形成双层袜口。

(二)衬垫袜口的编织

衬垫袜口在单针筒袜机上直接编织而成。根据袜口地组织的不同，衬垫袜口有衬垫平针袜口和衬垫单面

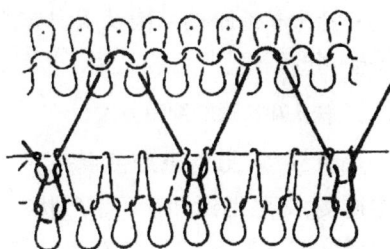

图 5-2-18　扎口的线圈结构

半畦编袜口两种。

衬垫平针袜口的地组织是平针组织,弹性纱(一般为氨纶纱)按一定的比例在织物的某些线圈上形成未封闭的悬弧,在其余的线圈上呈浮线停留在织物反面。下机后由于弹性纱的弹力作用,使平针线圈相互靠拢并间隔地呈凹凸状,其外观呈现出 1＋1 罗纹组织,故又名假罗口。此袜口的延伸度和弹性比平针袜口好,但其袜口的边缘有卷曲趋势,为此,也可采用衬垫双层袜口。

单面半畦编衬垫袜口的组织结构如图 5-2-19 所示。袜机必须有三个垫纱区。第一区垫弹性纱 d,利用提花片进行选针,将奇数针升起垫入弹性纱,但这时旧线圈仍留在奇数针的针舌上,没有完全退圈,然后奇数针下降,同时沉降片前移,将垫上的弹性纱推向针筒中心,使其位于偶数针的背面;第二区为主吃,所有袜针垫纱成圈,形成一个平针线圈横列 a;第三区所有袜针均升起,其中偶数针利用选针闸刀将其升至完全退圈

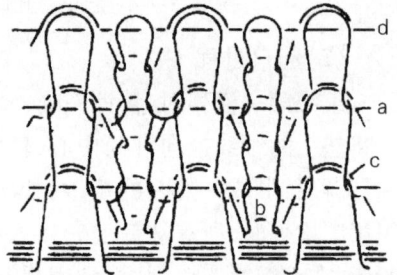

图 5-2-19　衬垫半畦编袜口

的高度,形成平针线圈 b,但奇数针只垫纱不退圈,形成悬弧 c。

三、袜跟与袜头的编织

按人的脚形,袜跟应该编织成袋形,其大小要与人的脚跟相适应,否则袜子穿着时会产生扭转而在袜面上形成皱痕,使整个袜子不能紧贴在脚上,并且容易脱落。为了增加耐磨性,采用较粗的纱线或较大的织造密度加固。袜跟通常采用纬平针组织编织。袜头的结构与编织方法与袜跟基本相同。

(一)袜头和袜跟的结构

在圆袜机上编织袜跟和袜头,是在一部分袜针上进行,并在整个编织过程中进行收放针,以便织成袋形。在袋形袜跟中间,前一半袜跟和后一半袜跟的连接处的接缝称为跟缝。跟缝的结构影响袜品的质量,跟缝结构的形成取决于收放针方式。如果收针阶段针筒转一转收一针,而放针阶段针筒转一转也放一针,则形成单式缝,即双线线圈脱卸在单线线圈之上。这种跟缝牢度较差,一般很少采用。如果收针阶段针筒转一转收一针,而放针阶段针筒转一转放两针收一针,则形成复式跟缝,它由两列双线线圈相连而成。复式跟缝在接缝处形成的孔眼较小,接缝比较牢固,故在圆袜生产中广泛应用。

袜头和袜跟的结构及编织方法完全相同。有些袜品在袜头织完之后进行套眼横列和握持横列的编织,其目的是为了以后缝袜头的方便,并提高袜子的质量。

(二)袜头和袜跟的编织方法

图 5-2-20 为袜跟的展开图,将 ab、cd 分别与相应部分 be、df 相连接,将 ga 和 ie、ch 和 fj 相连接,即可得到具有一定形状的袜跟。袜跟编织开始时应将形成 ga 与 ch 部段的袜针即袜面针停止工作,其针数等于针筒总数的一半,此时,针筒由单向转变为往复回转。在编织前半只袜跟时,形成 ac 部段的袜针即袜跟针进行单针收针,直到针筒中的工作针数只有总

针数的 1/6 ~ 1/5 为止，这样就形成前半只袜跟，如图 a—b—d—c 中；后半只袜跟是从 bd 部段开始进行编织，利用针筒转一转放两针收一针的方法来使针数逐渐增加，以得到如图 b－d－e－f 部段组成的后半只袜跟。因此，袜跟（袜头）的编织工艺过程如下：

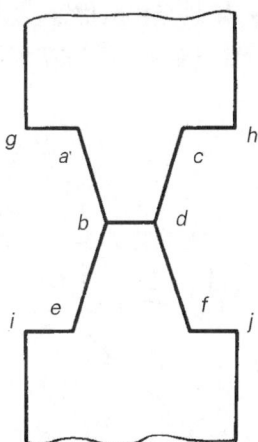

图 5-2-20　袜跟的展开图

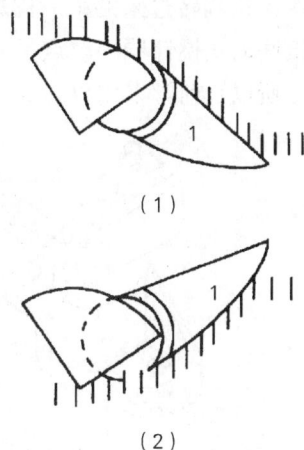

图 5-2-21　袜跟三角

（1）袜面针退出工作，针筒由单向回转变为往复回转。袜面针退出工作的方法随着设备的不断更新和技术的提高而有所变化，常用的方法有上行针法和下行针法。

a. 上行针法：即利用袜跟三角（俗称羊角）使袜面针退出工作。这时以针筒键槽为中心，在有键槽的半周针筒上插短踵袜针编织袜底，另半周插长踵袜针编织袜面。袜跟三角 1 的结构如图 5-2-21 所示，在开始编织袜跟前向下回转，见图（1），并离开针筒一定距离，使其碰不到短踵袜针，但可将袜面长踵针升高到上中三角的背面高度而退出编织区域。短踵袜针参加袜头袜跟部段的编织。当袜头袜跟编织结束后，袜跟三角 1 向上转动，如图（2），将长踵袜针压下，使所有的袜针参加编织。

b. 下行针法：又称埋藏走针法，即编织袜面的袜针不升起，而埋藏于针三角座内往复回转，不垫纱成圈。袜针的排列方法为有键槽半周的针筒上插中踵针编织袜底，另半周针筒上插特短踵针编织袜面。在开始编织袜跟时，左右弯纱三角和左右镶板都远离针筒一定距离，使这些三角和镶板只能作用到中踵针，碰不到特短踵针，因此特短踵针在三角座内侧往复运动，不垫纱成圈。

（2）编织前一半袜头袜跟时，收针是在针筒每一往复回转中，将编织袜跟的袜针两边各挑起一针，使之退出编织，直至挑完规定的针数为止。挑针是由挑针器完成的。在袜机三角座的左右弯纱三角后面，分别安装有左右挑针器。右挑针器供针筒顺转时挑针，左挑针器供针筒逆转时挑针，它们的运动依靠针踵推动而产生。当针筒单向回转时，挑针器不起作用。

目前在单针筒袜机上使用的挑针器有拉板联动式挑针器和单独式挑针器两种。

如图 5-2-22 所示为拉动联板式挑针器，由挑针架 1，挑针杆 2 和挑针导板 3 组成。挑针杆的头端有一个缺口，其深度正好能容纳一枚针踵，左右挑针利用拉板相连，左挑针头端处在左弯纱三角上部凹口内，如图（2）所示。因此针筒扭转过来的第一枚短踵针正好进入挑针杆头端凹口内,在针踵推动下迫使其头端沿着导板的斜面向上中三角背部方向上升,将这枚袜针上升到上中三角背部而退出编织区域。左挑针杆在挑针的同时,通过拉板使右挑针杆进入右弯纱三角背部的凹口中(在编织袜筒和袜脚时,右挑针杆的头端不在右弯纱三角背部凹口中),为下次顺转过来的第一枚短踵袜针做好准备,如此交替地挑针,就形成前一半袜头袜跟。拉板联动式挑针器的缺点是必须在针筒反转时才开始挑针,易在跟缝处形成较大的三角孔眼。所以目前常采用单独式挑针器。

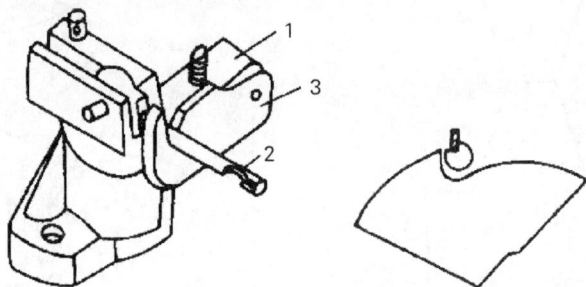

图 5-2-22　拉板联动式挑针器

单独式挑针器的结构如图5-2-23所示。由挑针头1、拉簧2、控制板3组成。当针筒在单向编织时,右挑针器的挑针头受控制板的作用,始终被推离工作位置,与运动的针踵不发生作用。当编织袜头袜跟针筒第一顺转时,控制板受控制机构的作用而脱离挑针头,使挑针头进入工作位置开始挑针。因此,单独式挑针器比拉板联动式挑针器要先挑一针。左挑针器的挑针头不受控制机构控制,始终处于工作位置。左右挑针器的挑针头均靠针踵推动,但不靠拉板复位,而靠弹簧复位。

(3)编织后一半袜头袜跟时,揿针器工作使已经退出工作的袜跟针逐渐再参加编织。揿针器如图5-2-24所示。揿针器装于导纱器座对面,其上装有一个揿针杆,揿针杆的头端呈"T"字形,其两边缺口的宽度只能容纳两枚针踵,在编织袜子其它部段时,揿针器退出工作,这时袜针从有脚菱角的下平面及揿针头的上平面之间经过。揿针器工作时,其头端位于有脚菱角中心的凹势内,正好处于挑起袜针的行程线上。放针时当被挑起的袜跟针运转到有脚菱角处时,最前的两枚袜针就进入揿针头的缺口内,迫使揿针杆沿着揿针导板的弧形作用面下降,把两枚袜针同时揿到左或右弯纱三角背部等高的位置参加编织。当针筒回转一定

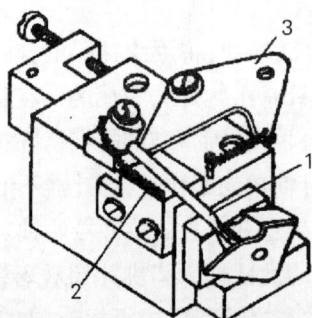

图 5-2-23　单独式挑针器(右)

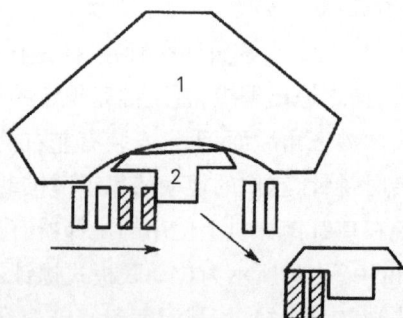

图 5-2-24　揿针器

角度后,袜针与揿针杆脱离,揿针杆借助弹簧的作用而复位,准备另一方向回转时的揿针。在放针阶段,挑针器仍参加工作,这样针筒每转一次,就揿两针挑一针,即针筒每一往复,两边各放一针。

(4)袜头袜跟编织结束,袜面针重新参加工作,针筒由往复回转变为单向回转。

上行针法利用袜跟三角上抬使袜面针重新参加工作,而下行针法则使左、右弯纱三角和左右镶板都靠近针筒,对所有袜针起作用,使其参加编织。

技能训练

1. 通过单针筒袜机熟悉其机构组成,比较其与大圆机的区别。

2. 根据袜子的结构组成了解袜子的编织顺序。

3. 根据袜头、跟的形状特点熟悉其编织要求、特点。

任务三　双针筒袜机的编织机构与工艺

双针筒袜机可以编织弹性和延伸性较好的罗纹组织,若备有一定的花色机构时,还可以编织双面提花组织,凹凸提花组织和绣花添纱组织等.在上下针筒中的编织可以完成除袜品缝头以外的所有编织过程,产品呈计件连续状态下机,减少了袜品生产工序,减少了劳动强度,并可以节约原料,提高生产效率。

一、双针筒袜机的一般结构及成圈机件

(一)双针筒袜机的一般结构

双针筒袜机的基本结构和编织原理,与圆形双反面机相似。在双针筒袜机上,上针筒和下针筒的针槽呈相对配置,针槽内插有双头舌针,下导针片和上导针片。当针筒运转时,插在上下针筒针槽中的导针片片踵受固定三角轨道控制作上下运动,从而控制双头舌针在上下针筒的针槽内移动,在编织过程中,双头舌针连同线圈可以从一个针筒转移到另一个针筒。因此在一枚双头舌针上既可以编织正面线圈,又可以编织反面线圈。双头舌针在下针筒成圈时,形成正面线圈,在上针筒成圈时,形成反面线圈。

图5-3-1为双针筒袜机的结构简图。下针筒固装在圆锥齿轮1上,上针筒2由滚珠轴承3通过套筒与上座盘4相联系,上座盘由三根支柱5固定在下座盘上。下针筒通过齿轮6,7,8,9传动上针筒,使上下针筒同步回转。在上下针筒的周围配置有固定三角座10和11,在下针筒内侧装有沉降片座12,其上配置有与针筒一起回转的沉降片13及固定沉降片三角座14。在上针筒上装有与针筒一起回转的栅状齿盘15,盘中插有栅状齿代替沉降片起着对上下筒线圈的握持作用,同时栅状齿还可以作轴向移动,以调节上针筒线圈长度。位于袜机下部的牵拉机构和贮袜筒,可以用16来转动。当针筒往复回转时,为了减少惯性力的

影响,由离合器 17 来使贮袜筒 18 停止回转。

(二)成圈机件的作用

双针筒袜机的主要成圈机件有双头舌针,沉降片,栅状齿,导针片和导纱器等,由它们相互配合使纱线形成所需要的线圈。

1.双头舌针

双头舌针如图 5-3-2 所示,两个针头以上下对称的结构配置在针杆的两端,其针头 2、针钩 3、针舌 4 与普通袜针的结构相同,工作时两个针头中的一个针头与导针片啮合实现织针的上下移动,另一个针头完成纱线的钩取和成圈过程。针杆 1 呈曲线状的称为双头弯针,它适用于编织锦纶丝袜;针杆呈直线状的称为双头直针,这种结构增加了针背与针槽的接触面,减少了双头舌针在针槽中左右摆动的状况,它适应编织棉纱袜,也可编织弹力丝袜。针杆 1 上有两个波峰 5,其作用是当针头与导针片啮合时,导针片头压在其上以增加舌针的移动稳定性。

2.沉降片

沉降片如图 5-3-3(1)所示,沉降片呈月牙形,由片鼻 1、片喉 2、片肩 3、片踵 4 所组成。它配置在下针筒内部的沉降片座上,与双头舌针成均匀的间隔排列,由针筒带动沉降片座同向回转,并可在沉降片三角作用下做径向运动,起着握持和牵拉下针筒线圈的作用。

在某些袜机上还配置有护针片,如图(2)所示,由片踵 1 和片顶 2 组成。护针片安装在袜头袜跟需要进行挑针的地方,与沉降片装在同一针槽内,在编织袜头、袜跟挑针时,依靠导针片的弯头作用抬起护针片,使其片顶 2 封闭沉降片的片喉,使纱线的余线不被片喉钩住,以防止袜品轧碎、发毛、局部脱套等庇病。

有些不采用护针片的双针筒袜机,其安全保护措施是在进行往复编织时,将沉降片提前拦进,当最后一只双头舌针垫上纱线后,沉降片片鼻接近针杆,利用片鼻把余线挡在片鼻上部。

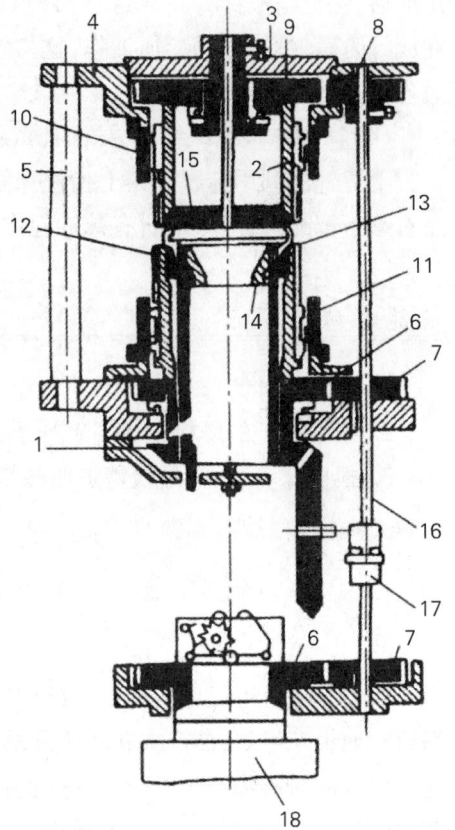

图 5-3-1　双针筒袜机的结构简图

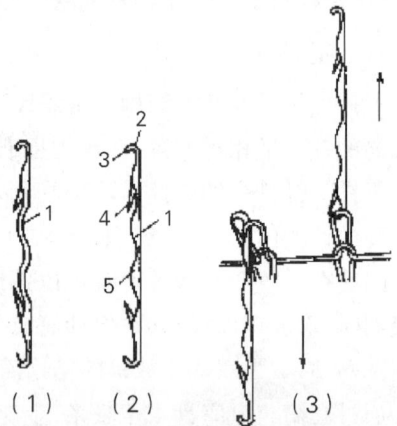

图 5-3-2　双头舌针的结构

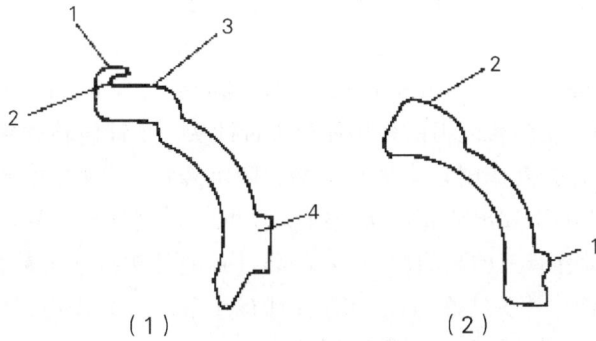

图 5-3-3　沉降片

3. 栅状齿

栅状齿如图 5-3-4(1)所示,由齿尖 1、平面 2、齿踵 3 组成。齿踵 3 被压板紧固在栅状齿盘上,其平面 2 代替沉降片片颚,起着对上针筒线圈的握持作用,以均衡上、下针筒的线圈长度。上针筒线圈的牵拉由牵拉机构完成。

在绣花添纱双针筒袜机中采用的活络栅状齿如图 5-3-4 中(2)所示,由齿踵 1、齿杆 2、齿尖 3 组成,它直接插装在上针筒口端齿槽中,与上针筒的针槽相对应。当双头舌针在上下针筒中进行转移动作时,栅状齿也可在上针筒的齿槽内上下移动,以保证双头舌针可靠地从一个针筒转移到另一个针筒。编织绣花添纱组织时,需要上、下针筒之间有较大的间隙,以便导纱器顺利地翘进或翘出完成正确垫纱,活络栅状齿可满足这个要求。

4. 导针片

导针片的作用是在编织过程中控制和牵引双头舌针进行上下针筒的转移,其结构如图 5-3-5 所示,它由导针钩 1、片肩 2、导针口 S、导针头 3、工作踵 4、转移踵 5、弯头 6 及片尾 7 组成,配置在上、下针筒的针槽内。导针钩 1 用以钩住双头舌针的针钩,与片肩 2 共同带动

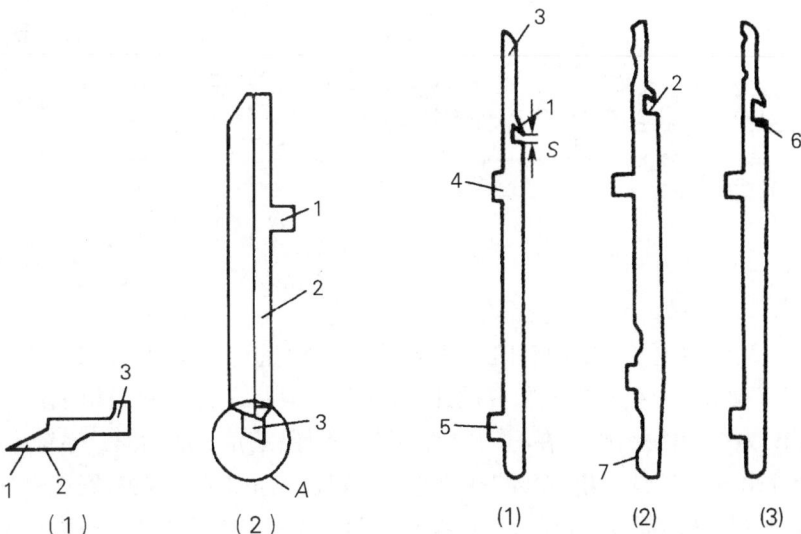

图 5-3-4　栅状齿

图 5-3-5　导针片

舌针作升降运动;舌针针钩通过导针口 S 进入或脱开与导针片的啮合;导针头 3 的主要作用一是在编织过程中防止针舌关闭,二是压住舌针的波峰,增加双头舌针的稳定性,三是在转移过程中沿导针头的斜面进入转移板使双头舌针与导针片脱钩;工作踵 4 受编织三角的作用进行成圈;转移踵 5 受转移闸刀的作用使双头舌针从一个针筒转移到另一个针筒;导针片弯头 6 分为左向和右向,其作用是将护片上抬封闭沉降片的片喉;片尾 7 略有弯曲,可减少导针片在整个长度方向上翘出或翘进所需的作用力,从而增加导针片在针槽中的稳定性。

目前常用的导针片有三种。图(1)所示的导针片的片头进入转移板后可使双头舌针脱钩;图(2)所示的导针片头斜面与(1)相反,具有开启针舌的作用,当舌针需要转移时,不再使用转移板,而是利用片尾受压使舌针与导针片脱钩;图(3)所示的导针片带有向左或向右的弯头,用于需用护片保护纱线余线的双针筒袜机上。

在双针筒袜机上通过导针片的转移可以方便地编织不同的罗纹组织。而导针片因其不同的结构和作用形成了多种类型。通常可按是否采用转移板分为导针片头斜面向左还是向右两种;按工作踵的长度分为长、中、短三种;按转移踵的长度分为长、中、短、无四种;按弯头的状态分为无弯头、左弯头、右弯头三种。以上分别可以组合成 36 种导针片。

(三)编织三角的结构

图 5-3-6 所示为具有两个成圈系统的双针筒袜机上、下三角座的展开图。图中 A 为下针筒三角座,B 为上针筒三角座。

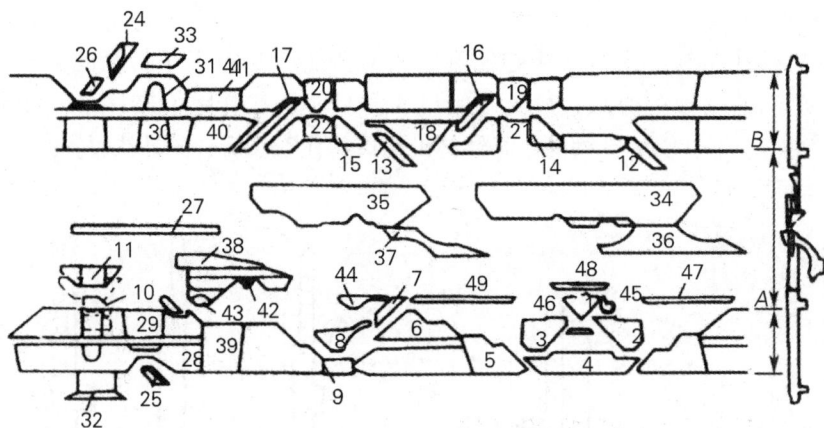

图 5-3-6　上、下三角座的结构

1. 下针筒三角座 A

三角 1、2、3、4、为主系统中的双向三角座,弯纱三角呈对称配置,在编织袜头、袜跟往复运动时,可以双向成圈。45、46 为左右挑针器,在收针时将织针挑起退出工作,每次挑起一针。47、48、49 为护针档板,阻止在运动中的导针片外倾;三角 5、6 为第二系统中的起针三角和退圈三角,7、8、9 为压针三角、弯纱三角和托针镶板;三角 10 是袜头、跟起针三角,当编织袜头、跟开始时,将袜面部分针挑起,退出编织,三角 11 是袜头跟压针三角,当编织袜头、跟结束时,将袜面部分针压下参加编织;三角 23 为辅助转移闸刀,在转移时,可使导针片递升一级,使转移踵过渡到转移闸刀25,使之继续上升,再通过转移板27的作用,实现双头舌针的转移;28、29为镶板,其上磨有一定深度的凹势,为适应送针或受针导针片翘出针筒槽,以利于双头舌针的转移;32为托针镶板,其作用是托住受针导针片的转移踵,起定位作用;39为针门,可以开启,调换坏针;42为撇针器,将收针时退出工作的针撇下,每次两针,43、44为撇针后的过渡三角,将撇针器撇下的织针继续压下参加编织;34、35为上护针板,其作用是在下针筒成圈、双头舌针脱离导针片的保护时,由护针板保护其针舌,防止关闭针口;36、37、38为下护针板,作用同上护针板。

2. 上针筒三角座 B

在上针筒三角座中,双头舌针不参加袜头、跟的编织,所以其走针轨迹与三角结构都与下针筒不同。12、13为第一、第二成圈系统的压针闸刀,使导针片移向弯纱三角。当编织袜、头跟时,此闸刀退出工作,使上针筒的导针片工作踵沿上三角座的下针道回转,不参与成圈,在编织袜脚和握持横列前,重新进入工作;14、15为第一、第二成圈系统的弯纱三角并与下针筒弯纱三角3、8相对配置,以便上下针筒同步成圈;16、17为第一、第二系统的起针闸刀。在编织袜口起始横列时,起针闸刀退出,使导针片的工作踵沿上针道运动;18为退圈闸刀;19、20为回针三角,使成圈后的双头舌针回退;21、22为匀整三角,使回针后的导针片稍微上升,以达到均匀线圈的目的;24为辅助转移闸刀,作用与23相同;26为转移闸刀,作用与25相同;30、31为镶板,作用与28、29相同;33为托针镶板,作用与32相同;40、41为针门,作用与39相同。

二、双头舌针的转移过程

双针筒袜机的成圈过程及转移过程与纬编双反面组织的编织过程基本相同。双头舌针从一个针筒转移到另一个针筒的过程中,受针导针片在自己的针筒槽内始终不动,只有送针导针片沿针槽移动。在导针片移动的同时,旧线圈沿针杆滑动,转移到双头舌针另一端的针钩中。目前在双针筒袜机上使双头舌针与导针片啮合和脱离的方法有两种。

(一)用转移闸刀和转移板进行转移(图5-3-7)

1. 送针阶段

下导针片在转移闸刀的作用下,用其片肩推动双头舌针,沿针筒槽上升,其上针头推开上导针片的导针钩,此时,下导针片的片头逐渐伸入转移板1。

2. 进钩阶段

下导针片继续沿下转移闸刀上升,当上针钩到达上导针片的导针口时,上导针片在弹簧4的压力下,使舌针针钩进入上导针钩内,与上导针钩啮合。

3. 脱钩阶段

下导针片片头受转移板上的斜面作用,使其向外倾斜,以便下导针片的导针钩和舌针的下针钩脱离。

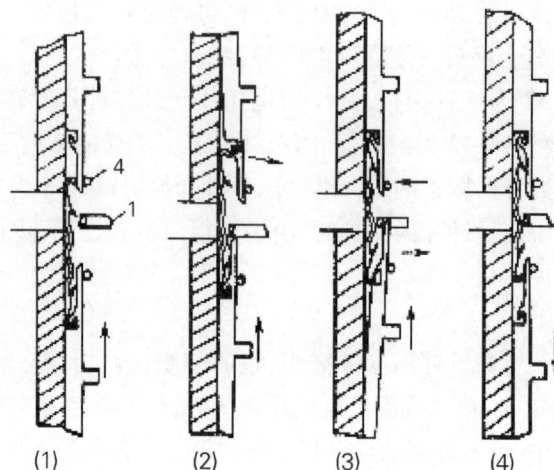

图 5-3-7　利用转移板转移

4. 复位阶段

下导针片脱钩后,转移踵在镶板的作用下,开始下降,其片头与转移板脱离接触,导针片在弹簧的作用下,回到针筒槽内。

该方法中对机件安装调试的精度要求较高,而且转移板与导针片片头的磨损较大。

(二)用转移闸刀和压翘三角进行转移

转移原理如图 5-3-8 所示,分为:

1. 送针阶段

下导针片在转移闸刀 5 的作用下,推动双头舌针上升,使上针头推开上导针片的导针钩。

2. 进钩阶段

当舌针上升到达上导针片的导针口时,上导针片在弹簧 4 的作用下,使针钩进入导针钩内。双头舌针与上导针片啮合成一体。此时,下导针片的片尾正好对正压翘三角的高度。

3. 脱离阶段

压翘三角压向下导针片的片尾,使下导针片片头在定位板 6 的限制下,向外倾斜一定的角度,使针钩脱离下导针片的导针钩。

4. 复位阶段

下导针片完成脱离后,转移踵在镶板的作用下下降,使其尾部与压翘三角脱离接触,下导针片回到针槽内。

此种转移方法的特点是结构简单,使用和维修方便。

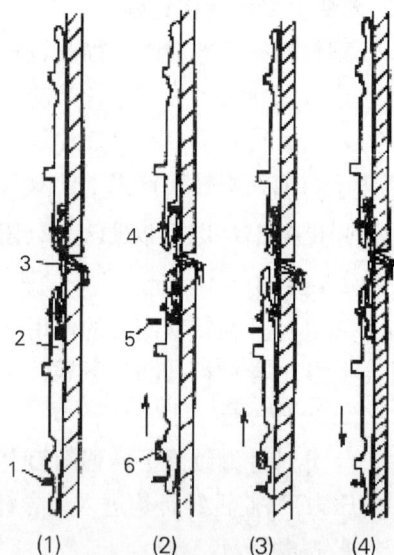

图 5-3-8　利用压翘三角转移

三、双针筒袜的编织过程

(一)导针片的排列

导纱片的排列,既要考虑工作踵的编织要求,又要考虑转移踵的转移要求,其排列原则为:

1.导针片工作踵的排列

工作踵用来控制袜品各部段的编织,他的排列与单针筒袜机上织针排列基本相同,在排列工作踵之前,首先确定袜面与袜底的位置。以针筒往复运动暂停时为观察点,袜面半圆中心应位于中三角中心位置。在下针筒上,袜面半圆插长工作踵,袜底半周插短工作踵。为满足闸刀进出方便的要求,可在袜底半周的前、中、后插一定数量的中工作踵。在上针筒上插短工作踵,但需在闸刀进出位置插一定量的中工作踵。

2.导针片转移踵的排列

导针片转移踵的排列根据袜品各部段的组织结构而定。在上下针筒中,导针片的转移踵共有长、中、短、无4种,除无踵导针片不能转移外,有踵导针片均可转移。在编织袜口、袜筒和袜底罗纹时,导针片排列在转移限度以内。一般规律是:一次转移,转移踵排长、无两种;二次转移,转移踵排长、短、无3种;三次转移,转移踵排长、中、短、无4种。

例在168针的双针筒袜机上编织一袜品。其组织结构分别是:袜口为1+1罗纹组织,袜筒以及袜脚的袜面为4+2罗纹组织,握持横列、袜头跟、袜脚的袜底为平针组织。按上述原则排列出上、下导针片。

1.确定最大的完全组织

本例中的最大完全组织是4+2罗纹,一个完全组织为6针,则袜筒上的完全组织为168÷6=28.如果出现余数,可将配置在袜底部分。

2.选择排列的位置和排列的数量

由于袜底和袜面编织情况不同,故排片位置应选在袜面与袜底交界处。排片的数量为两个完全组织针数,本列中为12针,其中1、2、3、4、5、6、代表袜面完全组织针数,1′、2′、3′、4′、5′、6′代表袜底完全组织针数。

3.按袜品的编织顺序画出编织图

从上到下按对应位置画出各部段的编织图,并标注图示说明,如双面编织/单面编织、下针筒线圈/上针筒线圈等。本例中甲为双面编织图例,乙,丙为单面编织图例。其中乙为双头舌针在下针筒编织正面线圈,丙为双头舌针在上针筒编织反面线圈。

4.按每根针上的的线圈在不同部段状态标出转移方向和转移次数

当线圈的状态在不同部段发生改变时需要进行转移,用↑表示在下一部段时双头舌针将从下针筒向上针筒转移,用↓表示在下一部段时双头舌针将从上针筒向下针筒转移。双头舌针的转移次数用箭头右下角标1、2、3表示转移闸刀进刀的级数。

5.对应每个线圈纵行画出上、下导针片的工作踵、转移踵的排列

对应每根织针的位置画出工作踵的排列。根据上、下导针片在针筒中的安装位置,工作踵应画在中间两条线上,上、下两条线分别排转移踵。在没有发生双头舌针转移的针槽里,需排无转移踵导针片。

综上所述,导针片的排列如图5-3-9所示。

从图中可以看出,本例中各部段的编织过程如下:

1. 握持横列

双头舌针全部在下针筒编织平针组织。

2. 袜口

该部段组织由平针转为1+1罗纹,必须使下针筒的针2′、4′、6′和1、3、5转移到上针筒,此时下针筒转移闸刀要进一级。用↑1标出针2′、4′、6′和1、3、5的转移方向和转移次数。

3. 袜统

该部段组织由1+1罗纹转为4+2罗纹,需将下针筒的1′和6转移到上针筒,所以下针筒的转移闸刀要再进一级。因此针1′和6要用↑2表示,而上针筒的转移闸刀进一级,把针6′、4′、1、3转移到下针筒,因此几枚针要用↓1表示。

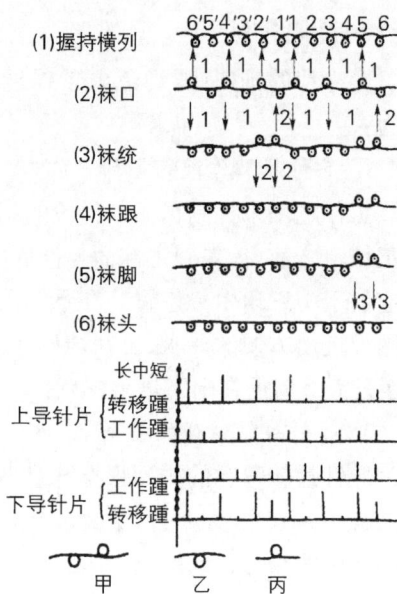

图5-3-9 导针片的排列

4. 袜跟

该部段袜跟半周为平针,袜面半周仍为4+2罗纹,因此,必须使袜底半周在上针筒的舌针转移到下针筒,这时上针筒转移闸刀必须进二级,上针筒针1′、2′用↓2表示。在转移闸刀进二级作用时,除了1′、2′受到作用外,针6′、4′、1、3也受闸刀的作用被压下来,但它们上面没有舌针,只是做了一个空动作,所以袜面仍为4+2罗纹,袜跟半周为平针编织。

5. 袜脚

袜面半周仍为4+2罗纹组织,袜底为平针组织,和上一段织针配置相同,因此双头舌针不需要转移。

6. 袜头

在编织袜头前,须将上针筒的针全部转移到下针筒,此时上针筒转移闸刀需进三级,因此针5、6用↓3表示。

(二)袜子各部段的编织过程

1. 分离横列和袜口的编织

在双针筒袜机上编织袜子主要采用连续式落袜,袜坯串成带状,因此在袜头和袜口连接处,需要编织分离横列以便拆离。当一只袜子编织结束时,全部织针都位于下针筒上编织握持横列,在开始编织下一只袜子前,必须首先将织针配置成1+1罗纹,以便编织分离横列。

图5-3-10为分离横列过渡到编织袜口的组织结构图。其中横列1为上一只袜子的握持横列,此时双头舌针均处于下针筒上,由主成圈系统进行成圈,形成平针组织,一般约10

个横列,作为缝头时握持之用。在开始编织分离横列之前,首先由下针筒辅助转移闸刀23进入工作(参见图5-3-6),使导纱针的工作踵递升一级,转移闸刀25进一级,仅作用在长短相间排列的长转移踵上,使其继续上升,然后升高的导针片头被转移板27抬起,完成脱钩,从而一隔一地使双头舌针转移到上针筒,在主系统形成罗纹横列2、3,此横列为分离横列。此部段的作用是分离两只袜品,它位于两只袜品间的连接处。待编织第三横列结束,起针闸刀16、17退出工作,使上针筒导针片工作踵在上针筒走针轨道内回转,即藏针。此时弹性纱导纱器进入工作,在下针筒主成圈系统编织袜口光边。因上针不编织,袜口光边编织4、5、6、7四个横列,其上针形成一个拉长线圈,下针形成4个较小线圈,而在其间垫入4个横列的弹性纱,以增加袜口弹性和平整度。编织第7横列时,上针筒起针闸刀16、17在袜底中间进入工作,继续编织1+1罗纹组织,以封闭弹性纱。若第二成圈系统也参加编织,则形成间隔横列垫入弹性纱的袜口。由于弹性纱的延伸性大,采用积极式喂纱可以减小张力差异,保证罗纹质量。袜子下机后,剪断分离横列3的线圈,抽出纱线,即可将相连两只袜子分离,由于拉长线圈和弹性纱的收缩,便可形成光滑的袜口边缘,如图5-3-11所示。

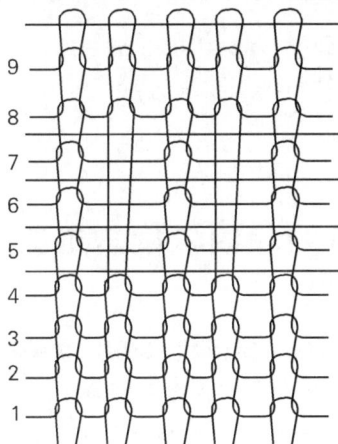

图 5-3-10　袜口组织结构

图 5-3-11　袜口结构

2.袜筒的编织

在编织袜筒之前,上、下针筒的辅助转移闸刀23、24必须进入工作,之后转移闸刀25、26也投入工作。根据袜筒组织结构的要求将双头舌针进行上、下转移,并在主副成圈系统中进行成圈,袜筒部段可采用多种形式的罗纹组织。在花色袜机上还可编织凹凸组织、提花组织、绣花组织、毛圈组织、集圈组织等花色组织和复合组织。

3.袜跟、袜头的编织

开始编织袜眼前,首先将编织袜跟的织针从上针筒转移到下针筒,编织袜面的织针仍留在上针筒。袜跟三角10工作,将下针筒中具有长工作踵的导针片上抬,退出工作,不参加袜跟的编织。同时关闭上针筒中的三角12、13和下针筒压针三角7。这时上针筒导针片的工作踵将沿三角座下边缘移动,这样就有可能使针筒改变回转方向。在三角停止工作的瞬间,为了使导针片的工作踵不与后面一只三角的尖角相撞,三角是分二级停止作用的。当长工作踵导针片通过时,三角向后退出一级,使短工作踵不能与三角发生作用,当短工作踵导针片通过时,三角再向后退出一级,使得长工作踵也不能与三角发生作用。

在编织袜跟时,起作用的只是那些同下针筒中短工作踵导针片相啮合的针,这时针筒从回转运动改变为往复运动,挑针器工作,在前半只袜跟的两侧逐针收针,当编织后半只袜跟时,揿针器工作,在挑针的同时进行揿针,在袜跟两侧逐针放针。

当袜跟编织完后,针筒又作单向回转运动,上针筒中的三角12、13,下针筒的三角7重新进入工作,当短工作踵导针片通过时,三角向针筒中心挺进一级,等长工作踵导针片通过时,三角再挺进一级。同时,袜跟三角将下针筒中所有上抬的导针片压下,参加袜脚部段的编织。

在袜脚过渡到袜头编织前,上针筒的双头舌针全部转移到下针筒,以便编织加固圈,袜头编织结束后,随即转入握持横列的编织。

技能训练

1. 通过双针筒袜机熟悉其机构组成,比较其与单针筒袜机的区别。
2. 根据袜头、跟的形状特点,熟悉其在双针筒袜机编织要求、特点。
3. 在袜机上练习编织袜子。

任务四　无缝内衣针织机的编织机构与工艺

传统针织内衣的生产,一般是先将光坯布裁剪成一定形状的衣片,再缝制而成最终产品。因此,内衣的某些部位(如下摆、腰身等)有缝迹,在一定程度上影响了内衣的整体性、美观性和服用性。无缝内衣是指衣服的下摆、腰身或短裤的裤腰处为无缝的形态。无缝内衣在专用针织圆机上一次基本成形,该机从衣服下摆或短裤的裤腰处起口,根据设计的花型以及程序进行编织,下机产品为一圆筒状的衣片,只需在领口等处进行裁剪缝制即可形成内衣。由于无缝内衣没有腰身等处的缝迹,因而增加了穿着的舒适性,同时依靠组织的变化以及氨纶增加了塑身美体的效果。如今,无缝内衣以其塑身、美体、贴身又活动自如的特性畅销于国内外内衣市场。

一、无缝内衣针织圆机的结构

无缝内衣针织圆机分单针筒和双针筒两类,可分别生产单面和双面无缝针织内衣,目前使用较多的是单针筒无缝内衣机。

圣东尼 SM8—TOP2 是国内目前最常见的完全由电脑控制的生产单面无缝针织内衣的单面小圆机,它是在一系列的机型基础上逐渐发展而来的十分成熟的内衣生产设备,可用来生产内衣、外衣、泳衣、运动衣以及毛圈产品。该机共有 8 路喂纱编织系统,每路有两个 16 级压电陶瓷选针器、8 个导纱器,可以编织平针、集圈、假罗纹以及局部或全部的毛圈组织等。

（一）无缝内衣针织圆机的主要编织机件与配置

无缝内衣机的编织机件主要有织针、沉降片、哈夫针、中间片和提花片。各成圈机件的结构如图5-4-1所示。

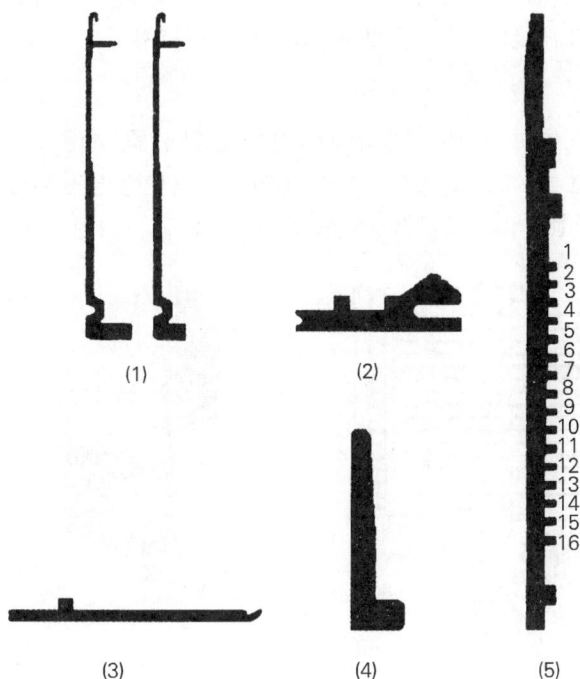

图中标注数字：1 2 3 4 5 6 7 8 9 10 11 12 13 14 15 16

(1)　　　(2)　　　(3)　　　(4)　　　(5)

图5-4-1 无缝内衣机的编织与选针机件

1.织针

无缝内衣机采用舌针编织，如图5-4-1（1）所示，针筒中的织针有长、短两种针踵高度，主要为了使三角在机器运行过程中可作进出运动，从而实现三角的变换，进行不同织物结构的编织。无缝内衣机上的短踵针一般为织针总数的3/4，长踵针为织针总数的1/4。

2.沉降片

如图5-4-1中（2）所示，沉降片插在沉降片槽中，与针槽相错排列，配合织针进行成圈。沉降片片踵也分高、低两种，另外还有一种用来做毛圈的高片鼻毛圈沉降片。

3.哈夫针

如图5-4-1中（3）所示。如采用单片哈夫针，哈夫针数为织针总针数的一半，与织针为一隔一相相对配置，也有短踵与长踵之分，同样长踵哈夫针为总哈夫针数的1/4。哈夫针主要用于起头或结束时的扎口，从而在裤子的腰部、裤空或上衣的下摆处形成双层折边的织物边口。

4.中间片

如图5-4-1中（4）所示。中间片装在针筒上，位于织针和提花片之间，起传递运动的作用。中间片可将织针升高,从而进行相应的编织动作,也可以将提花片压下,以便在下一个选针区进行选针。中间片也分为长短踵,在机器上的配置与长短踵织针相同。

5. 提花片

如图5-4-1中(5)所示。提花片装在针筒上,位于中间片的下方。提花片共有16档齿,每片提花片上留一档齿,在机器上呈"/"(步步高)排列,分别受相对应的16把选针刀片的控制,从而进行选针,选针刀片作用到的提花片不进行编织。

(二)选针装置

TOP2型无缝内衣机每路成圈系统有两个电子选针装置,如图5-4-2所示。每个选针装置有16把电磁选针刀片,每把选针刀片都受到一个双稳态电磁装置控制,可摆到高、低两种位置。提花片共有16档齿,高度与16把刀片一一对应。如图5-4-3(1)所示,当某一选

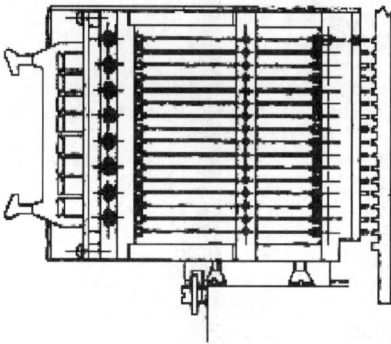

图 5-4-2　选针装置

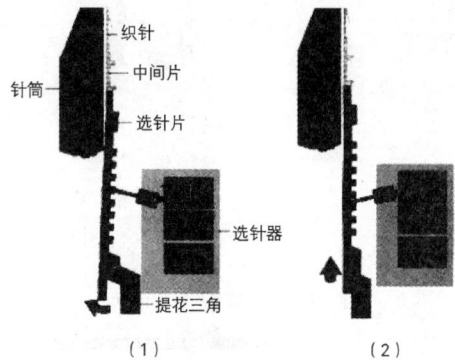

图 5-4-3　选针原理

针刀片摆到高位时,可将留同档齿的提花片压进针槽,使其片踵不沿提花片三角上升,故其上方的织针不被选中。当某一选针刀片摆至低位时,不与留同档齿的提花片齿接触,提花片不被压进针槽,其片踵沿提花片三角上升,其上方的织针被选中,如图中5-4-3(2)所示。双稳态电磁装置由计算机程序控制,可进行单片选针,因此,花型的花宽和花高不受限制,在总针数范围内可随意设计。

(三)三角装置

该无缝内衣的三角装置如图5-4-4所示。图中1—9为织针三角,10和11为中间片三角,12和13为提花片三角,14和15分别为第一和第二选针区的选针位置,该机在每一成圈系统有两个选针区。图中的黑色三角为活动三角,可以由程序控制,根据编织要求处于不同的工作位置,其他三角为固定三角。活动三角进出有A、B、C三个位置。A位为三角不工作位置,此时三角远离针踵,不与织针作用;B位为三角进一级位置,仅能对长踵针起作用;但作用不到短踵针;C位为三角全进位置,此时三角可以对所有织针起作用。如果没有相应的程序指令,集圈三角1和退圈三角2的默认位置为A位,即不工作位置;而收针三角4和中间片挺针三角11默认位置为C位,即工作位置。

集圈三角1和退圈三角2可以沿径向作进出运动,当它们都进入工作时,所有织针在此

处上升到退圈高度;当集圈三角1进入工作而退圈三角2退出工作时,所有织针在此处只上升到集圈高度;而当集圈三角1和退圈三角2都退出工作时,织针在此处不上升,只有在选针区通过选针装置选针编织,未被两个选针装置选中的提花片被压入针槽,对应的织针不上升。参加成圈的织针在上升到退圈最高点后,在收针三角3、4、6和成圈三角8的作用下下降,垫纱成圈。收针三角3、4、6还可以防止织针上窜。其中三角4和5为活动三角,可沿径向进出运动,当它们退出工作时,在第一个选针区被选上的织针在经过第二个选针区时,仍然保持在退圈高度,直至遇到第二个选针区的收针三角6和成圈三角8时,才被压下来,如图5-4-5所示。

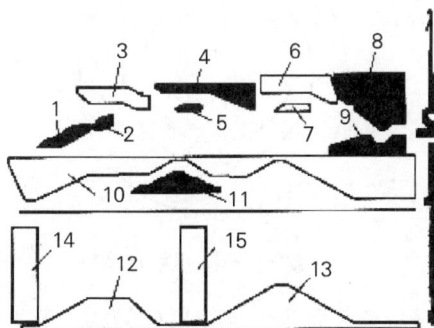

图5-4-4 三角展开图

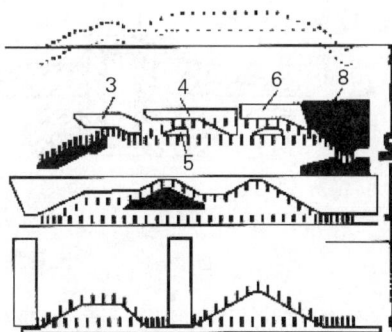

图5-4-5 进行两次选针时的走针轨迹

三角3、6和7为固定三角。成圈三角8和9可由步进电动机带动上下移动,以改变弯纱深度,从而改变线圈大小。在有些型号的机器上,单数成圈系统上的成圈三角也可以作径向运动,进入或退出工作,这时两路就会只用一个双数路上的成圈三角进行弯纱成圈。

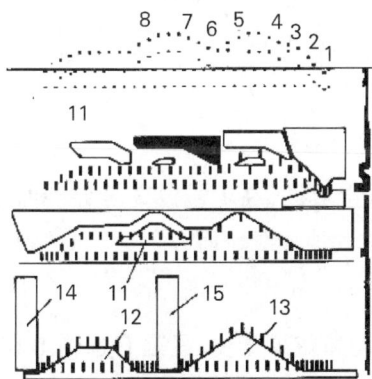

图5-4-6 中间片挺针三角退出工作时的走针轨迹

中间片三角10为固定三角,它可以将被选上上升的中间片压回到起始位置,也可以防止中间片向上窜动。中间片挺针三角11作用于中间片的片踵上,当三角11进入工作时,中间片沿其上升,从而推动在第一个选针器处被选上的处于集圈高度的织针继续上升到退圈高度;当三角11退出工作时,在第一选针区被选上的织针只能上升到集圈高度,如图5-4-6所示。

提花片三角12和13位于针筒座最下方,为固定三角,可分别使被选针器14和15选中的提花片沿其上升,从而通过其上的中间片推动织针上升。其中提花片三角12只能使被选上的织针上升到集圈高度,而提花片三角13可使织针上升到退圈最高点。

(四)扎口装置

无缝内衣机通过装在哈夫针盘(图5-4-7)上的单片扎口针1(哈夫针)与织针配合来编织双层折边。哈夫针由哈夫针三角控制进行工作,如图5-4-8所示,哈夫针三角包括出针三角 1 和收针三角 2，它们可以由程序控制进入和退出工作。

出针三角在起扎口、收扎口时，将哈夫针推出哈夫针盘，可以勾住两枚针之间的纱线；收针三角的作用是将挺出的哈夫针收回到哈夫针盘中，使其不能钩取纱线。出针三角和收针三角都有固定的进入工作角度，并且有 A、B、C 三个不同的工作位置，位置 A 为三角退出工作，不与哈夫针作用；位置 B 为三角进入一半，只作用在长踵哈夫针上；位置 C 为三角全进，作用在所有哈夫针上。

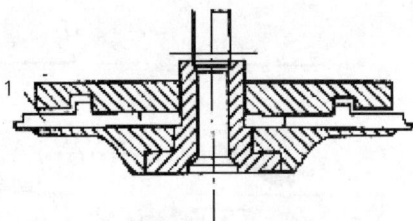

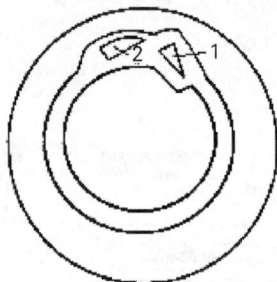

图 5-4-7　哈夫针盘　　　　　　　图 5-4-8　哈夫针三角

为了编织添纱、毛圈和提花产品，该机每一成圈系统装有 8 个导纱器（纱嘴），其大致位置如图 5-4-6 中的 1—8 所示。每个导纱器都可以根据需要由程序控制进入或退出工作，且各导纱器进入工作和退出工作的位置都有所不同。一般第 1 号、2 号导纱器穿地纱，3 号导纱器穿弹性纱，4 号—8 号导纱器穿花色纱。

二、无缝内衣常用组织结构的编织工艺

单面无缝内衣机的产品结构以添纱组织为主，包括平针添纱织物、浮线添纱织物、添纱网眼织物、提花添纱织物、集圈添纱织物和添纱毛圈织物等。

（一）平针添纱组织

编织平针添纱组织时，所有织针在两个选针区都被选上成圈，在 1 号或 2 号导纱器处，织针勾取包芯纱作地纱，在 4 号或 5 号导纱器处，织针勾取其他纱线作面纱。

（二）浮线添纱组织

编织浮线添纱组织时，地纱始终编织，而面纱根据结构和花纹需要，只是有选择地在某些地方进行编织，在不编织的地方以浮线的形式存在，就形成浮线添纱组织。当地纱较细时，可以形成网眼效应；当地纱和面纱都较粗时，可以形成绣纹效应。

如图 5-4-9 所示，编织时，在第一选针区被选上的织针经收针三角 4 后下降，如果在第二选针区不被选上，就沿三角 7 的下方通过，此时织针只能勾取到 1 号或 2 号导纱器的地纱，不会勾取到 4 号或 5 号导纱器的面纱，形成单纱线圈，面纱以浮线的形式存在于织物反面；而在第二选针区又被选上的织针，将会沿三角 7 的上方通过，可以同时勾取到 4 号或 5 号导纱器的面纱以及 1 号或 2 号导纱器的地纱，面纱与地纱一起编织形成添纱线圈。

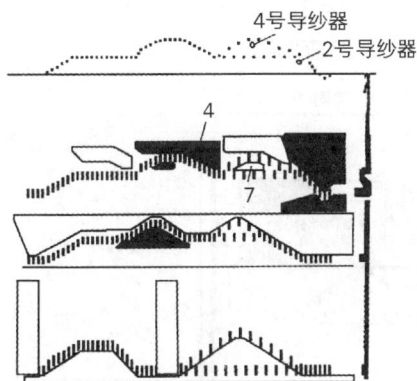

图 5-4-9　浮线添纱组织走针轨迹　　　　图 5-4-10　集圈组织走针轨迹

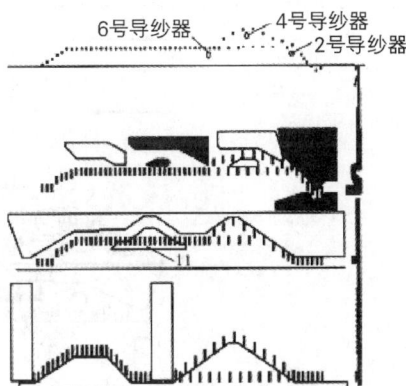

（三）浮线组织

浮线组织是有选择地使某些针参加编织形成线圈,而另一些针不参加编织形成浮线。如果参加编织的织针勾取两根纱线织成添纱线圈,就形成添纱浮线组织。如果只有一个导纱器进入工作,采用一根纱线编织,就形成了平针浮线结构。

假罗纹组织是在无缝内衣产品中使用较多的一种浮线组织。通常采取 $1×1$、$1×2$ 或 $1×3$ 编织形成假罗纹,其中前面的数字表示在一个循环中参加编织的针数,后面的数字表示不编织的针数。编织时,在两个选针区都选中的织针编织平针或添纱线圈,而在两个选针区都不被选中的织针既不勾取地纱也不勾取面纱,形成浮线。假罗纹背面浮线较长时（如 $1×3$）,还可以形成一种假毛圈的效果。

（四）集圈组织

编织集圈组织时,三角的配置和走针轨迹如图 5-4-10 所示,中间片挺针三角 11 退出工作,在第一个选针区被选上的织针只能上升到集圈高度,旧线圈不从针头上退下来,再垫上新纱线时就形成集圈。如果仅在 1 号或 2 号导纱器处垫纱,就形成平针集圈,如果将 4 号导纱器换成 6 号导纱器垫纱,就形成添纱集圈。如果在第 1 和第 2 选针区都不被选上,织针就不参加编织,形成浮线。

（五）提花添纱组织

编织提花添纱组织时,地纱为一种纱线,面纱一般为两种纱线。可以根据花型需要,选择不同颜色或种类的面纱编织。图 5-4-11 所示为两色提花添纱组织的花型意匠图。编织时,8 号（或 7 号）导纱器穿 A 色纱作面纱,4 号（或 5 号）导纱器穿 B 色纱也作面纱,两种颜色的面纱都用 2 号（或 1 号）导纱器的纱作地纱。这样在第一选针区被选中的织针钩取 8 号（或 7 号）导纱器的 A 色纱,在第二选针区被选中的织针钩取 4 号（或 5 号）导纱器的 B 色纱,然后两种针都钩取 2 号（或 1 号）导纱器的地纱。面纱与地纱一起成圈,从而形成了织

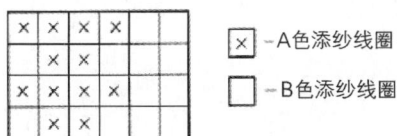

☒ —A色添纱线圈
☐ —B色添纱线圈

图 5-4-11　提花添纱组织意匠图

物正面看上去像两色提花的添纱组织。其三角配置和走针轨迹如图 5-4-12 所示。

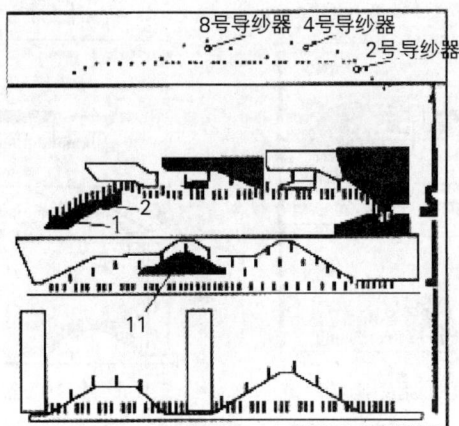

图 5-4-12　提花添纱组织走针轨迹

(六)毛圈组织

　　SM8 - TOP2 型无缝内衣机上有可以织毛圈的沉降片,通过转动沉降片罩,并使用毛圈三角将高踵毛圈沉降片向针筒顺时针方向推进一些,从而使毛圈纱线在高踵毛圈沉降片的片鼻上成圈,形成毛圈。低踵沉降片不受毛圈三角的作用,按正常状态编织。

　　织毛圈时,毛圈纱通常穿在 4 号导纱器上,6 号导纱器穿地纱,织毛圈的地方两根纱线都进入工作,不织毛圈的地方只有地纱编织。

技能训练

　　1. 通过观察无缝内衣圆机熟悉其机构组成、特点。

　　2. 在无缝内衣圆机上练习编织常见的、简单的组织,熟悉其编织原理。

模块六
横机成形编织工艺

知识目标

1. 掌握横机的结构与横机的成圈原理；
2. 掌握机械式横机的三角结构与走针轨迹；
3. 掌握电脑横机机头结构、选针原理和编织原理；
4. 掌握横机编织的基本操作方法；
5. 掌握毛衫衣片上机编织工艺方法。

技能标准

1. 会进行横机基本调试；
2. 会编织常用横机织物组织；
3. 会按照上机工艺单要求编织毛衫衣片；
4. 会分析编织故障形成原因及消除方法。

任务一　横机的基本结构与成圈工艺

一、横机的特点

横机是一种平型纬编机,如图6-1-1所示为一种普通双面横机,针床呈平板状,采用舌针,一般用于编织毛衫等纬编针织产品。

横机的主要特点是:

(1)能够编织半成形和全成形产品,生产各种款式新颖别致的羊毛衫,如各式衫、裤、裙等,还可以生产帽、手套、围巾、披肩等。除能编织成形衣片外,还能织制管状织物及其它要求的织物。

(2)在编织羊毛衫的过程中产生疵点时,可以随时在机上消除疵点,或根据织物的脱散,将织物的疵点部分拆掉,重新编织而得到完好的衣片,原料损耗较少,特别适合编织价格比较高的羊毛衫。

(3)横机机构简单、实用,编织技术容易掌握,保养维修和改变品种方便。

(4)横机成圈系统数少,生产效率比圆机生产低。

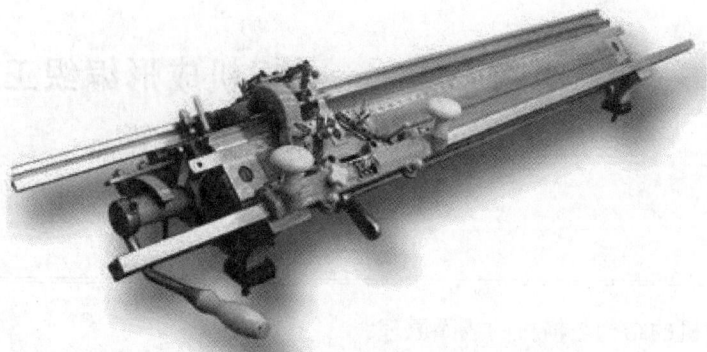

图 6-1-1　普通双面横机

二、横机的分类

(一)按横机形式分

横机分为普通机械式横机(一级横机、二级提花横机、三级提花横机、手摇花式横机等)、半自动机械横机、全自动机械横机、半自动电脑横机和全自动电脑横机等。

(二)按横机针床机号分

横机有粗机号(低机号)与细机号(高机号)之分。

机号是针床上规定长度内所具有的针数,又称级数,其关系如下:

$$G = L/T$$

式中:G——机号;

L——针床上规定长度,通常为 25.4mm(1 英寸);

T——针距,mm。

机号越高,针床上针越密,针也越细。横机有粗机号(低机号)与细机号(高机号)之分。通常情况下,将 8 针/25.4mm 以下的横机称为粗针横机,将 8 针/25.4mm 及以上的横机称为细针横机。常见的横机机号有 3、3.5、5、7、9、10、12、14、16、18、20 等。机号越高,所用纱线越细;机号越低,所用纱线越粗。表 6-1-1 为机号与适宜加工纱线的线密度。

表 6-1-1　机号与适宜加工纱线的线密度

机号	适宜加工纱线的线密度	
	tex	公支
3.5	555 ~ 909	1.1 ~ 1.8
5	277 ~ 434	2.3 ~ 3.6
7	142 ~ 222	4.5 ~ 7
9	86 ~ 135	7.4 ~ 11.6
10	70 ~ 110	9.1 ~ 14.3

（续表）

机号	适宜加工纱线的线密度	
	tex	公支
12	46 ～ 76	13.1 ～ 20.6
14	36 ～ 56	17.8 ～28
16	27.3 ～ 43	23.3 ～36.6
18	21.6 ～ 34	29.4 ～46.3

（三）按成圈系统分

可分为单系统、双系统、多系统。全自动电脑横机成圈系统数一般为 2～6 系统。

（四）按针床数目分

可分为单针床横机、双针床横机、三针床横机和四针床横机等。纯嵌花横机为单针床，其余多数为双针床；三针床和四针床主要用在电脑横机上，在原有双针床横机的基础上增加 1～2 个移圈的针床而成。

（五）按针床有效长度分

可分为小横机、大横机和宽幅横机。小横机针床有效长度为 660 mm（26 英寸）以下；大横机针床的有效长度在 660～1016mm（26～40 英寸），以针床有效长度为 813～915mm（32～36 英寸）的横机为主；宽幅横机针床的有效长度为 1016（40 英寸）及以上，其中 2286mm（90 英寸）左右的宽幅横机为多数。

三、电脑横机

电脑横机型号众多，主要有德国斯托尔（Stoll）公司的 CMS 系列、日本岛精（Shima Seiki）公司的 SEC 系列等，目前国内主要有常熟金龙（龙星）LXC 系列、宁波裕人（慈星）GE 系列、南通天元 TY 系列、江苏雪亮（盛星）sxc 系列、浙江飞虎 F18、911 系列、绍兴越发 YF132 系列、福建南星（野马 NSF 系列、张家港中飞 FTC 系列、神州天岛 LB 和 LC 系列等，都应用了先进的电子技术和计算机技术，尤其是花型设计和由程序控制整个编织的工艺过程。图 6-1-2 为电脑横机的外观结构。

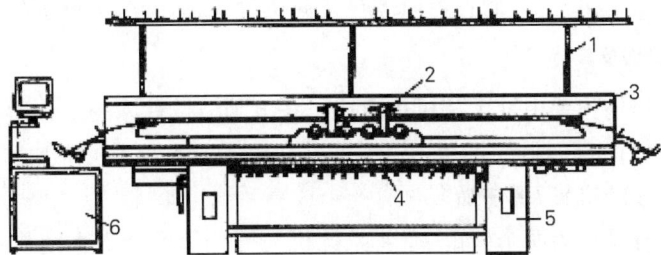

图 6-1-2　电脑横机的外观结构

(一)控制机构及其特点

电脑横机与手动横机、机械式自动横机最主要的区别就是采用了计算机辅助设计系统，增加了应用计算机技术和电子技术的控制机构。

电脑横机的控制机构一般包括电脑控制箱、显示器、触摸屏及各种监控和检测元件。通过计算机辅助设计系统编制的电脑横机上机工艺，通过电脑控制机构向各执行元件发出动作信息，驱动有关机件实现编织有关的动作。它的主要功能是进行电脑横机上机工艺的输入和显示、电脑横机上机工艺的存储和控制以及信号的反馈等。

电脑横机计算机辅助设计系统的应用，进一步提高了机器的自动化程度，方便花形变换、尺寸改变，易于控制产品质量等，大大提高了成形编织的生产效率。

(二)传动机构及其特点

电脑横机的传动机构由多个电动机构成。机头运动的传动一般是由交流伺服电动机通刘一套轮组将动力通过齿形带等传递给后机头，后机头与前机头固定连接，整个机头在交流伺服电动机的传动下作往复运动。传动采用了齿形带，消除一般链条传动的不精确、振动、噪声和一般皮带传动易打滑现象，能确保编织过程中机头运行的精度和平稳性。此外，还可以实现机头在全行程范围内任意区域、任意幅宽的往复运动和变速编织。横机机头中的弯纱三角运动是由密度步进电动机传动。后针床的横移运动由移床步进电动机传动。主罗拉辊的运动由直流电动机传动。每个电动机都受电脑控制系统的控制。确保织物密度、牵拉速度调节和针床横移的准确度，实现高效率、高质量、多品种的全成形编织。

(三)给纱机构和换梭机构及其特点

电脑横机上的给纱是指纱线从筒子上退绕，经过导纱孔、纱线控制设备、张力器、纱线张力盘、纱线转向杆、在导轨上运行的导纱器、进入编织机构的过程，完成这个过程的装置称为给纱机构。电脑横机给纱机构还配有摩擦喂纱轮、贮存式给纱装置等，需减少纱线张力波动时可选用它。给纱机构主要作用是检测出纱线疵点、断纱自停以及控制喂纱张力，将纱线按织造工艺要求送到电脑横机编织区域进行成圈、编成织物。它直接影响织物外观质量、机器主产效率等。

电脑横机编织成形产品时，根据编织不同部位或不同色彩要适时地变换导纱器。导纱器的变换由控制机构控制机头上的换梭机构完成，其特点是可以根据编织需要随时使任何一把导纱器进入或退出工作，而且可以停在任何位置，以适应编织宽度的变化。

(四)编织和选针机构及其特点

编织和选针机构主要由针床和机头组成。在电脑横机针床的工作幅宽内的针槽里从上到下插有织针(舌针)、底脚针、推片、选针片，并在针床上配置了沉降片。电脑横机机头分单系统、双系统、四系统机头，现在最多可有 8 个成圈系统。

机头也可以分开成为两个(如一个 4 系统机头可分为两个 2 系统机头)或合并为一个，当分开时，可同时编织两片独立的产品。

机头内的成圈系统是由选针器和各种三角组成，包括对应织针、底脚针、推片等的导向三角人字三角、压针三角）、起针三角、弯纱（成圈）三角。移圈起针三角、接圈三角、导向（眉毛）三角、导针板、推片压下三角、集圈压块、接圈压块、不编织压块等。

对应选针片的选针器、A 位置选针三角、H 位置选针三角、复位三角等。

电脑横机的成圈系统设计十分巧妙，精度很高，使横机编织准确，运行噪声和机器损耗更小。

（五）针床横移机构及其特点

电脑横机上针床横移机构，是为了满足各种组织编织和编织结构变化时的需要，移动后针床，改变前后两个针床的相对位置，使前后针床上的织针对应关系发生改变的机构。电脑横机的床横移机构是由计算机程序控制，通过步进电动机来实现的。一般针床横移是在机头静止时进行，有的横机在机头运行时也可以进行横移。针床的横移距离在 50.8mm（2 英寸），最大的移动距离可达到 101.6mm（4 英寸），其特点是由程序控制自动进行，可以进行整针距横移、半针距横移和移圈 1/4 针距横移等。

（六）牵拉机构及其特点

电脑横机牵拉机构的作用是将形成的针织物给一定的张力从成圈区域中牵引出来，以利于新线圈的形成。电脑横机的牵拉机构主要由主牵拉辊、辅助牵拉辊组成，其特点是根据所编织组织的结构和幅宽等工艺要求，通过计算机程序控制牵拉电动机的转动速度，改变牵拉力的大小，保证机器正常的连续生产，获得具有均匀线圈结构和良好质量的针织物。

四、电脑横机编织机构与工作原理

电脑横机是采用计算机应用技术和电子技术，属于有选择性的单针式选针机构的纬编针织机。它可以编织各类花色织物，花型的宽度、高度不受限制，提高了电脑横机花型的编织能力。电脑横机再配以计算机辅助设计系统，大大提高了电脑横机花型的设计、翻改品种的速度。

（一）编织部件

图 6-1-3 是国内某款电脑横机针床剖面图，它表示选针片、推片、底脚针、织针（舌针）的关系。图中 a 为无踵织针（舌针）、b 为底脚片、c 为推片、d 为选针片。无踵织针 a 与底脚片 b 相结合。底脚片 b 的片尾有一定弹性，当外力作用底脚片尾时，可使其片踵沉入针槽内，从而使织针（舌针）退出工作位置。推片 c 在选针片 d 的推动下，可以有 A、H、B 三个位置，以达到织针（舌针）在同一横列中编织成圈、集圈、不编织（浮线）三种状态。每片选针片 d 上有一档齿，共分六档，通过电磁铁对选针片上的各档片齿作用，进行选针。

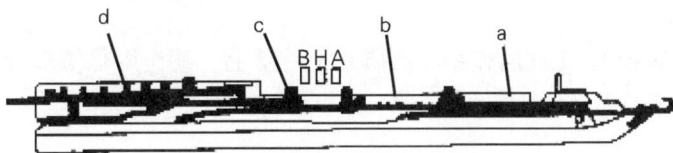

图 6-1-3　电脑横机针床剖面图

(二)机头结构

图6-1-4是电脑横编针织机机头平面图其中有二个编织系统和四个选针系统。图中各部件的名称及作用:

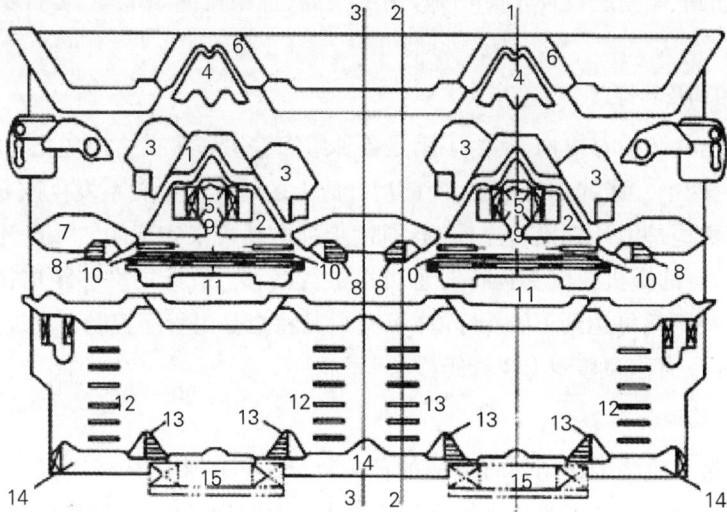

图6-1-4　电脑横机机头平面图

1. 导向(人字)三角

活嵌于三角底板上,可垂直底板作上下运动。进入工作时对底脚片下片踵作用,使其下移带动织针下降,起压针作用。

2. 起针三角

固装在三角底板上,其作用是使底脚片上升,带动织针到集圈位置或者到退圈位置。

3. 弯纱(成圈)三角

活配于三角底板上,可以平行于三角底板上下移动,移动位置的高低,直接关系到织物密度的松紧。其作用是使底脚片下降,带动织针弯纱成圈。

4. 移圈起针三角

活嵌于三角底板上,可垂直底板作上下运动,其作用是使底脚片上升,将织针送到移圈位置上,让该织针上的线圈移到对面针床的对应织针上。

5. 接圈三角

位于起针三角内,活嵌于三角底板上,其作用是抬起底脚片,带动织针上升进入接圈位置把对面针床上相对应的织针上的线圈接圈过来。

6. 眉毛三角

固装在三角底板上,工作时作用在底脚片上片踵上。其作用是使底脚片下移,带动织针移圈后下降到初始位置。

7. 导针板

固装在三角底板上,其作用是把A位置的推片压到H位置。

8. 推片压下三角

活嵌在三角底板上,其作用是将 H 位置的推片进一步压到 B 位置。

9. 集圈压块

活嵌在三角底板上,其作用是把 H 位置上的推片在其作用范围内压进针槽内,使底脚片不能继续上升带动织针到成圈位置,只能沿集圈轨迹运动。

10. 接圈压块

活嵌在三角底板上,其作用是使 H 位置的推片相对应的底脚片不能沿起针三角上升,而沿接圈三角运动,带动织针完成接圈工作。

11. 不编织压块

固装在三角底板上,其作用是把 B 位置的推片压进针槽,使相对应的底脚片不能沿起针三角上升,所带动的织针不参加编织。

12. 选针器

有六档选针压板,每档压板对应一片选针片齿,而每个选针压板可作上下摆动:上摆,不压选针片;下摆,则压,被压入的选针片不沿 A 位置选针三角 13 或 H 位置选针三角 14 上升,反之则将推片送入 A 位置或 H 位置。

13. A 位置选针三角

目的是将没有被压人的选针片所对应的推片送入 A 位置。

14. H 位置选针三角

目的是将没有被压人的选针片所对应的推片送入 H 位置。

15. 复位三角

其作用是在选针前将选针片全部推出针槽,准备选针。

(三)选针原理

下面将选针片的选针原理作一分析。

图 6-1-5 是图 6-1-4 中 1-1 部位的剖面图,它表示织针进入第二个编织系统前的选针准备。当机头由左向右运行时,选针片下端被复位三角 15 推出,选针片片齿露出针床表面,等待选针,织针进入编织系统前要进行两次选针。

图 6-1-6 是图 6-1-4 中 2-2 部位的剖面图,它表示第一次选针开始。选针有选针,不选针两种状态。当不选针时,选针器的压板处于六档选针片的片齿轨迹上,如图 6-1-6 (1)所示,此时选针片被打入针槽里,选针片下片踵不露出针板表面。当选针时,选针器的压板上摆,不与选针片片齿接触,如图 6-1-6(2)所示,选针片仍保留原状,没有被压人的选针片进入 H 位选针三角 14,使选针片所对应的推片送入 H 位置。

图 6-1-7 是图 6-1-4 中 3-3 部位的剖面图,它表示第一次选针的结果,根据上述两种位置,被打入的选针片下片踵就不能沿 H 位置选针三角上升,如图 6-1-6(1)所示;而未被打入的选针片下片踵就能沿选针三角上升,去推动推片 c 上升至 H 位置,如图 6-1-6(1),上升 H 位。第二次选针原理同上,只是推动推片上升至 A 位置。两次都没被选上的,推片 c 则留在 B 位置上。推片 c 在 A、H、B 三个位置,是决定对应的织针是编织成圈、集圈

和不编织(浮线)的三个位置。

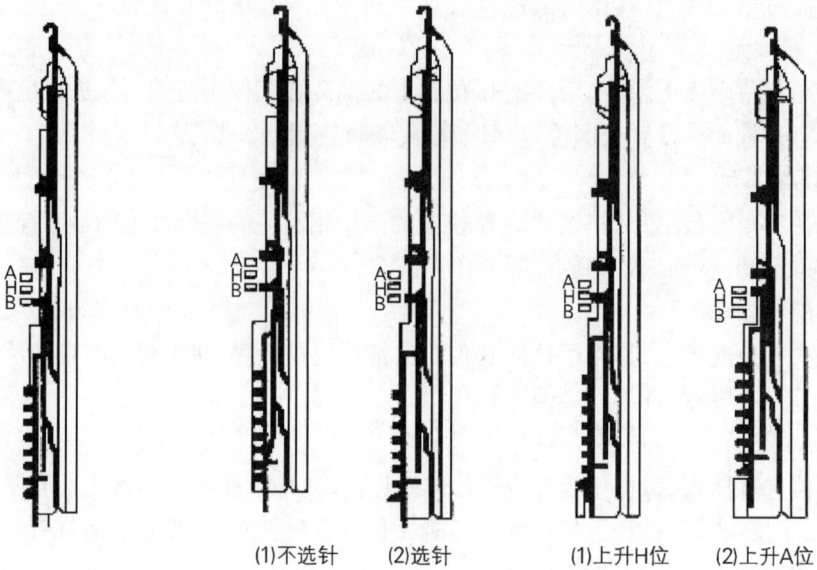

(1)不选针　　(2)选针　　　　(1)上升H位　(2)上升A位

图6-1-5　剖面图(一)　　　图6-1-6　剖面图(二)　　　图6-1-7　剖面图(三)

(四)编织工作原理

图6-1-8表示成圈编织状态工作情况,推片c在A位置所对应的织针处于编织状态。因为主有压板对A位置的推片c作用,相应的底脚针针踵总是露在针床表面,在起针三角2、导向(人字)三角1、弯纱成圈三角3作用下,带动织针进行退圈、垫纱、带纱、闭口、套圈、连圈、弯纱、脱圈、成圈等完成线圈的编织过程。

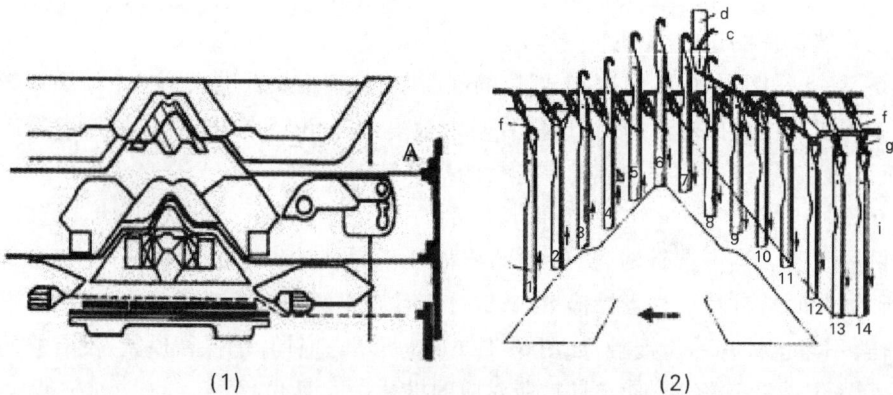

(1)　　　　　　　　　　　(2)

图6-1-8　成圈编织状态工作情况

(五)集圈工作原理

图6-1-9表示集圈编织状态工作情况,推片c在H位置所对应的织针处于集圈编织状态。因为起针阶段没有压板对H位置的推片c作用,相应的底脚片踵总是露在针床表面,当

底脚片踵在起针三角2作用下带动织针起到集圈位置后,集圈压板9就与H位置上的推片c作用,将相应的底脚片踵压入针床表面,织针底脚片不再带动织针上升,旧线圈只能退到针舌上,不能退到针杆上,当针钩内垫上线后,在弯纱成圈三角的作用下旧线圈重回到舌针针钩,即进行集圈。

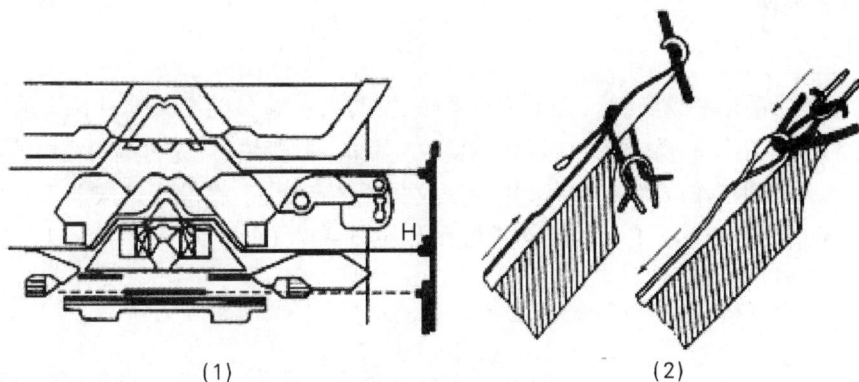

(1)　　　　　　　　　　　　　　(2)

图6-1-9　集圈编织状态工作情况

(六)不编织工作原理

图6-1-10表示不编织状态工作情况,推片c在B位置,所对应的织针处于不编织状态。因为推片c在织针起针前就被不编织压板压入,相对应的底脚片踵也被压入针床表面而不升起,使织针处于不编织状态。

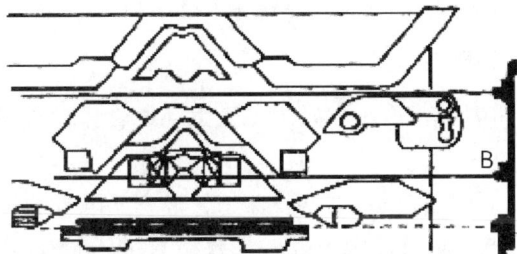

图6-1-10　不编织工作状态

技能训练

1. 横机的分类方法主要有哪几种? 对横机实训中心的横机进行分类。

2. 高档原料判断应采用横机编织,还是圆机编织羊毛衫? 为什么?

3. 对照电脑横机简述电脑横机机头结构、选针原理、编织原理。

任务二　横机基本操作

一、横机基本操作

(一)揿罗纹

衣片下摆常采用罗纹组织。为了编织罗纹的起口,在起口前必须对针床上的织针进行罗纹所需的排针工作,俗称揿罗纹(或称括罗纹)操作。揿罗纹时,先将编织幅内的织针用推其针脚的方法推到工作位置。然后采用与罗纹相配的起针板,将前后针床上不参加罗纹编织的织针揿到停针区。揿 1 + 1 罗纹的操作如图 6 - 2 - 1(1) 所示,2 + 2 罗纹的排针如图 6 - 2 - 1(2) 所示。

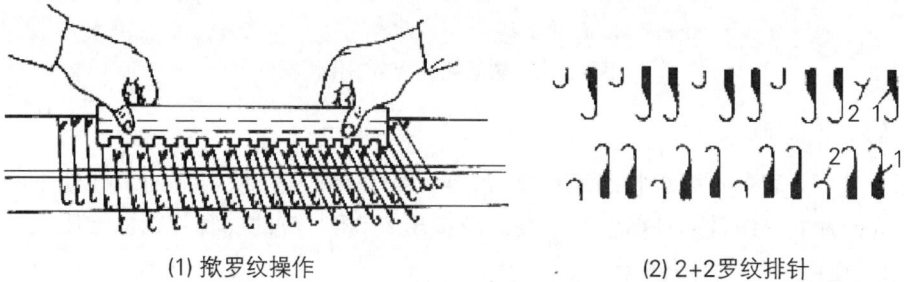

(1) 揿罗纹操作　　　　　　　　　　(2) 2+2罗纹排针

图 6-2-1　揿罗纹

(二) 起口

为了防止起口线圈的脱散和便于牵拉,在编织每一块衣片时,首先要编织一横列起始线圈,这一工作称为起口。

当揿好罗纹排针后,应将针床移位使两针床织针成交叉配置的位置,才能完成正常的起口动作。这时才能推动机头,使两针床上处于工作位置的舌针钩住纱线,完成起口横列的编织。

1 + 1 罗纹与 2 + 2 罗纹的起口如图 6 - 2 - 2 所示。

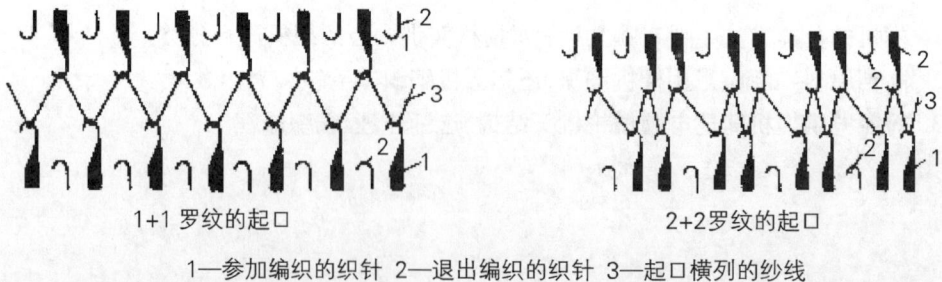

1+1 罗纹的起口　　　　　　　　　　2+2罗纹的起口

1—参加编织的织针　2—退出编织的织针　3—起口横列的纱线

图 6-2-2　罗纹起口示意图

当完成起口横列的编织后,用定幅梳栉从针床下部穿过起口横列的纱线(又称起口纱线),升出于针床隙口,然后穿入钢丝2,如图6-2-3所示。最后,在定幅梳栉下面挂上适量的牵拉重锤,到此完成了织物的起口操作。起口分为毛起头和纱起头两种。毛起头是用毛纱直接编织起口横列。纱起头是先用起头纱在织针上编织一个或几个起口横列,然后再调用毛纱编织起口横列,待衣片下机后拆除起头纱即成为光边罗纹口。

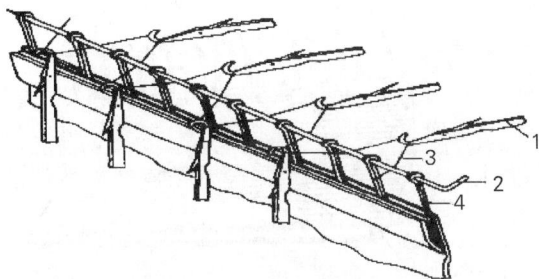

1—织针　2—钢丝　3—起口横列纱线　4—定幅梳栉

图6-2-3　挂上定幅梳栉时的起口状态

(三) 起口空转

在完成起口操作后,按照工艺要求前后针床交替循环编织几个横列的管状平针组织的操作,俗称打空转。在实际操作中,当定幅梳栉挂好后,将针床的1′和3′(或2′和4′)号位上的起针三角关掉(参见图6-1-5),进行空转编织,空转的横列数,根据要求而定。一般织物的空转正面应比反面多一个横列。如2:1、3:2,也有采用1:1、2:2、3:1和3:3空转编织的。织有空转的起口衣片,其起口边具有圆滑、饱满、光洁、平整、美观、坚牢等特点,还能防止起口时起口横列纱线的断裂,防止在穿着过程中出现荷叶迪现象。1+1罗纹组织不经空转起口与2+2罗纹组织经3:2空转操作的起口线圈结构分别如图6-2-4和图6-2-5所示。

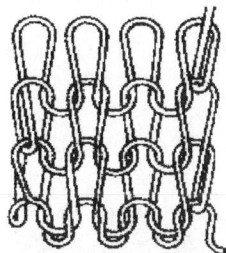

图6-2-4　1+1罗纹不经空转的
起口线圈结构

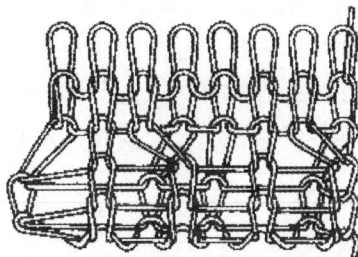

图6-2-5　2+2罗纹经3:2空转的起口线圈结构

织好空转后,需使退出工作的起针三角进入工作,以进行罗纹组织的编织。对于是2+2罗纹的起口,在织好空转后,需将针床移位至原来的排针位置状态,才能进行正常的2+2罗纹的编织。2+3、3+3等罗纹起口织完空转后,仍需移动针床到正常的排针位状态才能进行罗纹的编织。

(四) 翻针

羊毛衫织物的下摆常采用罗纹组织,使用前后两个针床编织;而大身则常用后针床编织单面组织。这就需要在织完下摆后,将前针床织针所编织的线圈转移到后针床的对应织针上,然后进行单面组织的编织,这一在两针床织针之间转移线圈的过程称为翻针。手工翻针的方法是：右手拿收针柄、左手推待转移线圈的织针的针踵，将前或后针床上的罗纹线圈转移到后或前针床的相对应的织针上去，移完前或后针床的所有线圈，即完成了翻针的操作。目前，羊毛衫厂大多数使用翻针板，如图6-2-6所示，翻针效率大大高于单针翻针。

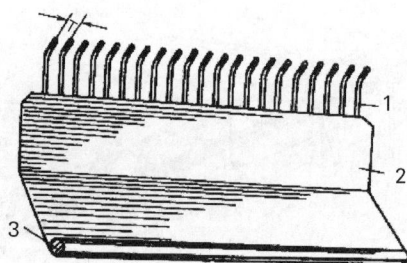

1-移圈套针(弯翻针)　2-薄铁片　3-铁丝　T-齿距

图6-2-7　翻针板

（五）放针

放针又称加针或添针。利用增加工作针数来完成增宽衣片门幅的过程称为放针。手工放针有明放针和暗放针之分。

1. 明放针

将紧靠编织区的未工作织针中需放的织针直接推入编织区，不进行移圈而使其参加编织的放针方法叫明放针。放一枚针时，可直接将织针推入编织区，移动机头垫纱来完成放针。放针后的线圈结构如图6-2-7所示。当一次进行多枚针的放针工作时，需先将机头边需放的几枚织针推入工作位置，然后用编织纱线逐一绕过每一枚针，使纱线交叉点在针背处，在此基础上，才能推动机头编织到针床的另一边，然后又在那一边进行同样的操作。多针放针后，需挂边锤进行牵拉，以便使编织顺利进行。

2. 暗放针

将需放的织针推入编织区域，然后将衣片边缘织针的一组（一般为2～3个）线圈，整列地向外侧转移，使被放的针挂上旧线圈，并与衣片内挂有线圈的织针之间留出一个空针，通过移圈在织物内加针的放针方法叫暗放针，其放针操作如图6-2-8所示。暗放针后，会在空针处产生小小的孔眼，可将空针所对应的前一横列线圈的圈弧，套于空针上来消除孔眼。暗放针方法操作较复杂，效率低，其在工艺上的运用尚不普遍，一般只在高档服装上采用。

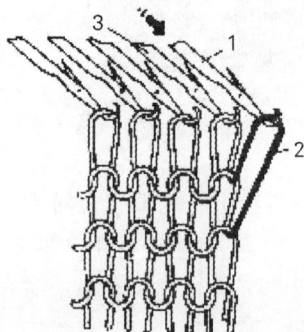

1-新放的织针　2-新编的起始张圈
3-边针

图6-2-7　明放一针后的线圈结构

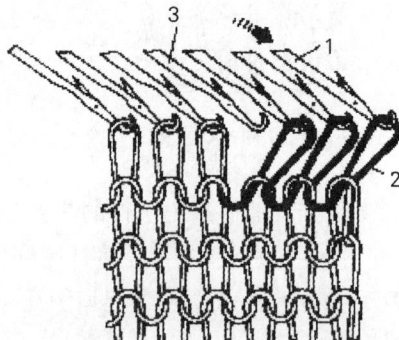

1-暗放针的织针　2-进行移圈的横列
3-被移去线圈的空针

图6-2-8　暗放针的放针操作

（六）收针

减针是利用减少工作针数来完成变窄衣片门幅的过程,其分为收针和拷针两种。收针的实质是移圈,是将衣片横向相联的边缘针线圈,按照工艺要求进行并合移圈,再将并合移圈后的空针退出编织区域,使衣片的横向编织针数逐渐减少,以达到减幅的目的。收针又分为暗收针和明收针两种。

1. 明收针

将需要收针的边缘织针上的线圈直接移于相邻近的针上,使其成为重叠线圈的收针过程,称为明收针。收针后的线圈结构形态如图6-2-9所示,重叠线圈在织物边缘上。

2. 暗收针

将需要收针的织针上的线圈连同边部其他几枚织针上的线圈一起平移,使收针后衣片最边缘织针上不呈现重叠线圈的收针方式,称为暗收针。

暗收针的操作如图6-2-10所示,也是借助收针柄来完成的,其操作过程与明收针相似。暗收针的收针情况常用"n×m"来表示,其中n代表套针枚数,m代表收掉的织针数,即重叠的线圈数(俗称收针花),暗收针衣

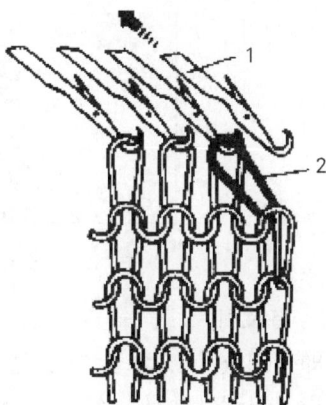

1—被移去线圈后的空针 2—被移圈的线圈

图6-2-9 明收针后的线圈结构形态

片边沿不重叠的线圈纵行会形成收针辫子,如图6-2-11所示。暗收针操作比明收针复杂,因其收针辫子使衣片边部平整、美观,多用于挂肩、袖山的收针部位。

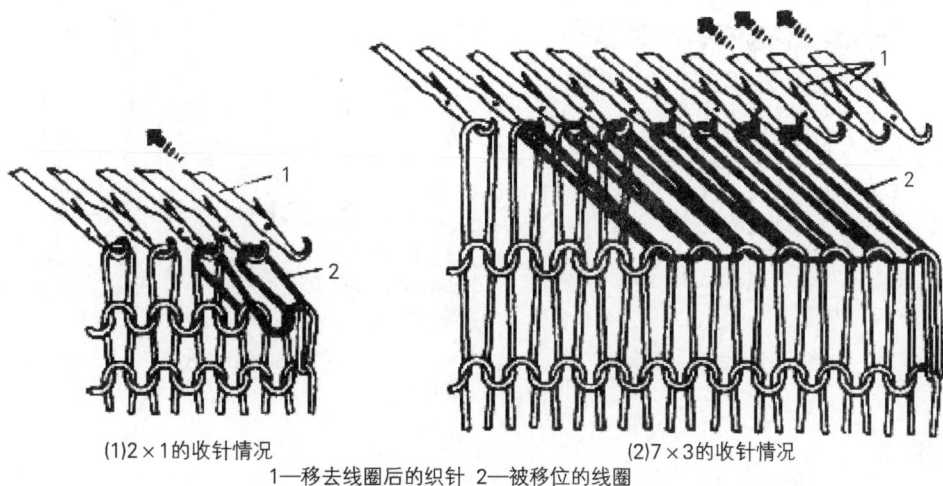

(1)2×1的收针情况　　　　(2)7×3的收针情况

1—移去线圈后的织针 2—被移位的线圈

图6-2-10 明收针的收针情况

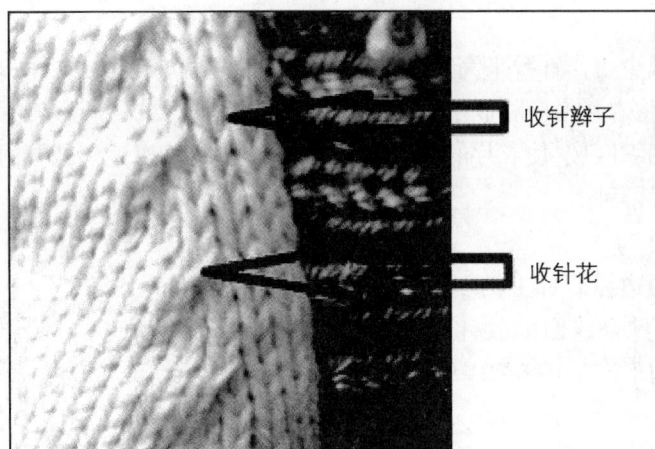

图6-2-11 暗收针的收针辫子和收针花

3. 套收针

即套圈收针,又称套针、锁边收针,是指将需要收针的线圈套在相邻另一个线圈之上,从而减少编织织针数量。图6-2-12为套收针后的线圈结构图,其中,可将线圈1套在线圈2上,线圈2套在线圈3上,依次类推。套收针使得收针的线圈在横向串套,收针边缘平整、牢固,尤其适合挂肩、领口等的收针开始阶段,需要多枚织针同时收针时使用。套收针需要手工操作,操作比较复杂。

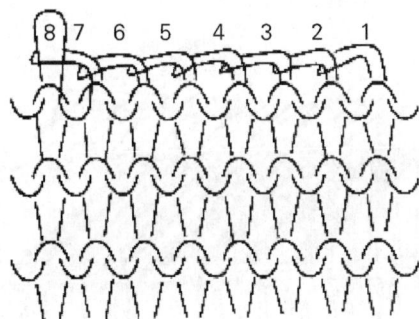

套收针的线圈结构图

套收针的效果

图6-2-12 套收针

(七)拷针

根据工艺要求使需减针的织针上的旧线圈脱落,不进行线圈的转移,并将这些织针撤下,退出编织位置,使衣片由宽变窄的的操作称为拷针。手工拷针借助拷针括板将织针针踵推起使织针退圈,然后再将织针撤下,使织针上的旧线圈脱落。拷针比收针方便,产量高,同样能达到减幅的目的,但缺点是原料消耗较收针为大,而且应采取措施,以防织物从拷针处脱散。

（八）落片

落片又称塌片，其实质为脱套来落取衣片。落片时需先卸掉重锤，左手握住衣片，给衣片以适当的牵拉力，右手推动机头，进行一次无垫纱的编织，使织针上的线圈全部从针钩上脱下来，左手握住落下的衣片，这就完成了落片工作。

二、横机操作注意事项

（1）起头时，第一横列中没有钩住纱的舌针，必须补上，否则起头不整齐，影响织物外观质量。

（2）推上起针梳栉时，注意使织物在中心位置，不要偏斜，以防牵拉倾斜，造成织物一边长一边短。起针梳栉的梳齿应处于各线段的空隙中，不要穿插在股线之间，以免使纱线受损。

（3）起针梳栉穿入钢丝时，注意不要穿进针钩，以免妨碍操作或损坏针钩。

（4）挂锤一般不宜太重，门幅窄的挂中间，宽的挂在两边，并需注意两边重锤轻重差异不大，否则使织物密度不匀，产生歪斜。

（5）手摇机头时，用力要均匀，速度要平稳均衡，用力方向应与导轨平行，以免造成漏针、撞针等机械故障。

（6）在机头的编织过程中，不可进行针床横移，否则将损坏织针。

（7）在手工横机上，机头转向时，应距离工作舌针2cm以上变换运行方向，不然容易豁边；距离过大时，超过了挑线弹簧回弹余纱的极限，也会形成织物两边松弛或豁边。

（8）正常操作时，机头往返运动中，除衣片中间需要开领并有特殊工具外，不能进行中间反向动作，否则会损坏织物。

（9）翻针操作时，应避免漏针和吃单纱。

（10）放针时，必须使舌针完全进入工作位置。放针不足会产生漏针。多次放针后需挂小边锤，且不宜挂在边针1、2处。小边锤不宜太重，以防止衣片边缘出现漏针状小孔。

（11）收针完毕，必须使舌针完全退出工作位置。若收针后撤针不足，会发生撞针。

（12）遇撞针时，应退回或取下机头，切勿以手指或指甲拉动舌针针钩，防止手指被针钩钩住，造成事故。

三、认识横机织物常见疵点

1. 漏针

编织过程中，舌针没有勾到新垫放的纱线或虽然勾到纱线但成圈后又重新脱出针钩而形成的线圈脱圈现象称为漏针，如图6-2-13所示，主要原因是导纱器安装位置不良，使垫纱角度不够准确。

2. 破洞

在编织过程中，由于纱线强力不足、条干粗细不匀、毛纱杂质、编织时纱线成圈张力过大等因素造成坯布上线圈断裂、脱散而形成的孔洞称为破洞。破洞形态如图6-2-14所示。

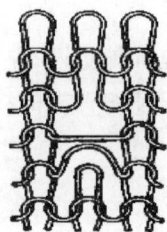

图 6-2-13 漏针

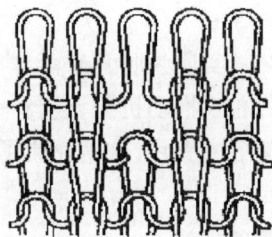

图 6-2-14 破洞

3. 撞针

在编织过程中,织针的针踵与各个编织三角发生相互撞击,而引起的机械故障称为撞针。

4. 豁边

在织物(衣片)的布边产生线圈脱散而造成坯布布边不光洁或形成的豁口,称为豁边(或豁嘴),如图 6-2-15 所示。当布边出现豁口后,伴随着布边有卷曲状余纱,俗称小耳朵,这是因为喂纱系统的喂纱嘴孔发毛、阻塞或挑线簧失效而无法提回余纱造成;若豁口的结构形态如图 6-2-16 所示,则是喂纱不良造成的。

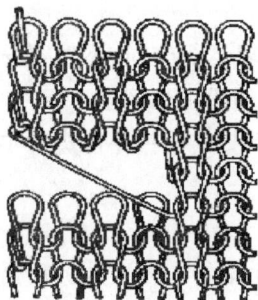

图 6-2-15 豁边

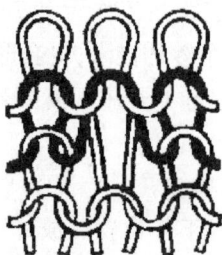

图 6-2-16 三角针

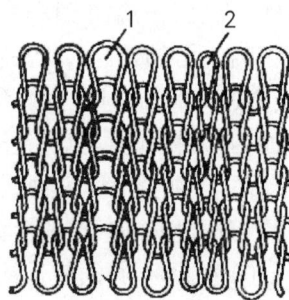

图6-2-17 稀路针和紧密路针

5. 三角针

指毛衫织物中出现的单针单列集圈。在成圈过程中,旧线圈不能很好地脱圈而与新线圈重叠,在下一横列中形成一个集圈叫三角针,其线圈结构如图 6-2-16 所示。三角针结构在编织四平组织时出现较多。

6. 花针

在一枚织针的纵向线圈中出现线圈的大小不均现象,称为花针。若有大面积的花针,即布面发花。

7. 稀路针和紧密路针

在织物纵行方向的线圈比相邻纵行的线圈大,出现明显的直条纹,图 6-2-17 稀路针、紧密路针这一列线圈称为稀路针。图 6-2-17 中 1 所示的纵行线圈为小稀路针;相反,在织物纵行间出现的一列线圈比相邻的纵行线圈小,称为紧密路针,如图 6-2-17 中 2 所示的纵行线圈。

8. 码子花指

织物的线圈大小不均匀,也就是密度松紧不匀,一般是指横列之间线圈大小不匀。

9. 斜角松紧衣

片下机后,发现两边长短不一,在目测情况下,有时虽无明显的密度不匀,实际上长的一边密度松,短的一边密度紧,称为斜角松紧。

10. 浮边

在编织过程中,若衣片密度中间紧两边松,下机后将不平直,产生浮边(俗称"木耳边"),影响成衣的外观质量。一般采用挂边锤牵拉消除浮边,但这种方法效果不佳。

11. 塌片

在编织过程中,由于断线或织针吃不上线而机头仍继续运行,造成织物脱落,这种现象称为塌片。塌片后如不及时关车,将造成撞针,引起织针、针床、三角及其他机件损坏等故障,进而影响生产的正常进行。有的甚至还要对横机进行较大的调整和检修后才能恢复生产。

12. 推织不轻松

大多数是由于机械加工精度和安装校车欠佳所引起。

13. 翻纱

在编织添纱织物时,正面线圈不能盖住底纱线圈,相反底纱线圈露在外面,这种现象称为翻纱,即里纱露面。

14. 油针

织物在纵行方向的一针或数针线圈带有油迹成为直条纹的称为油针;在横列方向一横列线圈或数横列线圈带有油迹的称为油纱。油针主要是由于加油不慎,使针槽内进入油污,或者换上新针时未经揩净以及操作不慎等造成。而产生油纱的主要原因是由于毛衫在纺制生产、储运、包装以及进厂后保管不善,络纱和上机生产等一系列流程中沾上油污所造成。

衣片污渍的产生主要是操作者不注意清洁,如加油不慎、油量过多、双手不洁等,使衣片下机时沾上油污而造成。

15. 吃单纱

在编织过程中,由于喂纱阶段的调节不良,使针钩勾住半股毛纱。在编织添纱织物时尤为突出,织针只勾住一根面纱成圈,而底纱却成了类似架空织物的浮线段,如图6-2-18中1所示,称为吃单纱,其对织物的质量带来很大影响。

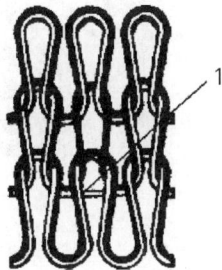

图6-2-18　吃单纱

16. 夹档、横条、云斑

由于毛纱的质量问题,如条干粗细不匀、色泽差异以及其他原因,使织物形成明显的横档(段)叫夹档;形成横向条纹的叫横条;也有集中在一块如云朵状的叫云斑。这一类疵病主要是毛纱质量有问题造成的,因此羊毛衫厂在进原料时,应做好原料的检验工作,特别是毛纱条干均匀度和毛纱色差的检验工作,以防上述疵病的产生。

技能训练

1. 在横机上如何调节四个弯纱三角的弯纱深度均匀一致？
2. 横机的基本操作有哪些？什么是起口空转？为什么要起口空转？如何起口空转？
3. 横机上毛刷的作用是什么？
4. 明放针的要求是什么？明收针与暗收针的区别是什么？
5. 练习起口、收针、放针等操作。
6. 对横机织物疵点进行分析，并分析形成原因。

任务三　横机织物的编织

子任务一　编织平针类织物

一、编织设备类型

普通双面一级横机、双面二级横机、双面三级横机。

二、任务实施

（一）编织单面平针织物

纬平针组织构成的单面平针织物，其外观如图6-3-1所示。

(1)正面　　　　　　　　　　　　　　(2)反面

图6-3-1　单面平针织物

1. **横机调试**

（1）确定针床对位

单面平针织物是在同一针床编织，对针床对位无要求，既可以是针对针，亦可以是针对齿。

（2）排针

操作时，将机头停在导轨左侧。以针床标尺0位为中心，左右对称将前针床要求宽度内的织针用选针板推入工作位置。

（3）打开针舌

不带导纱器，缓慢推动机头 1~2 转，利用毛刷将进入工作的舌针的针舌打开。

（4）调整成圈三角位置

将 1、4 号起针三角开关打开，使起针三角进入工作位置，再来回推动机头，同时检查两个成圈三角是否将舌针压至针床齿口线以下相同的位置。如果不是，则调节翼形螺母和上下压板（限位板），使成圈三角能将舌针压至针床齿口线以下相同的位置，也即处于相同的弯纱深度。

（5）穿纱

先将络好的毛纱筒子放在横机台面上，并使其处于喂纱装置的第一个导纱眼的正下方，然后按顺序将纱线穿过导纱眼、张力器（压线器）、挑线簧、导纱眼、导纱器孔，最后将线头从前后针床间隙拉到针床板下方，并将线头固定好。

（6）调整挑线簧

拉引纱线，观察挑线簧是否处于喂纱位置，即挑线簧末端靠近但不接触导纱眼；如果不是，则调整挑线簧的挑线张力。松开纱线，观察挑线簧是否处于回提状态，即能否将余纱提回；如果不是，则调整挑线簧的挑线幅度。

（7）带导纱器

将机头推到导轨右侧，通过撑刀或手动，使得穿好纱线的导纱器进入工作位置，以便与机头一起运行编织。

单面平针织物选用前针床进行编织时，机头三角和织针的走针轨迹如图 6-3-2 所示。关闭后三角组的 2′、3′ 起针三角，使之退出工作位置（也可将后针床织针退入停针区域），机头从右到左，图 6-3-2（1）箭头所示，1′ 起针三角起针退圈后，由成圈三角 4 成圈。当机头从左向右返回时，图 6-3-2（2）所示，则 4′ 起针三角起针，成圈三角 1 成圈。因此，坯布密度的均匀取决于成圈三角 4 和 1 弯纱深度的调节程度。

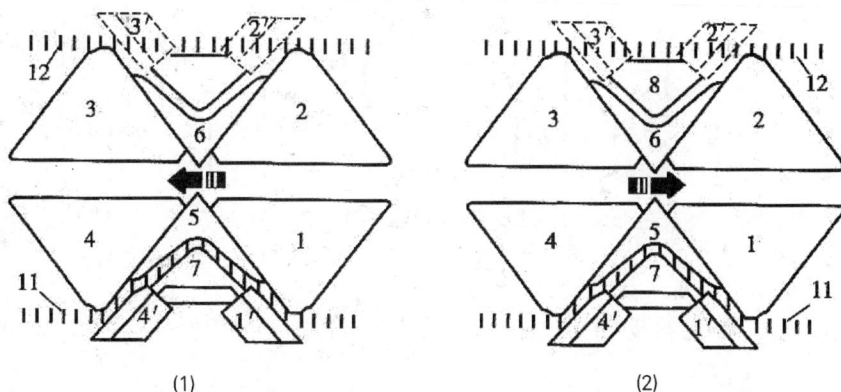

（1）　　　　　　　　　　　　　（2）

1、2、3、4—成圈三角　　1′、2′、3′、4′—起针三角　　11、12—织针针踵

图 6-3-2　编织单面平针织物的三角和织针走针轨迹

2. 起口

单面平针的起口方法：将相应宽度的穿好钢丝的穿线板（定幅梳栉）在针床下面，从前后针床间隙向上推，使得梳齿从针床间隙口升出，推动机头，使导纱器位于穿线板（定幅梳栉）梳齿的后面，前针床处于工作位置的舌针钩住纱线，将穿线板下拉，并在穿线板下部的孔眼中均匀地挂上适当的重锤。

3. 编织

完成上述操作，来回推动机头，即可编织所需的单面平针织物样片。

(二)编织双层平针织物

双层平针织物如图 6-3-3 所示。

图 6-3-3　双层平针织物

1. 横机调试

(1)确定针床对位

双层平针织物是在前后针床轮流编织单面平针，对针床对位无要求，但起口横列为满针罗纹，故针床对位为针对齿。

(2)排针

以针床标尺 0 位为中心，左右对称将前、后针床要求宽度内的织针用选针板推入工作位置，如图图 6-3-4 所示，按 1 + 1 满针罗纹排针。

(3)调整成圈三角位置

将所有起针三角开关打开，使起针三角都进入工作位置，再来回摇动机头，同时检查四个成圈三角是否将舌针压至针床齿口线以下相同的位置。如果不是，则调节翼形螺母和上下压板（限位板），使成圈三角能将舌针压至针床齿口线以下相同的位量，也即处于相同的弯纱深度。

横机调试其他工作同单面平针织物。

图 6-3-4　双层平针排针

2. 起口

（1）编织起口横列：推动机头，使前后针床处于工作位置的舌针钩住纱线，完成起口横列的编织。

（2）挂穿线板（定幅梳栉）：将相应宽度的穿线板（定幅梳栉）在针床下面、从前后针床间隙向上推，使得梳齿从针床间隙口升出，然后穿入钢丝，最后在穿线板（定幅梳栉）下部的孔眼中均匀地挂上适当的重锤。

3. 编织

将针床1、3或2、4号位上的起针三角关闭,来回推动机头,即可编织所需的双层平针织物样片。由于双层平针由1+1起口横列相连,因此下机后样片为底端封口的袋形织物。

(三)编织松紧密度织物

将1、4成圈三角位置调整为一高一低(即弯纱深度不同),高低相差越大,松紧程度相差越大,其余与单面平针织物编织方法相同。

三、知识拓展

(一)单面平针织物调试注意事项

1. 单面平针织物是在单针床上编织,因此对参加编织的(前)针床和机头导轨的平行度要求较高,以免引起斜角松紧。

2. 线圈沉降弧的形成与针床栅状齿口的关系密切,故对齿口的光洁度要求较高,以减少毛纱断裂、产生破洞的可能性。

3. 单面织物在前针床上编织时,成圈三角1、4的翼形螺母应予旋松,不宜拧紧,并要确保成圈三角能自由上下活动,但不可有严重摇摆和晃动现象,以免影响单面织物密度的平整。

4. 如成圈三角双头螺栓未旋紧或三角导块、盖板松动,都会引起密度难以校准确,应予修整(或旋紧)后再使用。

(二)密度微调方法

1. 坯布下机后要经过回缩。一般羊毛织物采用蒸缩法,毛型针织绒线(如腈纶)则采用掼缩法进行回缩。待回缩定形后,检查密度是否与工艺要求相符(不符时,须继续调整至相符为止)。

2. 密度的微调可用T字形微调纸片放入指示针头与小压板之间进行。

(三)利用拉密控制织物密度

拉密通常分为大拉力和小拉力两种。

1. 大拉力握持织物中间部位的上下两端,沿纵向用力拉伸所测量的长度。

2. 小拉力在织物的同一横列中拉伸(企业内)规定的针数/线圈数(通常为10只线圈)。所测量的长度。有的企业则测量规定长度,如25mm(1英寸),对应的拉伸线圈数。

不用等到织物充分回缩,即可测量拉密,并以此为依据进行调机,在工厂中应用较为广泛。

技能训练

1. 在手摇横机上编织平针类织物。

子任务二　编织罗纹类织物

一、横机设备类型

普通双面一级横机,也可用双面二级横机、双面三级横机。

二、任务实施

(一)编织1+1罗纹

1+1罗纹组织如图6-3-5(1),织物外观如图6-3-5(2)所示。

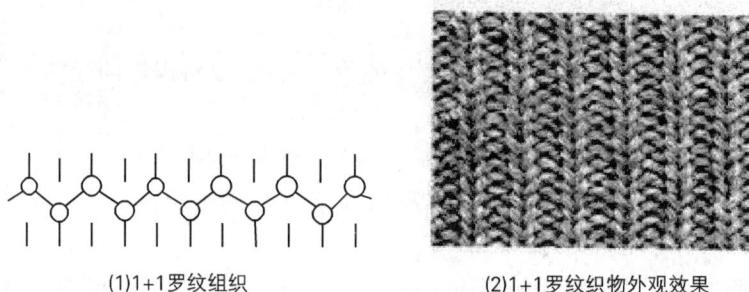

(1)1+1罗纹组织　　　　　　　　　(2)1+1罗纹织物外观效果

图6-3-5　1+1罗纹组织及织物外观

1. 横机调试

(1)确定针床对位:扳动位于机架左侧的针床横移手柄,使得前后针床针对针。

(2)排针:以针床标尺0位为中心,左右对称将前、后针床要求宽度内的织针用选针板推入工作位置。然后再将进入工作位置的舌针一隔一揿下,即1-1排针,如图6-3-6所示。这种排针法编织的1+1罗纹称为1+1单罗纹、1+1单针罗纹。

(3)检查舌针对位:前后针床上进入工作位置的舌针呈相间配置。

(4)打开针舌:不带导纱器,缓慢推动机头1~2转,利用毛刷将进入工作的舌针的针舌打开。

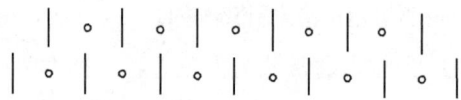

图6-3-6　1+1罗纹排针

(5)调整三角:将所有起针三角开关打开,使起针三角都进入工作位置,再来回推动机头,同时检查四个成圈三角是否将舌针压至针床齿口线以下相同的位置。如果不是,则调动翼形螺母,上下推动限位压板,使成圈三角能将舌针压至针床齿口线以下相同的位置,即处于相同的弯纱深度。

一般由上压板作为编织罗纹时的限位,下压板作为编织单面平针密度时的限位。即成圈三角往上织罗纹,往下织单面平针。成圈三角往上时,将翼形螺母拧紧不使下落。

(6)穿纱:先将络好的毛纱筒子放在横机台面上,并使其处于喂纱装置的第一个导纱眼的正下方,然后按顺序将纱线穿过导纱眼、压线器、挑线簧、导纱眼、导纱器孔,最后将线头从前后针床间隙拉到针床板下方,并将线头固定好。

(7)调整挑线簧:拉引纱线,观察挑线簧是否处于喂纱位置,即挑线簧末端靠近但不接触导纱眼;如果不是,则调整挑线簧的挑线张力。松开纱线,观察挑线簧是否处于回提状态,即能否将余纱提回;如果不是,则调整挑线簧的挑纱幅度。

(8)带导纱器:将机头从左侧推到导轨右侧,通过撑刀或手动,使得穿好纱线的导纱器进入工作位置,以便与机头一起运行编织。

2. 起口

(1)编织起口横列:推动机头,使前后针床处于工作位置的舌针钩住纱线,完成起口横列的编织。

(2)挂穿线板(定幅梳栉):将相应宽度的穿线板(定幅梳栉)在针床下面、从前后针床间隙向上推,使得梳齿从针床间隙口升出,然后穿入梳栉钢丝,最后在穿线板(定幅梳栉)下部的孔眼中均匀地挂上适当的重锤。

(3)起口空转:将针床1、3或2、4号位的起针三角关闭,织1~2转之后,再将关闭的起针三角进入工作状态。

3. 编织

完成上述操作,来回推动机头,即可编织所需的1+1罗纹组织样片。

(二)编织满针罗纹

满针罗纹的编织图如图6-3-7(1),织物的外观效果如图6-3-7(2)所示。

(1)满针罗纹组织编织图　　　　(2)满针罗纹织物外观效果

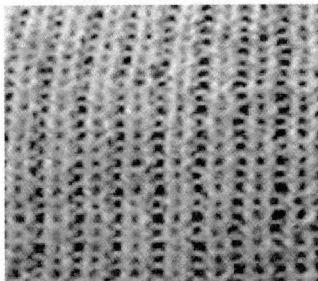

图6-3-7　满针罗纹织物

1. 横机调试

(1)确定针床对位:扳动位于机架左侧的针床横移手柄,使得前后针床针对齿。

(2)排针:以针床标尺0位为中心,左右对称将前、后针床要求宽度内的织针用选针板推入工作位置,如图6-3-8所示。

图6-3-8　满针罗纹排针

2. 起口、编织等其它操作均同 1 + 1 罗纹的编织方法。

(三)编织 2 + 2 罗纹

2 + 2 罗纹织物如图 6 - 3 - 9 所示。

(1)自由状态　　　　　　　　　　(2)拉伸状态

图 6 - 3 - 9　2+2罗纹织物

1. 横机调试

(1)确定针床对位:扳动位于机架左侧的针床横移(错板)手柄,使得前后针床针对齿。

(2)排针:将前、后针床中间一定宽度内的针脚压进针槽,推动同一针槽的舌针进入工作位置。然后选用 2 + 1 起针板将每个针床舌针 2 隔 1 撬下,即 2 - 1 排针;前后针床进入工作位置的舌针呈 2 隔 2 相间配置,如图 6 - 3 - 10 所示。

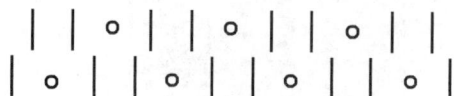

图 6 - 3 - 10　2+2罗纹排针　　　　图 6 - 3 - 11　后针床向左移动一个针距后的排针

其它操作均同 1 + 1 罗纹的编织方法。

2. 起口

(1)将后针床向左或向右移动一个针距,使前后针床上进入工作位置的舌针呈 1 隔 1 相间配置,排针如图 6 - 3 - 11 所示。

(2)编织起口横列:推动机头,使前后针床处于工作位置的舌针钩住纱线,完成起口横列的编织。

(3)挂梳栉:将相应宽度的定幅梳栉在针床下面、从前后针床间隙向上推,使得梳齿从针床间隙口升出,然后穿入梳栉钢丝,最后在梳栉下部的孔眼中均匀地挂上适当的重锤。

(4)起口空转:将针床 1、3 或 2、4 号位的起针三角关闭,织 1 ~ 2 转之后,再将关闭的起针三角进入工作状态。

(5)针床复位:起口空转后,将针床复位。

3. 编织

完成上述操作,来回推动机头,即可编织所需的 2 + 2 罗纹组织样片。

(四)编织4+3罗纹

4+3罗纹织物如图6-3-12所示。

(1)正面　　　　　　　　　　　　　　(2)反面

图6-3-12　4+3罗纹织物

1. 横机调试　按编织满针罗纹时进行横机调试、起口与起口空转。

2. 翻针　将针床上编织区域内的织针翻针,使前后针床上进入工作位置的舌针呈4隔3相间配置,如图6-3-13所示。

3. 编织　完成上述操作,来回推动机头,即可编织所需的4+3罗纹组织样片。

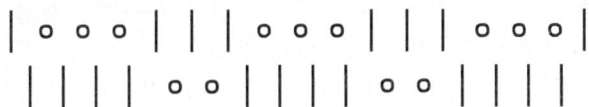

图6-3-13　4+3罗纹排针

三、知识拓展

1. 罗纹组织　正、反面线圈纵行相间配置的针织物组织称为罗纹组织,1+1罗纹是由1个正面线圈纵行与一个反面线圈纵行相间配置,横机1+1罗纹织物由于不同排针方法而分为1+1单罗纹(或1+1单针罗纹)及1+1满针罗纹两种。

2. 罗纹。编织在起口横列时,尽可能使成圈三角2上抬,可采用在上压板和翼型螺母之间加减纸板的方法来控制,最理想的状态是后针床织针刚刚勾到纱线且无弯纱,这时编织的罗纹口紧密、光滑。

3. 下摆罗纹与大身的过渡横列　下摆罗纹与大身通常采用不同的组织,在编织罗纹最后一个横列时,常使用大身较松的密度来编织罗纹,这样比较有利于大身编织前的翻针。

技能训练

1. 在手摇横机上编织2+2罗纹。

2. 简述2+2罗纹的起口。

子任务三　编织双反面类织物

一、编织设备类型

普通双面一级横机,也可用双面二级横机、双面三级横机

二、任务实施

（一）编织 1 + 1 双反面织物

1 + 1 双反面织物如图 6-3-14 所示。

1. 横机调试

（1）确定针床对位：1 + 1 双反面织物是在前、后针床轮流编织,对针床对位无要求,但为了便于翻针,采用针对针的针床对位。

（2）其它操作同单面平针织物。

2. 起口

1 + 1 双反面的起口方法：后针床舌针和三角都处于不工作状态,使用前针床编织单面平针。将相应宽度的穿好钢丝的穿线板（定幅梳栉）在针床下面、从前后针床间隙向上推,使得梳齿从针床间隙口升出,推动机头,使导纱器位于穿线板（定幅梳栉）梳齿的后面,前针床处于工作位置的舌针钩住纱线,将穿线板下拉,并在穿线板下部的孔眼中均匀地挂上适当的重锤。

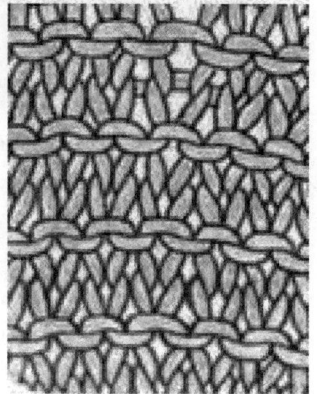

图 6-3-14　1+1双反面织物

3. 编织

完成上述操作后,前针床编织半转,将所有线圈翻针至后针床；后针床编织半转,将所有线圈再翻针至前针床。重复前面操作,即整列线圈在前后针床间移圈,前后针床轮流进行单面平针编织,可编织所需的 1 + 1 双反面织物样片。

（二）编织其它双反面织物

其它双反面织物如 2 + 2、3 + 3、5 + 3 等,操作方法与 1 + 1 双反面基本相同,只是在连续编织规定的横列数之后再进行翻针。

三、知识拓展

因双反面横机已基本停产,除了在电脑横机上比较容易编织双反面织物外,在普通手摇横机上编织双反面织物时效率太低,主要是翻针浪费太多时间,因此翻针器（过梭器）的使用非常有必要,操作方法也很简单：翻针器跨在编织机左上方,由左向右一推,就完成了。只是调试有些繁琐,可按以下步骤进行。

（1）将翻针器跨在横机的右上方,前后脚螺丝放松,固定针头的螺丝放松,使翻针器前后顶针三角及压针三角与横编织机前后针床相吻合,然后将翻针器前后脚螺丝固定锁紧。

（2）针头上面弯针的调试：弯针后端一定要在前后针床空隙中间，后端在机齿横线上1mm，前端针尖在机齿横线下1mm。针尖必须靠后针床，应有一定的反弹，但反弹不能太大。如果弯针没有在正常位置，可调节弯针固定螺丝，调好后要锁紧螺丝。

（3）梯形块调试：梯形块正确位置与后针床针齿间隔0.1～0.2mm，梯形块高于前织针针钩面1mm，梯形块要装正。

（4）针舌弹片调试：针舌弹片上端要伸到梯形块上面，弹片下端应刚好吃到针舌。如弹片吃不到针舌或者太下、太上都不行，可调节弹片上的十字螺丝。

（5）前顶针三角调试：前织针位置应在梯形块下1～1.5mm，如太上或者太下，可调节顶针三角，要注意两端要平衡。

（6）前压针三角调试：织针上针后，前针床织针不能太高，太高会挡住翻针器的弯针而推不动，看压针三角能否把织针压到与针齿相平，如有不平现象，可调试左边压针三角螺丝。

（7）后顶针三角调试：后织针顶上梯形块以后，针舌一定要靠在梯形块表面，角度为90°，形成孔位，如有太上或者太下均可调节顶针三角左边螺丝，两端平行即可。

（8）后压针三角调试：形成翻针以后织针要与后针床机齿下1～1.5mm为正常位置，左端螺丝与后端螺丝平衡为准。

（9）翻针推不动时，不可以硬推，可以向后退一下再前进，否则会坏针。

子任务四　编织集圈类织物

一、任务实施

（一）编织单面集圈织物（单面胖花）

单面集圈织物的线圈结构如图6-3-15所示。

1. 横机调试

采用普通二级横机或单面二级（胖花）横机，即编织单面集圈织物的针床对应三角具有二级可调的顶针三角。

（1）确定针床对位：单面集圈织物是在前、后针床轮流编织，对针床对位无要求，既可以是针对针，亦可以是针对齿。

（2）排针：以针床标尺0位为中心，左右对称将前、后针床要求宽度内的织针用选针板推入工作位置。编织集圈的织针排低踵针，其余排高踵针。

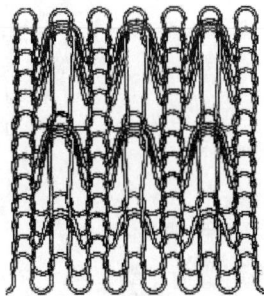

图6-3-15　单面集圈织物的线圈结构

其它操作同单面平针织物。

2. 起口

采用单面起口方法。起针三角和顶针三角都处于工作位置，将相应宽度的穿好钢丝的穿线板(定幅梳栉)在针床下面、从前后针床间隙向上推,使得梳齿从针床间隙口升出,推动机头,使导纱器位于穿线板(定幅梳栉)梳齿的后面,前针床处于工作位置的舌针钩住纱线,将穿线板下拉,并在穿线板下部的孔眼中均匀地挂上适当的重锤。

3. 编织

完成上述操作后,前针床按照工艺单编织若干转后开始编织集圈。

(1)将顶针三角抬起,使其处于 1/2 工作位置。

(2)将机头拉向横机的另一端,低踵针集圈,高踵针成圈。

(3)单列集圈拉 0.5 转,双列集圈拉 1 转,3 列集圈拉 1.5 转,4 列集圈拉 2 转,以此类推。

(4)将顶针三角放下,高、低踵针均成圈。

(5)重复以上步骤,即可编织所需的单面集圈织物样片。

(二)编织双面胖花织物

双面胖花织物编织时须将针床对位至针对齿,起口采用双面起口的方法,其余同单面胖花编织方法。

(三)编织半畦编织物

半畦编织物的线圈结构和编织图如图 6-3-16 所示。

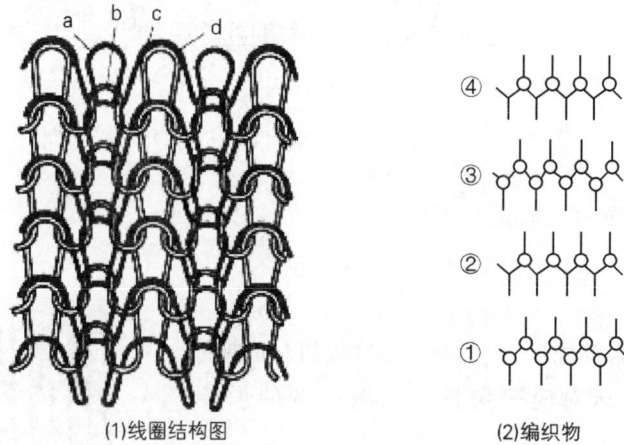

(1)线圈结构图   (2)编织物

图 6-3-16 半畦编织物

1. 横机调试

采用普通一级横机。

(1)确定针床对位:针床对位为针对齿。

(2)排针:以针床标尺 0 位为中心,左右对称将前、后针床要求宽度内的织针用选针板推入工作位置。前后针床满针排列。

(3)检查舌针对位:前后针床上进入工作位置的舌针呈相间配置。

(4)打开针舌:不带导纱器,缓慢推动机头 1～2 转,利用毛刷将进入工作的舌针的针舌打开。

（5）调整三角：将所有起针三角开关打开，使起针三角都进入工作位置，再来回推动机头，将成圈三角位置设定为编织满针罗纹时的位置。

其他操作同满针罗纹织物。

2. 起口

采用双面起口方法。

3. 编织

完成上述操作后，按照工艺单编织空转、罗纹。

（1）抬高四个成圈三角中任意一个，使其位于集圈高度，即在编织时织针的压针高低位置一般控制在以旧线圈套在针舌的1/2处，使针钩勾住新纱线而又不脱旧线圈下为宜；将其余三个成圈三角调至相同的成圈弯纱深度。

（2）拉动机头开始编织半畦编织物，即可编织所需的织物样片。

（四）编织畦编织物

编织物的线圈结构和编织图如图6-3-17所示。

采用普通一级横机。

编织畦编织物时只需将四个成圈三角中斜对角的两个（即1、4或2、3成圈三角）抬高集圈高度，其余操作均与半畦编织物相同。

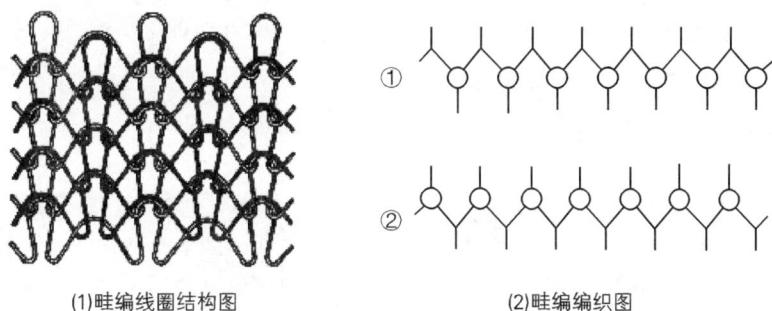

(1)畦编线圈结构图　　　　　　　(2)畦编编织图

图6-3-17　畦编织物

二、知识拓展

无退圈法集圈织物与无脱圈法（无弯纱法）集圈织物的区分：

（1）无退圈法集圈织物由于其悬弧和其他线圈一起经过弯纱阶段，集圈组织中悬弧的长度较长，多用于编织网眼组织、多列集圈等；需要使用顶针三角可调节的普通二级横机编织。

（2）无脱圈法（无弯纱法）集圈织物，因弯纱不足，其形成的悬弧长度较短，基本上等于针距，多用于编织畦编、半畦编织物；任何双针床普通横机都可以编织。

技能训练

1. 画出畦编与半畦编的编织图。在手摇横机上编织半畦编组织。

2. 设计花色集圈组织，并上机编织。

子任务五　编织波纹类织物

一、任务实施

(一)编织四平抽条波纹织物

四平抽条波纹织物如图6-3-18所示。

1. 横机调试

采用普通一级横机。

横机调试方法与满针罗纹织物相同,只是为了避免"波纹线圈"产生松弛现象,抽针的后针床2、3成圈三角位置应适当高一些(密度略紧些)。

2. 起口

采用双面起口方法。

3. 编织

完成上述操作后,按照工艺单编织空转罗纹。

(1)将后针床要抽织针上的线圈翻针至前针床相应的织针上。

(2)按工艺要求,依次每摇0.5转(或1转等),向同一方向移动后针床一个针距。

(3)后针床移到底后返回重复步骤(2)。

(4)重复以上步骤,即可编织所需的四平抽条波纹织物样片。

图6-3-18　四平抽条波纹织物

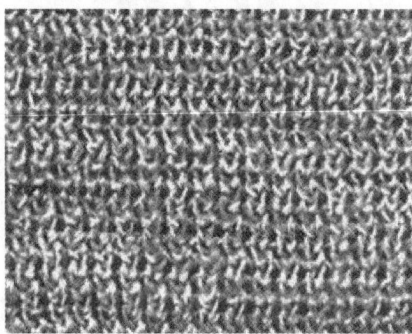

图6-3-19　半畦编波纹织物

(二)编织半畦编波纹织物

半畦编波纹织物如图6-3-19所示。

1. 横机调试

采用普通一级横机。横机调试方法与半畦编织物相同。

2. 起口

采用双面起口方法。

3. 编织

完成上述操作后,按照半畦编织物编织方法进行编织,并且配合进行针床横移操作。在编织一横列半畦编线圈后,针床横移一次,向左移床一次后,下次改变方向即向右移床一次,1 针距/次(一转一扳,左右交替),循环往复,即可编织所需的半畦编波纹织物样片

(三)编织畦编波纹织物

畦编波纹织物如图 6-3-20 所示。

图 6-3-20 畦编波纹织物

1. 横机调试

采用普通一级横机。横机调试方法与半畦编织物相同。

2. 起口

采用双面起口方法。

3. 编织

完成上述操作后,按照畦编织物编织方法进行编织,并且配合进行针床横移操作。在编织一横列畦编线圈后,针床横移一次,向左移床一次后,下次改为向右移床一次,1 针距/次(一转一扳,左右交替),循环往复,即可编织所需的畦编波纹织物样片。

二、知识拓展

(1)编织畦编波纹织物时,总是没有悬弧线圈呈倾斜状态,倾斜方向与本针床移动方向一致,与相对针床移动方向相反。

(2)在半畦编/畦编抽条织物的基础上移动针床,可以得到半畦编/畦编抽条波纹织物。

技能训练

在手摇横机上编织波纹织物。

子任务六　编织移圈类织物

一、任务实施

(一)编织挑花织物

挑花织物如图6-3-21所示。

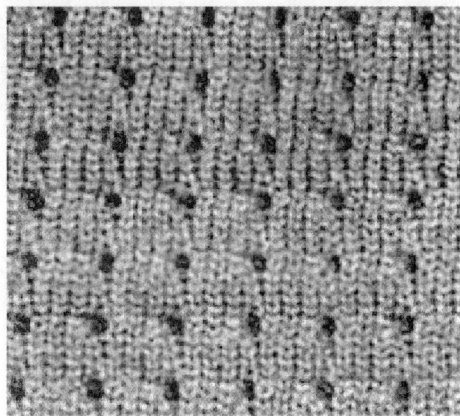
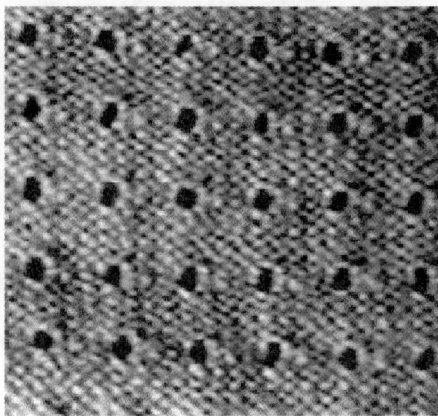

(1)正面　　　　　　　　　　　　　　　　(2)反面

图6-3-21　挑花织物

1. 横机调试

采用普通一级横机。横机调试方法与单面平针织物相同。

2. 起口

采用单面起口方法。

3. 编织

完成上述操作后,按照以下工艺要求操作。

(1)每隔3针,1针挑孔,即将一枚针上的线圈移到相邻针上使两个线圈重叠,移圈后的针成为空针,下列编织后该针处出现孔眼花纹。

(2)摇4转。

(3)重复以上步骤,即可编织所需的挑花织物样片。

(二)编织绞花织物

绞花织物如图6-3-22所示。

1. 横机调试

采用普通一级横机。横机调试方法与1+1罗纹织物相同。

2. 起口

采用1+1罗纹起口方法。

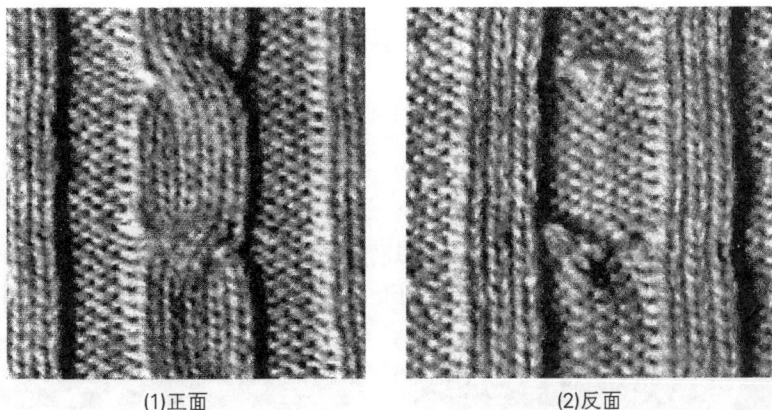

(1)正面　　　　　　　　　　　　(2)反面

图 6-3-22　绞花织物的实物图

3. 编织

完成上述操作后,按照工艺要求空转、罗纹编织,翻针至 3 + 3 罗纹绞花所需的织物正面对应针床 6 针,左右两边各 3 针反针,即按 3 反 6 正 3 反规律排针。

(1)摇 8 转,左绞;即将正面 6 针中的左边 3 针正面线圈与右边 3 针正面线圈交叉移圈,左 3 针在上。

(2)摇 8 转,右绞;操作与上面相同,但右 3 针线圈在上。

(3)重复以上步骤,即可编织所需的绞花织物样片。

二、知识拓展

在做 3 + 3 及以上多针罗纹绞花时,由于线圈移圈时跨度加大,操作比较困难,可采用"偷吃"的方法来使绞花顺利完成:即在进行绞花操作时的半转前将绞花位置的反(底)针推上 1 ~ 2 针(即加针),编织半转后,再将推上的这 1 ~ 2 针退下(即拷针),多出的纱线均匀分配到绞花线圈,然后再进行绞花。由于线圈长度变长,绞花会变得容易些。

技能训练

1. 对市面上的各类绞花织物进行调研,分析其编织方法。

2. 在横机上编织绞花织物。

子任务七　编织添纱类织物

一、任务实施

(一)编织单面添纱织物

单面添纱织物的基本结构与平针织物相同,区别仅在于编织时同时其使用了面纱和地纱,面纱显示在织物的正面,地纱显示在织物反面。单面添纱织物如图6-3-23所示。

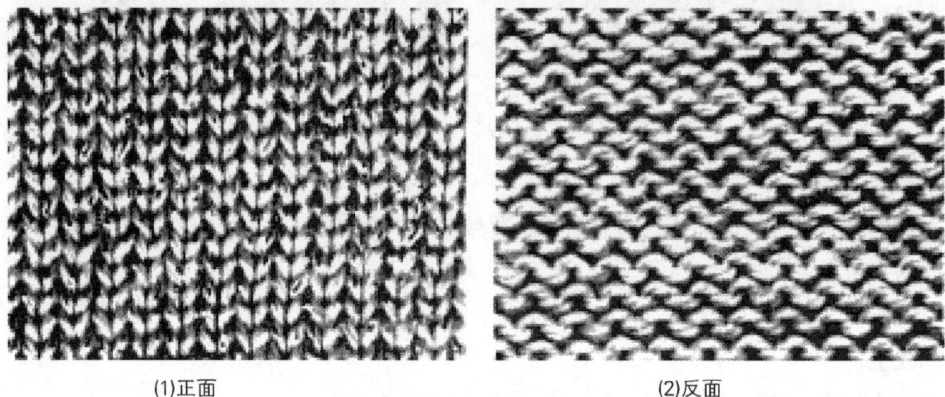

(1)正面　　　　　　　　　　　　　　(2)反面

图6-3-23　单面添纱织物

1. 横机调试

采用普通一级横机,安装添纱导纱器。

(1)确定针床对位:在同一针床编织(通常为前针床),对针床对位无要求,前后针床既可以是针对针,亦可以是针对齿。

(2)排针:以针床标尺0位为中心,左右对称将前针床要求宽度内的织针用选针板推入工作位置。

(3)打开针舌:不带导纱器,缓慢推动机头1~2转,利用毛刷将进入工作的舌针的针舌打开。

(4)调整成圈三角位置:将相应前针床的两个起针三角开关打开,使起针三角都进入工作位置,再来回缓慢推动机头,同时调节两个成圈三角处于相同的弯纱深度。

(5)换添纱导纱器:将普通导纱器换为添纱导纱器。

(6)穿纱:先将络好的毛纱筒子(面纱、地纱)放在横机台面上,按导纱顺序进行穿纱,最后面纱穿入添纱导纱器的中心孔,地纱穿入辅孔(中心孔外环绕的椭圆槽孔)中,将线头从前后针床间隙拉到针床板下方,并将线头固定好。

(7)调整挑线簧。

(8)带导纱器。

2. 起口

采用单面起口方法。

3. 编织

按编织单面平针织物的方法,可编织所需的添纱织物样片。

(二)编织双面添纱织物

双面添纱织物使用双针床编织。其余与单面添纱织物相同。

二、知识拓展

(1)添纱导纱器安装不当容易引起翻纱、单纱、漏针等。

(2)面纱通常较地纱粗一些,这样不容易露底。

子任务八　编织复合组织织物

一、任务实施

(一)编织罗纹空气层(四平空转)织物

罗纹组织与纬平针组织交替编织而成的织物,称为空气层织物,常用的空气层织物有罗纹半空气层织物、罗纹空气层织物等。

罗纹空气层织物,也称四平空转织物,是以罗纹(四平)为基础而编织的,由一个横列的罗纹组织和正反两个横列的纬平针组织复合编织而成。图6-3-24为满针罗纹空气层织物的编织图,其织物外观如图6-3-25所示。

1. 横机调试

采用普通一级横机。

2. 起口

采用满针罗纹起口方法(也可采用1+1罗纹排针方式)。

3. 编织

前、后针床织针呈满针排列。开启全部起针三角,前后针床织针都参与编织,移动机头,编织一个横列的四平组织。关闭起针三角1、3(或者起针三角2、4,机头自左向右移动,前针床织针不参与编织,后针床织针编织一个横列纬平;机头自右向左移动,后针床织针不参与编织,前针床织针编织一个横列纬平。重复循环即可编织罗纹空气层织物。上面所述机头往返一次后,两个平针线圈横列组成了一空气层织物,俗称空转编织。

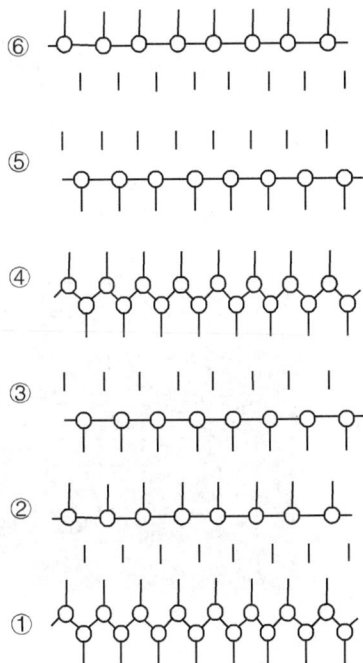

图6-3-24　漏针罗纹空气层编织图

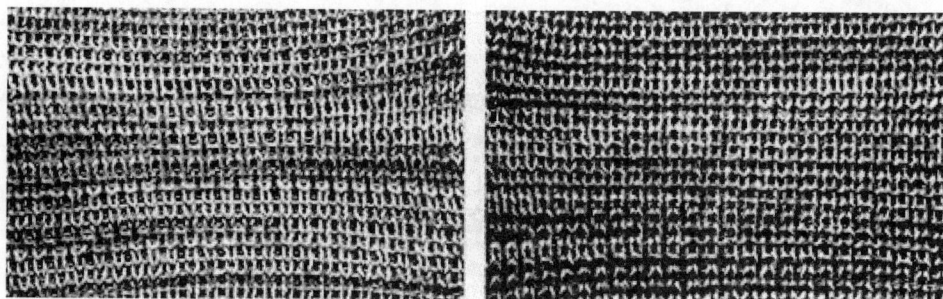

图 6-3-25　满针罗纹空气层织物的外观效果

(二)编织罗纹半空气层(三平)织物

罗纹半空气层组织是由一个横列的罗纹组织和一个横列的纬平针组织复合编织而成。

罗纹面半空气层有一个横列的纬平针在织物的正面,又称面三平。罗纹底半空气层即是有一个横列的纬平针在织物的反面,又称底三平。图 6－3－26、图 6－3－27 分别为一种 1＋1 罗纹面半空气层织物(面三平)的编织图和效果图。

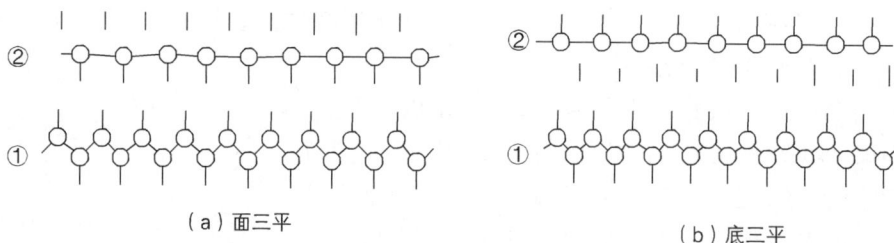

(a)面三平　　　　　　　　　　　(b)底三平

图 6-3-26　1+1罗纹半空气层(三平)编织图

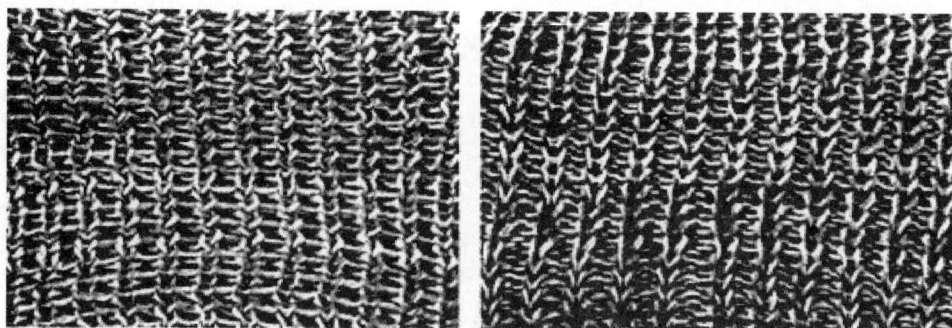

(1)正面　　　　　　　　　　　(2)反面

图 6-3-27　1+1罗纹面半空气层织物(面三平)效果图

1. 横机调试

采用普通一级横机。可采用满针罗纹横机调试方法。

2. 起口

采用满针罗纹起口方法(也可采用 1＋1 罗纹起口、2＋2 罗纹起口)。

3. 编织

(1)面三平编织:起口后,关闭起针三角2,弯纱三角3的刻度指针调到小一些刻度,使弯纱深度变浅。机头自左向右移动,前针床在起针三角1的作用下编织半转圆筒,后针床不编织。机头自右向左移动,在起针三角3、4的作用下编织一横列的四平。重复循环即可编织面三平。同理,若关闭起针三角3,则弯纱三角2的刻度指针调到小一些刻度。

(2)底三平编织:起口后,关闭起针三角1,弯纱三角4的刻度指针调到小一些刻度。机头自左右移动,后针床在起针三角2的作用下编织半转圆筒,前针床不编织。机头自右向左移动,在起针三角3、4的作用下编织一横列的四平。重复循环即可编织底三平。同理,若关闭起针三角4则弯纱三角1的刻度指针调到小一些刻度。

二、知识拓展

1. 罗纹空气层(四平空转)织物调试注意事项

(1) 罗纹空气层(四平空转)的三角调节与四平织物相同,应将四只成圈三角调平。如遇纵密和横密不符合工艺要求时,其调节方法:若退出(关闭)起针三角1'和3'进行空气层组织的编织,则横向密度的调节主要是取决于成圈三角1和3的弯纱深度;纵向密度的调节,以控制成圈三角2和4弯纱深度效果较好。

2. 罗纹半空气层(三平)织物调试注意事项

(1) 三角的调节,根据工艺要求,在关闭起针三角3'的情况下,横向密度主要依靠成圈三角1来控制;纵向密度则由成圈三角3为主来加以调节。一般情况下,成圈三角1弯纱深度较成圈三角4为大,而成圈三角3弯纱深度又较成圈三角1为大,成圈三角2可保持不动,但要比成圈三角3弯纱深度略小,以免在编织三平扳花织物时,机头从左向右编织后,经过针床移位后的线圈变小,而遭到成圈三角2底面的"回压",使线圈断裂,造成破洞。有时虽无破洞,而纱线已近断裂临界极限,使下机布面毛糙,甚至造成拆片工作困难,断头多。

(2)为减少"回压"力,成圈三角拉簧的拉力不宜过大,翼形螺母不能拧紧,以便成圈三角能自由上下升降。

技能训练

1. 在横机上编织罗纹空气层织物,分析其性能、特点。

2. 在横机上编织罗纹半空气层织物,分析其性能、特点。

任务四　羊毛衫编织工艺与操作

子任务一　单件衣片的编织工艺与操作

一、认识羊毛衫编织工艺操作图

单件衣片编织是指通过翻针和收放针等的方法编织出具有一定衣片形状的平面衣片，至衣片经缝合后才能形成最终的产品。普通横机编织毛衫基本上都属于此类，如图6-4-1所示。

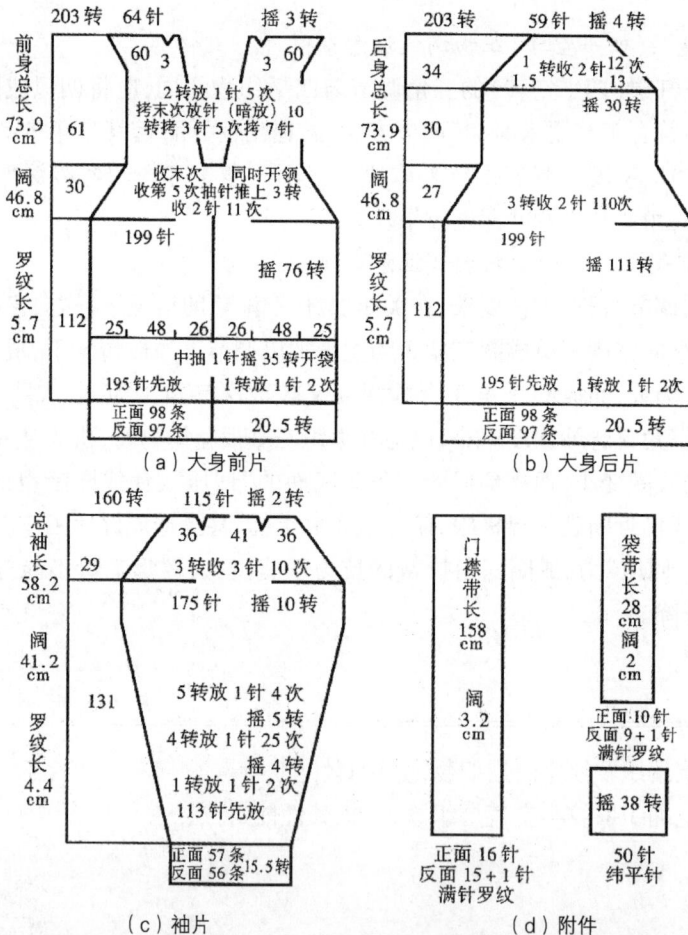

图 6-4-1　71.4 tex×2(14公支/2)驼绒 V 字领男开衫编织工艺操作

羊毛衫生产的编织操作及控制产品质量，是采用编织工艺单来指导的。工艺单是对某个产品整个生产过程工艺的总述，工艺单对生产工艺情况、产品特点、操作要领、质量关键、使用工具等均有详细说明。编织操作工艺单除了对产品款式、规格、组织、结构、配色、用料、重量、采用机型、下机密度、成品密度以及回缩方法等用文字说明外,其主要部分是编织工艺操作图。因此,阅读编织操作工艺单,特别是编织工艺操作图对羊毛衫企业的技术人员、管理人员和操作工人都是一个非常重要的技术内容。

下面列举一个产品的操作工艺单来具体说明其编织工艺与操作方法。

(一)71.4tex×2 (14公支/2)驼绒V字领男开衫编织工艺单

(1)驼绒V字领男开衫上机工艺参数

表6-4-1　驼绒V字领男开衫上机工艺参数

羊毛衫示明规格	95cm
横机机号(针/英寸)	9
纱线规格	驼绒71.4tex×2 (14公支/2)
下机总重量	380g
收针辫子	4条
空转	前后身2-1(2:1),袖子2-1(2:1)
缩片方法	揉、掼

(2)驼绒V字领男开衫衣片组织与密度表

表6-4-2　驼绒V字领男开衫衣片组织与密度表

衣片组织	密度(线圈数/10cm)	横密	纵密
大身　平针	下机密度	42.5	59.5
大身　平针		42	66
袖子　平针	成品密度	43	62
下摆、领口1+1罗纹			84

(3)编织工艺操作图

图6-4-1所示为包括前片、后片、袖片及各个附件在内的编织工艺操作图。

二、羊毛衫编织方法及操作步骤

以驼绒V字领男开衫的前片为例,说明编织方法及操作步骤。

(一)大身前片的编织操作方法

毛衫前片的编织工艺操作图6-4-1所示,前片编织方向由下摆开始,编织到肩部结束。

(1)起针及下摆罗纹编织

大身下摆为1+1罗纹组织,其正面为98条,反面为97条,排针方式如图6-4-2所示,正面比反面多排1针,又称作面包底开针。

起口后编织1~2转的空转(即正面织两横列空转,反面织一横列空转),然后再织20.5转(即20.5×2=41横列)1+1罗纹,至此下摆编织完成。

（2）翻针及放针

下摆织完后将前针床织针上的线圈翻于后针床的对应空针上，翻针后的针数为195 针（98 + 97 = 195）。

翻针完后先放针，l 转放 l 针 2 次的意思是，翻完罗纹后，立即两边各放一针，然后再织 l 转衣片两边各放一针，总放针次数为 2 次。放针转数为（2 - 1）×1 = 1 转，放针的总数为 2×1×2 = 4 针。

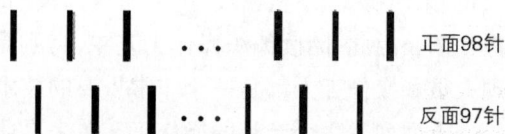

图 6-4-2 1+1 罗纹排针图

正面98针
反面97针

n_1 转 n_2 针 n_3 次，表示织 n_1 转，衣片两边各放针 n_2 针，总放针次数为 n_3 次。因此，总放针数为 2 ×n_1×n_2 针；放针总转数为 n_1×n_3 转；如果是先放针，则放针总转数为（n_3 - 1）× n_1 转。

当此表示方法用在收针部位时，表示织 n_1 转，衣片两边各收针 n_2 针，总收针次数为 n_3 次。

一般情况下明收、明放针在操作图上不必加注说明，而暗收、拷针和暗放需加注放针（收针）方法说明。

（3）抽针

放针完后的总针数为 195 + 2 ×1 ×2 = 199 针，然后将衣片正中部的一枚针抽掉，即让此针退出工作位置，以便衣片织好后，从此处剖开，缝上门襟。

（4）平摇

平摇 35 转，即不增、减针地编织 70 个横列。然后在图中所示的衣片中心的两边各 27 枚针处开始开袋，袋宽 48 针。随后再平摇 76 转，到达收挂肩处。此时总针数仍为 199 针（包括衣片中部抽去的一针）。

从翻罗纹口到开始织挂肩时，所织的总转数为：1 + 35 + 76 = 112 转，其与衣片左侧的标记相一致。

（5）挂肩收针

从工艺单上知道，收针辫子为 4 条，其表示暗收针，在收针时，衣片边缘未重叠的线圈数为 4，即若收 2 针，需用 6 眼收针柄，若收 3 针，需用 7 眼收针柄。

收针阶段先为 3 转衣片两边各收 2 针，总收针次数为 11 针。当衣片边缘收第 5 次针时，将衣片正中部的那枚抽针推上参加编织，挂肩收最后一次针的同时，在衣片中部拷去 7 针，完成开领。

收针阶段的总转数为 11 ×3 = 33 转，其与图上左侧所注的 30 转不一致，多出了 3 转，这说明是先收针，即平摇 76 转后，立即在衣片两边各收 2 针，然后再每摇 3 转衣片两边各收 2 针，收针 10 次。所以此时的收针转数应这样计算：（11 - 1）×3 = 30 转。

挂肩收针阶段结束后的总针数为：199 - 2 × 2 × 11 = 155。

（6）领口收针

挂肩收针阶段结束后，挂肩平摇，而领口处则进行拷针。

领口处摇 10 转衣领两边各拷 3 针,共拷 5 次,拷末次针时,开始在衣片两边挂肩处暗放针,放针情况为 2 转放 1 针共放 5 次,然后再平摇 3 转,在挂肩处放针和平摇 3 转时,领口处既不放针也不拷针或收针,只平摇编织。

从挂肩收针结束到整个衣片编织结束时的总编织转数为:$5 \times 10 + 5 \times 2 + 3 = 63$ 转,其与图上所注的 61 转不一致,多出了 2 转,这说明在挂肩 2 转放 1 针放 5 次时是采用先放针的方式。

衣片织完后肩部的总针数(左肩或右肩)为:$77 - 3 - 5 \times 3 + 5 = 64$ 针,与标记相符。

衣片结束时使肩部第 4 针与第 3 针合并成一针,作为记号眼,留作裁领时对正。

此处记号眼的另一种做法是将第 4 针与第 3 针两个线圈交叉移圈换位,又称扭位。

两肩处也可采用分步编织,开领后先编织一个肩部,然后再编织另一肩部。

(7)测量衣片下机尺寸

衣片织完后,总转数应为:$112 + 30 + 61 = 203$ 转(除下摆罗纹的 20.5 转外)。

衣片织好,并下机经过揉、搌回缩后,测量其总长应为 73.9cm(包括下摆罗纹长度在内),胸阔为 46.8cm,下摆罗纹长为 5.7cm,测其纵、横向密度应分别为 59.5 横列数/l0cm 和 42.5 纵行数/l0cm。当然其有一定的公差范围。

(二)大身后片、袖片、附件的编织工艺

大身后片的编织工艺操作顺序与前片相似。

后片在肩部收针处出现了 $\frac{1.5}{1}$ 转收 2 针收 $\frac{13}{12}$ 次的表示法,它表示先 1.5 转收 2 针收 13 次,然后再 1 转收 2 针收 12 次。袖片山头上的两个记号眼,每处代表挑并一针,其他无特别之处,可按大身前片的方法理解。

(三)附加说明

(1)若大身下摆为双罗纹(即 2 + 2 罗纹),则其排针方式如图 6-4-3 所示。

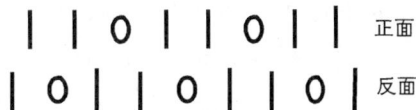

| | O | | O | | 正面
| O | | O | | O | 反面

图 6-4-3　2+2罗纹排针图

反面边上各少排一针。由此可知,此双罗纹为 3 对,共 $3 \times 4 = 12$ 针,当其翻罗纹成平针时,一对中有一针要并针,因此翻成平针时的针数为:$3 \times (4 - 1) = 9$ 针。因此,双罗纹的对数为 n 对时,其翻成平针时的针数为 3n,也可以正反倒过来排,前后衣片一致即可。

(2)在衣片的减针部位,当采用拷针时,常采用阶梯表示法,如某款式、尺寸的羊毛衫,挂肩处拷针表示为 $\frac{3\ 3\ 4}{5\ 5\ 4}$,其表示挂肩处先拷 4 针,然后再织 6 转拷 4 针,织 5 转拷针,再织 5 转拷 3 针,然后平摇。

(3)在衣片的平摇部段可有多种表示方法,如平 n 转、摇 n 转、直 n 转、n 转等。

子任务二　整件衣片的编织工艺与操作

整件衣片的编织指的是在同一台机器上编织出各块不同衣片连成一体的整片衣片。常用的方法有迈奎法(Macqueen)和帕佛奥蒂法(Pfauti)两种。以前者为例作介绍。

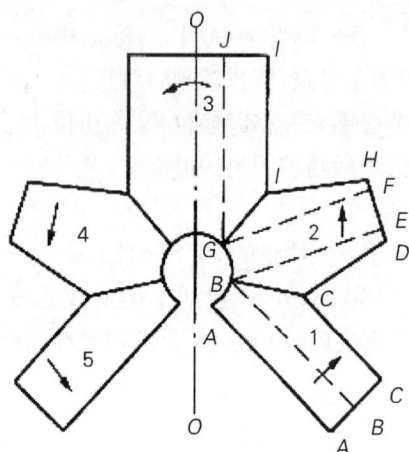

图6-4-4　迈奎法编织开衫

采用迈奎法编织开衫的编织过程如图6-4-4所示。首先编织左侧前身衣片1,沿A-A线空针起口,所有的织针参加编织到B-B线。从B-B线开始,部分织针沿着B-C线逐渐持圈收针。编织到C-C线时,左侧前身衣片1编织结束,沿着C-C线的织针脱圈。接着编织左袖片2,从腋窝处开始编织短横列,沿C-B线逐渐持圈放针,使编织的横列长度逐渐增加,并沿C-D线将脱去线圈的空针逐渐加入工作,在衣肘处形成一定的锥度。当编织到B-E线时已达衣袖长度。然后同长度编织,直到G-F线。然后部分织针又沿着G-I线逐步持圈收针,部分织针沿着I-H线逐渐脱圈收针。当编织到终点I时,左袖片2编织结束。

后大身3从I-I线开始编织。I-I段空针起口,握持旧线圈的织针沿I-G线逐渐持圈放针。编织到J-G线时,已经达善后身长度,按此长度继续编织到O-O线。O-O线是后身衣3的中线,随后的编织过程与上述相反,将要编织整件衣片的另一半。先完成右后大身,然后再编织右袖片4和右前片5,从而｜或全部编织。

衣片下机后还要缝合,先把c-c线与I-I线缝合,然后缝三另一侧大身,再把C-D线与I-H线缝合成袖子,另一侧也是如此。

最后再装上衣领和拉链,就生产出了一件开衫。

子任务三　整件服装的编织工艺与操作

在横机上一次就编织出一件完整的服装,下机后无需缝合或只需进行少量缝合就可穿用的产品,称为整体服装。图6-4-5所示为在电脑横机上编织整件服装的顺序。服装款式为带有罗纹领口的长袖平针套衫。其编织方法为:在针床对应工作位置使用三把导纱器,如图6-4-5所示,同时编织大身衣片下摆罗纹和两只

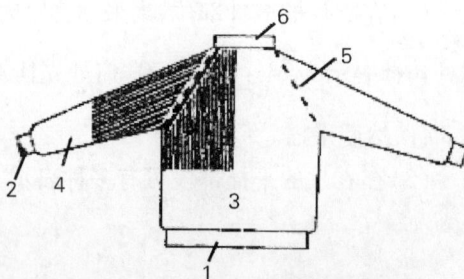

图6-4-5　罗纹领口长袖平针套衫

袖口罗纹;接着编织大身衣片 3 和两只袖身 4 直至挂肩处;再同时编织挂肩 5 至领口;最后编织领口 6。

一、大身衣片下摆和袖口罗纹编织

编织 1+1 罗纹时针床和织针的配置关系如图 6-4-7(1)所示。织针相对配置,两个针床织针分别 1 隔 1 抽针。编织时,先在两针床上利用一组相邻织针编织一横列 1+1 罗纹线圈:图 6-4-7(2),然后将前针床织针上的线圈转移到后针床相对应的不成圈的织针上,形成筒状罗纹的一面。接下来再利用两针床上另一组相邻织针编织一列 1+1 罗纹线圈:图 6-4-7(3),编织后将后针床织针上的线圈转移到前针床上不成圈的织针上,以形成筒状罗纹的另一面。这样就形成一横列圆筒形 1+1 罗纹。如此循环,直至编织到所需要的罗纹长度。

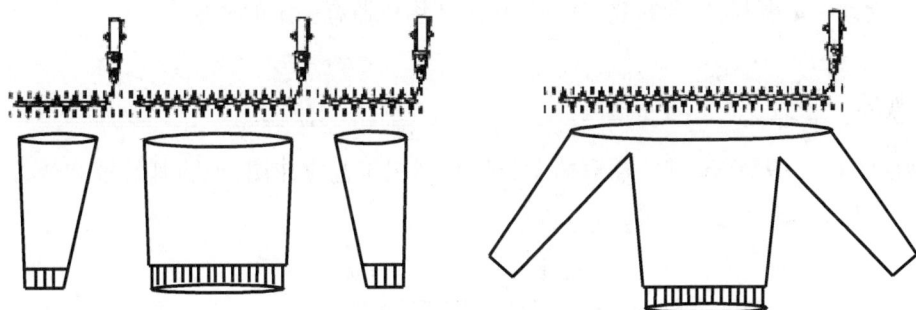

图 6-4-6　编织整件服装的方法

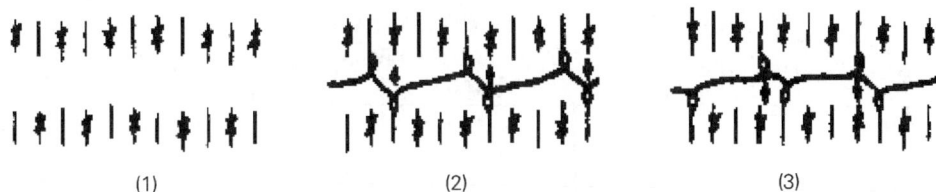

| (1) | (2) | (3) |

图 6-4-7　罗纹编织图

二、大身衣片和袖身编织

在完成圆筒形 1+1 罗纹编织后,可进行圆筒形平针组织的编织,如图 6-4-8 所示。袖身随着编织长度增加逐渐放针以增加宽度。如图所示往复编织至挂肩处,将后针床线圈转移到前针床,通过后针床横移,分别去除袖身与大身衣片之间的空针位置,再将被转移的线圈移回后针床上,进行挂肩处的收针编织。

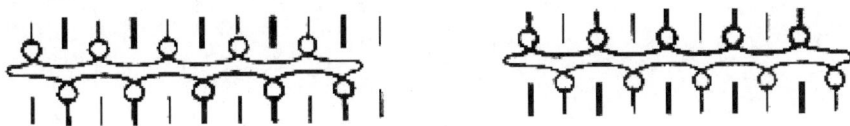

图 6-4-8　圆筒形平针编织

三、挂肩处收针编织

在挂肩 5 处(图 6-4-5),袖身和大身分别进行收针。两者不能够在同一横列收针。根据需要,每次收针可以收一针、两针或多针。每完成一次收针,需要将后针床线圈转移到前针床。

通过后针床横移来消除收针处袖身与大身衣片之间的空针位置,然后再将线圈移回后针床。就这样收针、横移、编织直至领口 6 处。

四、领口编织

领口 1 + 1 罗纹的编织方法与大身衣片和袖口罗纹的编织方法相同。

整体编织出的服装风格独特,工序少,所以适用生产高档服装。但是这种产品设计复杂,生产受到一定限制,生产的效率较低,对生产用机器有一定的要求。

技能训练

阅读图 6-4-9 90cm 圆领插肩袖女衫后片编织工艺操作图,说明其针数和转数的变化情况,并上机完成后身衣片的编织。

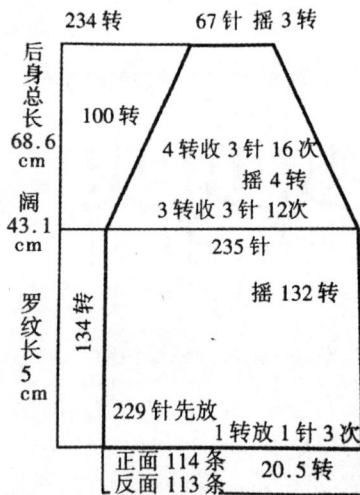

图 6-4-9 90cm 圆领插肩袖女套衫后身的编辑工艺操作图

纬编面料分析及生产工艺参数的确定

知识目标

1. 掌握纬编面料的分析方法；
2. 掌握纬编针织物生产工艺参数的计算方法。

技能目标

会根据给出的针织物样布，分析针织物的原料、组织结构、后整理工艺等，能计算出纬编针织物的工艺参数（织物的线圈长度、密度、面密度等）。

任务一　纬编面料分析

纬编针织物产品，除了一定数量的自行创新设计外，有相当多的为来样加工。为了满足这种生产需要和国内外客户订单要求，必须学会对针织品来样进行分析，分析针织品的外观构成，织物性能以及工艺参数等。只有在正确分析的基础上，才能进一步确定能否有加工该产品的可能，如原料供应、加工设备等。从而，对来样进行仿制设计或对来样某些性能加以改进的设计，并由此制定相关工艺和组织生产加工。最终使产品更好地符合用户要求或借鉴该产品为其它产品设计所用。

纬编针织物种类很多，分析方法并无固定模式，通常是多种方法结合使用，重要的是在不断实践与不断积累的过程中学习与掌握。针织物的分析应掌握好分析的方法与步骤，特别是对于比较小的样品来说，正确的分析方法与步骤就显得更加重要。分析的一般原则是先进行非破坏性项目的分析，比如针织物的外观分析、针织物的手感分析以及一些测量项目的分析等；然后进行破坏项目的分析，比如线圈长度的测量、组织结构的分析等。针织物样品分析一般可通过下述方法与步骤进行。

一、织物外观与性能分析

拿到客户提供的针织物样品后或者市场上流行面料的小样。首先进行针织物的外观分析和手感目测。仔细观察针织物的外观及特征，织物外观主要看布面花纹效应、色泽、风格、后处理特征、原料及布面其它特征等。根据针织物的外观及线圈形态，初步确定针织物的类型是经编针织物还是纬编针织物。对于纬编针织物，要确定是单面针织物还是双面针织物，根据针织物的外观及线圈的结构形态,确定针织物的组织结构的类型,如提花类针织物、集圈类针织物、空气层类针织物、"涤盖棉"类针织物等,确定其组织结构的大类。通过手摸针织物,根据针织物的柔软度、滑爽度及挺括程度等,初步判断所用原料的类型及经过怎样的后整理。

二、织物纱线与组织结构分析

针织物参数的测量主要包括针织物横向密度,纵向密度,针织物一个完全组织范围的确定,一个完全组织横列、纵行的测量,针织物线圈长度的测量和针织物平方米克重的测量等。

针织物参数测量时,应先测针织物的密度,因密度的测量不需要拉伸或破坏织物。测量方法是将针织物平放在桌子上,直接用针织物密度镜沿着一个线圈横列和一个线圈纵行,分别数 5cm 内所具有的线圈纵行数和线圈横列数就是针织物的横密和纵密。如果没有密度镜,也可以用放大镜、直尺、笔及挑针等工具进行测量。方法是先用直尺在织物上沿着一个纵行及一个横列量取 5cm 的长度,并且彩色笔做好标记。然后将放大镜与挑针配合,分别数所作标记之间的线圈纵行数及线圈横列数,就可以确定针织物的横密和纵密。在长期工作实践中,人们把针织面料的横向密度和大圆机的机号归纳为以下一个经验公式:

$$G = \frac{5n}{4}$$

式中:G——大圆机机号;

n——0.5 英寸(1.27cm)的横向密度。

针织物的一个完全组织就是针织物最小的循环单位,常用的一个完全组织范围的确定方法有两种:一是对于一些组织,特别是一些提花等彩色花纹组织,可以通过目测的方法直接确定最小循环单位的范围;另一些是对一些比较复杂的组织,用目测的方法很难确定其最小循环单位,此时应采用拆散的方法来确定。这种测量方法可以与组织结构的分析结合起来进行。在拆散过程中,要注意观察在线圈横列方向和线圈纵行方向的线圈的组合规律,直到出现重复的组合规律为止,则这个最小的循环单位就是一个完全组织。最小单位所包含的线圈横列数及线圈纵行数就是一个完全组织的线圈横列数及线圈纵行数。

线圈长度的测量方法是在针织物上数一定的线圈个数,例如数 100 个线圈,并做好标记。然后将这些线圈拆散,在伸直不伸长的情况下,测量标记点之间的线圈长度,再除以线圈的个数,就可以求得线圈的长度。

在实际生产中,有些客户的来样只是基本组织或简单的变化组织,只需测定一个线圈长度;如果是提花等复杂组织,要测量一个完全组织内的线圈长度。也可以用拆散法测量实际线圈长度或根据线圈在平面上的投影近似的估算线圈长度。

纱线线密度测量采用手扯尺量的方式,将纱轻轻地从试样中拔出,用手指压住纱线的一端,用另一只手的手指将纱线拉直,注意不可有伸长现象。用尺子量出纱线长度、称重、根据线密度定义进行换算。

对于比较大的试样,针织物平方米克重的测量,可以用圆盘画样仪取样称得重量,再折算成平方米克重;对于比较小的试样,可以剪成一定的正方形或长方形。测得其长和宽后称重,再折算成平方米克重。

　　针织物面料克重不但与针织物面料风格密切相关,而且与面料耗用、成本增减有直接关系,是针织企业重要工艺参数。正常测量方法是取 $10cm \times 10cm$ 正方形称重后乘以 100 即可。或用取样器取出 $1m^2$ 的样布,称重后即可。

三、组织结构、针织物的排列、喂纱方式等的分析

　　组织结构的分析是针织物分析的重点和难点,进一步详细的组织结构分析是在外观分析的基础上进行的。针织物的外观分析可以借助放大镜进行,在放大镜下认真观察线圈的形态及线圈相互连接的情况。对于一些比较简单的组织,通过这种分析,基本可以确定针织物的组织结构,而对于一些复杂的组织,通过这种分析可以确定针织物结构的类别,针织物组织的最后确定需要通过拆散的方法进行。

　　针织物的拆散,特别是纬编针织物的拆散,是针织物结构分析的有效方法,通过线圈的脱散,可以了解纱线在每枚针上的编织方法以及一根纱线所形成的线圈在针织物中的配置情况,从而确定针织物的组织结构。针织物的拆散所需要的工具有放大镜、尺子、挑针、夹子、方格纸,记号笔。有条件的话,最好准备一个针织物分析架,特别是对弹性针织物的分析,更需要有针织物分析架。准备好以上工具后,可以按下列方法和步骤进行针织物的拆散。

　　首先沿纵向和横向分别拉伸织物,通过针织物的线圈形态及线圈间的相互连接情况确定针织物的横向和纵向方向。在纬编针织物中,一般情况下相邻两个线圈的连接方向是线圈的横列方向。而在经编织物中,一般情况下相邻两个线圈的连接方向是线圈的纵行方向,但有些组织有例外的情况,如衬纬组织。确定了针织物的横列方向和纵行方向后,再分别沿纵行方向的两端试着拆散织物。由于所有针织物都能沿逆编织方向脱散,只有个别针织物可以沿顺、逆两个方向脱散,如纬平针组织,所以能顺利的脱散的一端即为逆编织方向。确定好逆编织方向后,在试样逆编织方向一端的边缘和试样左侧和右侧的边缘,分别沿一个线圈横列和一个线圈纵行用记号笔画一条直线,作为基准线。以此基准线为基础,在试样上剪取至少一个完全组织的样片,剪切处要离基准线至少 $10cm$,以便操作。如果织物的完全组织不能完全确定,则可以剪大一些,通过拆散的方法确定完全组织的大小。

　　试样剪好之后就可以拆散织物,拆散时手法要轻,以免造成过度脱散。对于纬编针织物,可以用挑针挑出一根纱线的头,然后轻轻拉动纱线,一个线圈一个线圈的脱,边脱边在方格上用一定的符号记下线圈的类型。双面针织物也可以用编织图记下每个横列上每枚织针的情况。对于用不同原料编织的织物,拆下的纱线应按拆下的顺序排列好,用同种原料编织的织物,拆下的纱线可以堆放在一起。在拆的过程中,边拆边观察线圈在横列方向的排列规律。在横列方向一个循环的针数就是完全组织的花宽,在纵行方向一个循环的横列数就是完全组织的花高。

　　所拆下纱线的逆排列顺序就是每一个完全组织的喂纱情况,即穿纱方式。单面纬编针织物针织的排列方式可以根据拆散针织物所记录的线圈类型及排列规律确定,双面针织物

针织排列方式的确定,需要先确定针盘针的和针筒针的对位方式,然后再根据拆散时所记录的,每个横列的线圈类型及不同类型线圈的排列规律确定织针的排列方式。织针的对位方式可以通过横向拉伸织物来分析,如果织物在横向拉伸后既能看到正面线圈,也能看到反面线圈的,就是罗纹型配置,即针盘针和针筒针呈相间配置,如果在针织物的任何一面都是只能看到正面线圈的,就是双罗纹配置,即针盘针和针筒针呈相对配置。

四、原料的分析

原料的分析主要是分析所拆下的每一种纱线或长丝的成分及其规格。原料成分的分析有多种方法,可以根据感官进行鉴别,即通过观察和手摸的方法来鉴别,这种方法只能鉴别出纤维的大类,也可以根据纤维所具有的外观特征及物理化学特征进行鉴别。这种鉴别方法比较多,有时可以将多种方法结合起来进行鉴别,这种方法能比较准确地确定纤维的类型。常用的鉴别方法有显微镜观察法、燃烧法、溶解法、着色法等。

五、染色及后整理加工的类型及方法

染色及后整理加工类型的确定可以根据针织物的原料、手感及针织物的性能、外观、风格和针织物的用途、使用对象和使用目的等综合分析来确定。

技能训练

1. 分发针织物,让学生分析织物原料的种类、原料的线密度、针织物的组织结构、染色及后整理加工。

2. 如何鉴别涤纶和锦纶?

任务二   常见纬编产品生产工艺参数的确定与计算

纬编坯布生产工艺参数是工艺设计的核心,主要工艺参数包括纱线线密度、线圈长度、织物横向密度和纵向密度、密度对比系数、未充满系数和单位面积重量等。

一、线圈长度与织物密度的确定

线圈是组成针织物的基本结构单元,线圈长度直接影响坯布的其它工艺参数和织物品质,线圈长度、织物密度可依据坯布的品种和部分已知工艺参数,采用公式计算法、实验计算法和称重换算法来确定。各种方法因织物组织线圈结构不同而异。

(一)公式计算法

针织物线圈中的纱线为一空间曲线,为了计算方便,假设线圈在平面上的投影由圆弧与直线连接而成,采用该线圈模型求得的线圈长度与实验值较接近(误差允许范围5%)。公

式计算法以纱线线密度和密度对比系数为依据,一般用于新产品设计和织物分析。

1. 纬平针织物

(1)纱线的直径 F(mm):

已知纱线线密度 Tt,则:

$$F = 0.03568 \sqrt{\frac{Tt}{\delta}}$$

式中:δ——纱线体积重量(g/cm^3),其大小与纱线种类有关,常用纱线的体积重量见表 7-2-1。若采用多根纱线编织,则 Tt 为换算线密度。

表 7-2-1　常用纱线的体积重量

纱线种类	体积重量(g/cm^3)	纱线种类	体积重量(g/cm^3)
棉纱	0.75~0.85	聚酯丝	0.55~0.70
精梳毛纱	0.75~0.81	聚丙烯腈丝	0.60~0.70
粗疏毛纱	0.65~0.72	聚内烯丝	0.40~0.45
粗纺丝	0.73~0.78	弹力丝	0.032~0.035
黏胶丝	0.70~0.80	聚酸变形丝	0.04~0.06
聚酸胶丝	0.50~0.70		

(2)织物密度 P:圆机纬编针织物的密度用横向密度 P_A(纵行/50mm)和纵向密度 P_B(横列/50mm)描述。

$$P_A = \frac{50}{A} \qquad\qquad P_B = \frac{50}{B}$$

式中:A——圈距,mm;

B——圈高,mm。

设计纬平织物时,其圈距 $A = 4F$。

密度对比系数 $C = \dfrac{P_A}{P_B} = \dfrac{B}{A}$,则:

$$B = A \times C \qquad\qquad P_B = \frac{P_A}{C}$$

纬平针织物密度对比系数 C 一般为 0.78~0.83。

(3)线圈长度 L(mm):

$$L = 1.57A + 2B + \pi F = \frac{78.5}{P_A} + \frac{100}{P_B} + \pi F$$

例:确定 18tex 纯棉纬平针织物的线圈长度和织物密度。

已知 Tt = 18tex,由表 7-2-1 查得纱线的体积重量 δ 为 0.8g/cm^3,取密度对比系数 $C = 0.8$,则

$$F = 0.03568 \sqrt{\frac{Tt}{\delta}} = 0.03568 \sqrt{\frac{18}{0.8}} = 0.169(\text{mm})$$

$$A = 4F = 0.68(\text{mm})$$

$$P_A = \frac{50}{A} = 73.5(\text{纵行}/50\text{mm})$$

$$P_B = \frac{P_A}{C} = \frac{73.5}{0.8} = 92(\text{横列}/50\text{mm})$$

$$L = \frac{78.5}{73.5} + \frac{100}{92} + 3.14 \times 0.169 = 2.68(\text{mm})$$

2. 添纱衬垫织物

(1)纱线的直径:已知添纱衬垫织物的地纱线密度为 $\text{Tt}_1(\text{tex})$,添纱线密度为 $\text{Tt}_2(\text{tex})$,衬垫纱线密度为 $\text{Tt}_0(\text{tex})$,则地纱与添纱两根纱线的合股直径 $F_P(\text{mm})$ 为:

$$F_P = 0.03568 \sqrt{\frac{\text{Tt}_1 + \text{Tt}_2}{\delta}}$$

(2)织物密度 P:地纱的圈距计算公式为 $A_P = 4.1F_P$

$$P_A = \frac{50}{A_P} \qquad P_B = \frac{P_A}{C}$$

添纱衬垫织物密度对比系数 C 为 $0.78 \sim 0.83$。

(3)线圈长度:地纱线圈长度 $L_{P1}(\text{mm})$ 可按纬平针织物的线圈长度公式计算(纱线直径为地纱与面纱两根纱线的合股直径)。

$$L_{P1} = \frac{78.5}{P_A} + \frac{100}{P_B} + \pi F_P$$

添纱衬垫组织中面纱线圈和地纱线圈的长度是不相等的。由台车编织的添纱衬垫组织时,地纱线圈长度 L_{P1} 比添纱线圈长度 L_{P2} 长,由针舌圆纬机编织时,其添纱线圈比地纱线圈长,线圈长度差异为 $5\% \sim 10\%$。因此添纱线圈长度 L_{P2} 和衬垫纱的线圈长度 L_{P0} 分别为:

$$L_{P2} = L_{P1}[1 \pm (5\% \sim 10\%)]$$

$$L_{P0} = \frac{nT_0 + 2d_0}{n}$$

式中: T_0——针距,mm;

n——垫纱比循环数;

d_0——针杆直径,mm。

3. 双罗纹织物(棉毛布)

(1)纱线的直径 F 计算方法同纬平针织物。

(2)织物密度 P_0 双罗纹织物圈距计算公式为 $A = (3.5 - 4.5)F$。

$$P_A = \frac{50}{A} \qquad P_B = \frac{P_A}{C}$$

双罗纹织物密度对比系数 C 为 $0.78 \sim 0.83$。

(3)线圈长度 $L(\text{mm})$:

$$L = 1.84A + 2B + 3.6F = \frac{90}{P_A} + \frac{100}{P_B} + 3.6F$$

由于双罗纹织物的线圈形态在织物内受很多因素的影响,故上述计算方法有很多的误差。

4. 罗纹织物

(1)纱线的直径 F 计算方法同纬平针。

(2)织物密度 P_0 罗纹织物的横密有几种表示方法,实际密度一般为 5cm 内一面线圈纵行数,织物两面的密度分别用 P_{A1}、P_{A2} 表示,1 + 1 罗纹、2 + 2 罗纹的 $P_{A1} = P_{A2}$;换算密度 P_{AN} 是把各种不同种类罗纹密度换算成相当于 1 + 1 罗纹组织结构的密度,以便能对不同种类罗纹组织横向稀密程度进行比较。换算密度 P_{AN} 与实际密度的关系如下:

$$P_{AN} = (P_{A1} + P_{A2})\left(1 - \frac{1}{R}\right)$$

式中:R——一个完全组织内的线圈纵行数。

一般用于罗纹线圈长度计算的密度为 P_{AS},其对应的圈距用 A_S 表示。则:

$$A_S = 4F \qquad P_{AS} = \frac{50}{A_S} \qquad P_{BS} = \frac{P_{AS}}{C}$$

领口、袖口和裤口罗纹的密度对比系数 C 为 0.94 ~ 1,下摆罗纹的密度对比系数 C 为 0.57 ~ 0.64。

(3)线圈长度 $L(\text{mm})$。

$$L = \frac{78.5}{P_{AS}} + \frac{100}{P_{BS}} + \pi F$$

(二)实验计算法

对于不同种类的针织物,未充满系数是经过生产实践积累出来的,根据纱线线密度 Tt(tex)以及适当的未充满系数,即可求得常用织物的线圈长度 L(mm),计算方法为:

$$L = \frac{\sigma \sqrt{Tt}}{31.62}$$

常见纬编针织物未充满系数的参考值见表 7-2-2。

表 7-2-2　常见纬编针织物的未充满系数

织物组织	纱线种类	未充满系数 σ
平针	棉纱	21
	羊毛	20
1 + 1 罗纹	棉纱	21
	羊毛	21
2 + 2 罗纹	棉纱	21 - 22
双罗纹	棉纱	19 - 23
	羊毛	19 - 24

根据线圈长度和纱线的线密度,求圈距 A 和圈高 B 的经验公式见表 7-2-3。

表 7-2-3　圈距、圈高经验公式

组织	纱线种类	圈距 A(mm)	圈高(mm)
平针	棉纱	$0.2L + \dfrac{0.7\sqrt{Tt}}{31.62}$	$0.27L - \dfrac{1.5\sqrt{Tt}}{31.62}$
平针	羊毛	$0.19L + \dfrac{1.3\sqrt{Tt}}{31.62}$	$0.25L - \dfrac{1.5\sqrt{Tt}}{31.62}$
1+1 罗纹	棉纱	$0.3L + \dfrac{0.1\sqrt{Tt}}{31.62}$	$0.28L - \dfrac{1.3\sqrt{Tt}}{31.62}$
1+1 罗纹	羊毛	$0.25L + \dfrac{1.3\sqrt{Tt}}{31.62}$	$0.27L - \dfrac{1.5\sqrt{Tt}}{31.62}$
双罗纹	棉纱	$0.13L + \dfrac{3.4\sqrt{Tt}}{31.62}$	$0.35L - \dfrac{3\sqrt{Tt}}{31.62}$

求得圈距 A 和圈高 B 的值,即可计算出织物的密度。

例: 用实验法确定 28tex 纯棉汗布的线圈长度和织物密度。

根据表 7-2-2,纯棉汗布的未充满系数 σ 为 21,所以线圈长度 L 为:

$$L = \frac{\sigma\sqrt{Tt}}{31.62} = \frac{21\sqrt{28}}{31.62} = 3.51(mm)$$

根据表 7-2-3,计算圈距 A 和圈高 B:

$$A = 0.20 \times 3.51 + \frac{0.7\sqrt{28}}{31.62} = 0.819(mm)$$

$$B = 0.27 \times 3.51 - \frac{1.5\sqrt{28}}{31.62} = 0.697(mm)$$

横向密度 P_A 和纵向密度 P_B 为:

$$P_A = \frac{50}{A} = \frac{50}{0.819} = 61(纵行/50mm)$$

$$P_B = \frac{50}{B} = \frac{50}{0.697} = 71.7(纵行/50mm)$$

(三)称重换算法

　　根据已知纱线的线密度和织物密度,取织物小样进行称重换算,可求出净(光)坯布的线圈长度。毛坯布的线圈长度与净坯布的线圈长度不相等,因为纱线是在一定张力条件下进行编织的,染整加工后纱线上的应力消除,线圈长度有可能缩短。

　　毛坯布单位面积重量与净坯布单位面积干燥重量关系式为:

$$G_M = G_g \times \frac{1+W}{1-Y}$$

式中:G_M——毛坯布单位面积重量,g/m^2;

　　　G_g——净坯布单位面积干燥重量, g/m^2;

　　　Y——坯布染整重量损耗率;

W——净坯布回潮率。

净坯布的线圈长度计算公式为：

$$L = 2.5 \times 10^3 \times \frac{G_M}{tP_A P_B(1-Y)}$$

式中：t——组织系数（单位针织物为1，双面针织物为2）。

常用坯布染整重量损耗率参考表7-2-4，净坯布回潮率参考表7-2-5。

表7-2-4　坯布染整重量损耗率（%）

坯布品种 \ 染整工艺		化纤各色	精漂碱缩	染浅色（碱缩）	染深色	
					煮练	不煮练
棉或棉型混纺纱坯布	汗布	—	7.2	7	6.5	2
	棉毛布		7.2	7	6.5	2
	绒布		—	9.8	6.5	5.7
化纤坯布	汗布	3.7	—			
	棉毛布	3				
	绒布	4.5				

注：1. 不同种类纱线织的坯布，按各自损耗率和组成比例加权计算，纯棉与化纤交织成混纺时，一般只染一种纱线，采用一浴法染色，即以交织比例加权计算染整的损耗率，如染两种纱线时，可采用两浴法，应另加染整损耗2%。

2. 色纱与本色纱交织成彩条时，色纱的制成率已包括染纱损耗，在计算漂染损耗率时，只能按吃纱比例计算本色部分，色纱部分不应再计算染整损耗。

3. 绒布包括起毛损耗。

表7-2-5　净坯布回潮率

类别	净坯布回潮率（%）	类别	净坯布回潮率（%）
纯棉	8	丙纶	0.2
腈纶	2	维纶	5
锦纶	4.5	羊毛	15
涤纶	0.4	黏胶丝	13
氨纶	0	真丝	11

注：不同原料交织的织物应按交织比例计算。

例：已知18tex深色棉毛布，净坯布干燥重量为198g/m^2；$P_A = 69$ 纵/50mm，$P_B = 73$ 横列/50mm；组织系数 $t = 2$，织物回潮率 $W = 8\%$，染整损耗率 $Y = 6.5\%$，求净坯布的线圈长度 L。

毛坯布单位面积重量 G_M：

$$G_M = G_g \times \frac{1+W}{1-Y} = 198 \times \frac{1+8\%}{1-6.5\%} = 228.7(\text{g/m}^2)$$

则净坯布的线圈长度 L 为：

$$L = 2.5 \times 10^3 \times \frac{G_M}{tP_A P_B Tt(1-Y)} = 2.5 \times 10^3 \times \frac{228.7}{2 \times 69 \times 73 \times 18} = 3.15(mm)$$

表 7-2-6 ~ 表 7-2-8 分别为纬平针组织（汗布）、双罗纹组织（棉毛布）和衬垫组织（绒布）毛坯布密度与线圈长度的关系。

表 7-2-6 纬平针组织（汗布）毛坯密度与线圈长度的关系

原料	机号	毛坯纵向密度（横列/50mm）							线圈长度（mm）						
		档次						公差	档次						公差
		1	2	3	4	5	6		1	2	3	4	5	6	
28tex×2 (21英支/2)	22G	46	48	50	52	54	56	+2	3.22	3.32	3.74	3.85	3.06	3.07	±
18tex (32英支)	34G	70	72	74	76	78	80	+2	3.18	3.13	3.06	3	2.94	2.88	±
10tex×2 (60英支/2)	34G	70	72	74	76	78	80	+2	3.18	3.13	3.06	3	2.94	2.88	±
14tex (42英支)	36G	78	80	82	84	86	88	+2	3.03	2.98	2.93	2.83	2.77	2.73	±
13tex (46英支)	36G	82	84	86	88	90	92	+2	2.92	2.876	2.828	2.78	2.73	2.68	±
7.5tex×2 (80英支/2)	40G	76	78	80	82	84	86	+2	3	2.95	2.90	2.85	2.80	2.75	±
7tex×2 (84英支/2)	40G	82	84	86	88	90	92	+2	2.92	2.894	2.847	2.80	2.75	2.70	±
6tex×2 (100英支/2)	40G	84	86	88	90	92	94	+2	2.87	2.83	2.785	2.74	2.69	2.65	±

表 7-2-7 双罗纹组织（棉毛布）毛坯密度和线圈长度的关系

18tex(32英支)棉毛布		14tex(42英支)棉毛布		19.7tex(30英支)腈纶棉毛布	
毛坯纵向密度 （横列/50mm）	线圈长度 （mm）	毛坯纵向密度 （横列/50mm）	线圈长度 （mm）	毛坯纵向密度 （横列/50mm）	线圈长度 （mm）
66	3.23	55	3.494	59	3.47
69	3.155	59	3.405	62	3.38
72	3.08	62	3.339	65	3.29
75	3.005	65	3.272	67	3.23
78	2.93	68	3.206	70	3.14
81	2.855	71	3.14	73	3.05
84	2.78	74	3.073	76	2.96

表7-2-8　衬垫组织(绒布)毛坯密度和线圈的关系

原料	机号	毛坯纵向密度(横列/50mm)						线圈长度(mm)										
		档次					公差	档次										公差
		1	2	3	4	5		1		2		3		4		5		
								18tex	28tex	18tex	28tex	18tex	28tex	18tex	28tex	18tex	28tex	±0.02
18tex/28tex/96tex/(32英支+21英支+6英支)	22	52	54	56	58	60	+2 −1	4.46	4.25	4.58	4.36	4.65	4.26	4.21	4.59	4.25	4.58	±0.02
18tex/28tex/58tex/(32英支+21英支+10英支)	22	54	56	58	60	62	+2 −1	4.46	4.24	4.58	4.36	4.70	4.48	4.82	4.60	4.94	4.72	±0.02
18tex/18tex/58tex/(32英支+32英支+10英支)	28	54	56	58	60	62	+2 −1	4.79	4.81	4.77	4.68	4.26	4.55	4.72	4.42	4.70	4.29	±0.02
14tex/14tex/58tex(42英支+42英支+10英支)	28	52	54	56	58	60	+2 −1	4.62	4.52	4.75	4.65	4.88	4.78	5.01	4.91	5.14	5.04	±0.02

二、织物单位面积重量

织物单位面积重量是考核针织物质量的重要指标之一,当原料种类和线密度一定时,单位面积重量间接反映了针织物的厚度,密度,它不仅影响针织物的物理机械性能,而且也是绘制针织物质量、进行经济核算的重要依据。各种织物单位面积重量的计算是以单线圈重量及单位面积线圈数量为依据的。

(一)纬平针织物单位面积重量 $G(g/m^2)$

$$G = 4 \times 10^{-4} L \times P_A \times P_B \times \mathrm{Tt}$$

$$Gg = \frac{G}{1+W}$$

式中:Gg——净坯布织物单位面积干燥重量,g/m^2。

(二)添纱衬垫织物单位面积重量 $G(g/m^2)$

$$G = 4 \times 10^{-4} PA \cdot PB(L_{p1} \cdot \mathrm{Tt}_1 + L_{p2} \cdot \mathrm{Tt}_2 + L_{p0} \cdot \mathrm{Tt}_0)$$

(三)双罗纹组织单位面积重量 $G(g/m^2)$

$$G = 8 \times 10^{-4} L \cdot P_A \cdot P_B \cdot \mathrm{Tt}$$

(四)罗纹组织单位长度重量 $G_L(g/m)$

$$G_L = 2 \times 10^{-5} L \cdot N \cdot P_B \cdot \mathrm{Tt}$$

式中:N——罗纹两面纵行数,即针筒针数与转盘针数之和。

例如:确定18tex纯棉汗布的单位面积干燥重量。

根据实验法 $L=\dfrac{\sigma\sqrt{\mathrm{Tt}}}{31.62}$,棉纱的未充满系数 σ 为21,所以线圈长度为:

$$L=\frac{21\sqrt{18}}{31.62}=2.82(\mathrm{mm})$$

根据表7-2-3,计算圈距 A 和圈高 B 如下:

$$A=0.20\times2.82+\frac{0.7\sqrt{18}}{31.62}=0.658(\mathrm{mm})$$

$$B=0.27\times2.82-\frac{1.5\sqrt{18}}{31.62}=0.560(\mathrm{mm})$$

横向密度 P_A 和纵向密度 P_B 分别为:

$$P_A=\frac{50}{A}=\frac{50}{0.658}=76.0(纵行/50\mathrm{mm})$$

$$P_B=\frac{50}{B}=\frac{50}{0.560}=89.3(横列/50\mathrm{mm})$$

织物单位面积重量 G 及单位面积干燥重量 G_g 分别为:

$$G=4\times10^{-4}L\cdot PA\cdot PB\cdot \mathrm{Tt}=4\times10^{-4}\times2.82\times76.0\times89.3\times18=137.8(\mathrm{g/m^2})$$

织物回潮率 $W=8\%$,则:

$$G_g=\frac{G}{1+W}=\frac{137.8}{1+8\%}=127.6(\mathrm{g/m^2})$$

例:确定18tex 纯棉双罗纹织物的单位面积重量。

根据实验法 $L=\dfrac{\sigma\sqrt{\mathrm{Tt}}}{31.62}$,对于纯棉双罗纹组织,查表7-2-2 得未充满系数 σ 为23,所以线圈长度为:

$$L=\frac{23\sqrt{18}}{31.62}=3.09(\mathrm{mm})$$

根据表7-2-3,计算圈距 A 和圈高 B 如下:

$$A=0.13L+\frac{3.4\sqrt{\mathrm{Tt}}}{31.62}=0.13\times3.09+\frac{3.4\sqrt{18}}{31.62}=0.858(\mathrm{mm})$$

$$B=0.35L-\frac{3\sqrt{\mathrm{Tt}}}{31.62}=0.35\times3.09-\frac{3\sqrt{18}}{31.62}=0.679(\mathrm{mm})$$

横向密度 P_A 和纵向密度 P_B 分别为:

$$P_A=\frac{50}{A}=\frac{50}{0.858}=58.3(纵行/50\mathrm{mm})$$

$$P_B=\frac{50}{B}=\frac{50}{0.679}=73.6(横列/50\mathrm{mm})$$

18tex 纯棉双罗纹组织的单位面积重量 G 为:

$$G=8\times10^{-4}L\cdot P_A\cdot P_B\cdot \mathrm{Tt}=4\times10^{-4}\times3.09\times58.3\times73.6\times18\times2=190.9(\mathrm{g/m^2})$$

例:设计14tex $\times2$(42 英支/2)纯棉 $1+1$ 袖口罗纹的工艺参数。

根据实验法 $L = \dfrac{\sigma \sqrt{\mathrm{Tt}}}{31.62}$，对于纯棉 $1+1$ 罗纹组织，查表 7-2-2 得未充满系数 σ 为 21，所以线圈长度 L 为：

$$L = \frac{21 \sqrt{14 \times 2}}{31.62} = 3.51 (\mathrm{mm})$$

根据表 7-2-3，计算圈距 A 和圈高 B 如下：

$$A = 0.3L + \frac{0.1 \sqrt{\mathrm{Tt}}}{31.62} = 0.3 \times 3.51 + \frac{0.1 \sqrt{14 \times 2}}{31.62} = 1.07 (\mathrm{mm})$$

$$B = 0.28L - \frac{1.3 \sqrt{\mathrm{Tt}}}{31.62} = 0.28 \times 3.51 - \frac{1.3 \sqrt{14 \times 2}}{31.62} = 0.77 (\mathrm{mm})$$

横向密度 P_A 和纵向密度 P_B 分别为：

$$P_A = \frac{50}{A} = \frac{50}{1.07} = 46.7 (\text{纵行}/50\mathrm{mm})$$

$$P_B = \frac{50}{B} = \frac{50}{0.77} = 64.9 (\text{横列}/50\mathrm{mm})$$

织物单位长度重量 G_L 为（设针筒针数 $N = 240$ 枚）

$$G_L = 2 \times 10^{-5} L \cdot N \cdot P_B \cdot \mathrm{Tt} = 2 \times 10^{-5} \times 3.51 \times 240 \times 64.9 \times 14 \times 2 = 30.5 (\mathrm{g/m})$$

例： 设计 18tex/28tex/2/96tex（32 英支 +21 英支 +6 英支 ×2）衬垫组织（厚绒布）的工艺参数。

因为 $\mathrm{Tt}_1 = 18\mathrm{tex}$，$\mathrm{Tt}_2 = 28\mathrm{tex}$，$\mathrm{Tt}_0 = 2 \times 96 = 192\mathrm{tex}$，则：

$$\mathrm{Tt} = \mathrm{Tt}_1 + \mathrm{Tt}_2 = 18 + 28 = 46 (\mathrm{tex})$$

地纱与添纱两根纱线的合股直径 F_p 为：

$$F_p = 0.03568 \sqrt{\frac{\mathrm{Tt}}{\delta}} = 0.03568 \sqrt{\frac{46}{0.8}} = 0.27 (\mathrm{mm})$$

衬垫纱直径 F_o 为：

$$F_o = 0.03568 \sqrt{\frac{192}{0.8}} = 0.55 (\mathrm{mm})$$

地纱圈距 A_p 为：

$$A_p = 4.1 F_p = 4.1 \times 0.27 = 1.11 (\mathrm{mm})$$

织物横向密度 P_A：

$$P_A = \frac{50}{A_p} = \frac{50}{1.11} = 45.0 (\text{纵行}/50\mathrm{mm})$$

线圈长度为：

$$L_{p1} = \frac{78.5}{P_A} + \frac{100}{P_b} + \pi F_p = \frac{78.5}{45.0} + \frac{100}{56.3} + 3.14 \times 0.27 = 4.37 (\mathrm{mm})$$

$$L_{p2} = L_{p1}(1 + 10\%) = 4.37(1 + 10\%) = 4.81 (\mathrm{mm})$$

因为：$n = 3$，$T_o = 1.73\mathrm{mm}$（用 22 号编织），$d_o = 0.8\mathrm{mm}$，则：

$$L_{P0} = \frac{nT_o + 2d_o}{n} = \frac{3 \times 1.73 + 2 \times 0.8}{3} = 2.26 (\text{mm})$$

织物单位面积重量为：

$$G = 4 \times 10^{-4} P_A \cdot P_B (L_{p_1} \cdot Tt_1 + L_{p_2} \cdot Tt_2 + L_{P_0} \cdot Tt_o)$$

$$= 4 \times 10^{-4} \times 45.0 \times 56.3 \times (4.37 \times 18 + 4.81 \times 28 + 192 \times 2.56) = 647.3 (\text{g/m}^2)$$

若已知其染整损耗率 Y 为 5.2%，织物回潮率 W 为 8%，则净坯布单位面积干燥重量 G_g 为：

$$G_g = \frac{G(1-Y)}{1+W} = \frac{647.3(1-5.2\%)}{1+8\%} = 568.2 (\text{g/m}^2)$$

技能训练

给出一种针织物小样，用已学知识测试或计算该织物的工艺参数。

参 考 文 献

[1] 天津纺织工学院. 针织学. 北京:纺织工业出版社,1980

[2] 余兆杰,等. 单针筒袜机的构造、安装和使用. 北京:纺织工业出版社,1984

[3] 上海针织工业公司. 双针筒袜机安装与使用. 北京:纺织工业出版社,1984

[4] 江苏省南通纺织工业学校. 针织工艺学. 北京:纺织工业出版社,1989

[5] 《针织工程手册》编委会. 针织工程手册(纬编分册). 北京:纺织工业出版社,1995

[6] 《针织工程手册》编委会. 针织工程手册(人造毛皮分册). 北京:纺织工业出版社,1995

[7] 许吕崧,龙海如. 针织工艺与设备. 北京:中国纺织出版社,1999

[8] 贺庆玉. 针织工艺学(纬编分册). 北京:中国纺织出版社,2000

[9] 许瑞超,张一平. 针织设备与工艺. 上海:东华大学出版社,2005

[10] 陈国芬. 针织产品与设计. 上海:东华大学出版社,2005

[11] 刘艳君. 新型针织物设计与实例. 北京:化学工业出版社,2006

[12] 丁钟复. 羊毛衫生产工艺. 北京:中国纺织出版社,2007

[13] 张佩华,沈为. 针织产品设计. 北京:中国纺织出版社,2008

[14] 许瑞超,王琳. 针织技术. 上海:东华大学出版社,2009

[15] 魏春霞. 针织概论. 北京:化学工业出版社,2014